中等职业教育规划教材

常用工具软件

伍云辉　李　波　编著

主　编：伍云辉
副主编：李　波
编　委：伍云辉　刘小平　李建华
杨　红　罗名兰　肖洪云
王彬华　冯　欢　周　平
郝佳波　李　波　代建华

电子科技大学出版社

图书在版编目（CIP）数据

常用工具软件 / 伍云辉，李波编著. —成都：
电子科技大学出版社，2007.5
ISBN 978-7-81114-396-6

Ⅰ. 常… Ⅱ. ①伍… ②李… Ⅲ. 软件工具—基本知识 Ⅳ. TP311.56

中国版本图书馆 CIP 数据核字（2007）第 016605 号

内容简介

该本书通过常用工具软件的介绍，让读者能在日常工作生活中很好地运用这些常用工具。本书共分 10 章：第 1 章系统工具软件，第 2 章磁盘、光盘管理工具，第 3 章文件压缩与解压缩工具，第 4 章文档阅读与编辑工具，第 5 章杀毒防毒工具软件，第 6 章多媒体播放工具，第 7 章网络搜索工具，第 8 章网络下载工具，第 9 章常用通信工具，第 10 章桌面工具。并运用大量的实例对这些软件进行了实际操作讲解。

本书编写上由浅入深、图文并茂。该书既适用于中等职业技术学校、技工学校、电脑学校和计算机等级考试作为教材，也可作为大专院校及相关院校专业师生的教学参考用书和教材。

常用工具软件

伍云辉　李　波　编著

出　　版：电子科技大学出版社（成都市一环路东一段 159 号电子信息产业大厦　邮编：610051）
策划编辑：张　俊
责任编辑：张　俊
主　　页：www.uestcp.com.cn
电子邮件：uestcp@uestcp.com.cn
发　　行：新华书店经销
印　　刷：四川墨池印务有限公司
成品尺寸：185mm×260mm　　印张 13.5　　字数 340 千字
版　　次：2007 年 5 月第一版
印　　次：2007 年 5 月第一次印刷
书　　号：ISBN 978-7-81114-396-6
定　　价：18.00 元

前　言

当今社会已进入电脑化时代，电脑已广泛用于传统的设计、制造、编辑出版、广告制作等行业，而另一方面专业院校及计算机学校如雨后春笋般涌现。但是，与之相配套的计算机专业教学的好教材非常缺乏。为此，本教材编写组在对目前计算机教材使用情况进行调查和研究的基础上，结合学校的教学实践，并根据《中共中央、国务院关于深化教育改革，全面推进素质教育的决定》精神以及教育部《中等职业教育国家规划教材教育教学大纲》编写了本套易教、易学，轻松有趣的计算机教学丛书。我们希望该丛书不仅为你提供一套学习的教材，更希望为你奉献一个全新的计算机学习方案，即完整的课程安排、丰富的实例讲解、学以致用的课后作业。丛书无微不至的设计都是为了达到使你获得最佳的学习效果的目的。

培养21世纪专门职业技术人才，适应现代工业技术的发展是我们的责任和义务。在编写这套教材时我们突出了重点，加大了弹性，增加了教材的灵活性，并具有一定深度和广度，可适应不同学校、不同学制、不同专业的教学需要，又便于学生自学。

该系列丛书共二十余本，包括计算机基础、办公应用、程序设计、图形图像及网页制作等方面的内容。

该丛书具有如下特色：

定位准确　明确定位**中等职业技术学校及计算机学校**，丛书坚持基础、技巧、经验并重，理论、操作、提高并举，尤其对初、中级学者使用软件容易出现的疏忽、困惑、难点进行重点突破。

特色服务　本教材可提供网上售后服务；提供后期技术支持；开展网上调查、勘误、答疑、交流、收集反馈信息。读者还可通过电子邮箱19630807lql@163.com与作者进行交流。同时，在我们网站http://www.dztf.com的论坛中也提供了交流场所，并提供免费下载的汉化软件补丁、程序源代码及实例效果图。下载地址：http://www.dztf.com中“中职教材系列”专栏，图书质量监督电子邮箱：19630807lql@163.com。

在该丛书的编写过程中，我们参考了所有能找到的有关方面的文献和资料，包括互联网上的一些信息，在此一并表示感谢！由于时间仓促，加上作者水平有限，书中错误在所难免，恳请专家和广大读者不吝赐教！

编　者

2007年5月

中等职业教育规划教材出版说明

为培养21世纪新型职业技术人才，贯彻执行《中共中央、国务院关于深化教育改革，全面推进素质教育的决定》精神，落实《面向21世纪教育振兴行动计划》中提出的职业教育课程改革和教材建设规划，根据教育部关于《中等职业教育国家规划教材申报、立项及管理意见》（教职成[2001]1号）的精神，我们组织力量对中等职业教育进行分析和研究，结合为新世纪培养新型职业技术人才以及为实现“十一五”规划制定的目标，从2003年我们就组织力量按中等职业教育基本教学规格陆续对德育课程、文化基础课程、专业技术基础课程和80个重点建设专业主干课程的教材进行了规划和编写。从2004年起就陆续提供给各类中等职业学校选用。

这些规划教材全部经中等职业教育教材审定委员会审定。这些全新的教材全面贯彻了素质教育思想，从社会发展需要出发，注重对学生的创新精神和实践能力的培养，大胆融入一些先进的教材理念和教学方法。总之，该批规划教材能满足不同办学要求、不同学制、不同专业的需要。

最后我们希望各地相关部门积极推广并选用该规划教材。在使用过程中，注意总结经验，及时提出修改意见和建议，让我们能不断完善和提高。

中等职业教育教材编写委员会

目　录

第 1 章　系统工具软件

1.1　Windows 优化大师的使用

Windows 优化大师是一款功能强大的系统优化与管理工具，它具有系统信息总揽、系统功能优化、系统清理维护三大突出功能。该软件自从 1999 年发布第一个版本以来，共推出了 10 多个版本，深受广大电脑管理员及普通用户的青睐。这里以 Windows 优化大师 V6.57 版本为例进行介绍，它全面支持 Windows 98/Me、Windows 2000/XP、Windows 2003 等操作系统。

可以在 http://www.wopti.net 网站下载该软件，然后将该软件安装在计算机上。在安装该软件时，只需作出简单的回答即可安装成功，其具体安装方法这里就不再介绍。

1.1.1　全面了解自己电脑的系统信息

打开 Windows 优化大师，依次单击左侧的“系统信息检测－系统信息总揽”标签，在这里可以看到电脑系统信息的大体情况，如 CPU 的型号、频率、内存大小、操作系统版本等，如图 1-1 所示。

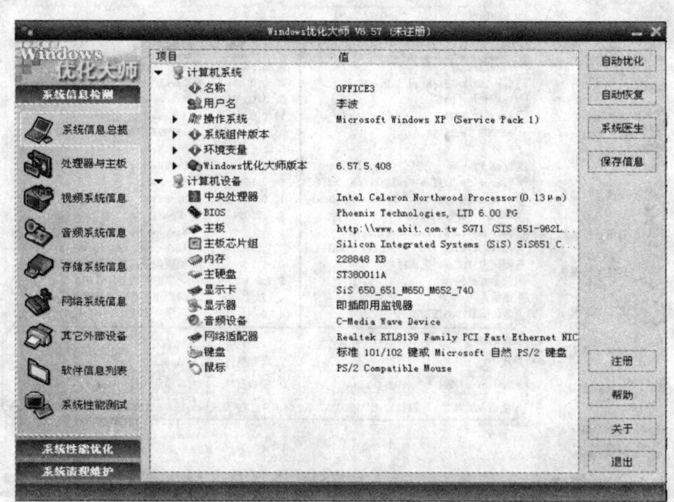

图 1-1　“系统信息总揽”标签

如果想要进一步了解电脑的配置情况，分别单击下面的“处理器与主板”、“视频系统信息”、“音频系统信息”、“存储系统信息”、“网络系统信息”、“其它外部设备”等相应的标签，在对应的标签中将详细地显示出用户计算机的硬件情况，以及使用情况，如图 1-2 所示显示的是“存储系统信息”的详细情况。其他标签就不再一一介绍，其操作非常简单，用户可以自己查看。

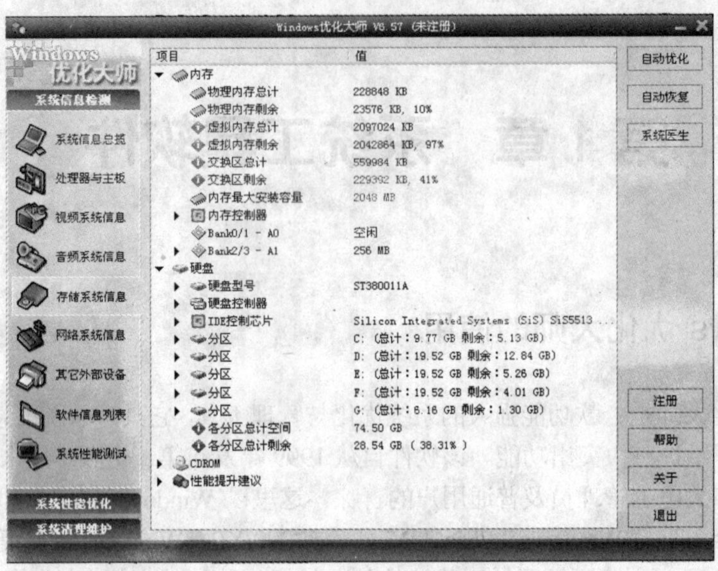

图 1-2 “存储系统信息”标签

电脑在使用一段时间后，就会安装许多软件，如果要查看安装了哪些软件，只要单击“软件信息列表”标签就可以看到电脑中安装的所有软件，同时单击列表中的一个软件名称，就可以在下面看到软件的版本号、发布商、安装日期以及卸载信息等。单击下面的删除或者卸载按钮，就可以对该软件进行删除或者卸载操作，如图 1-3 所示。

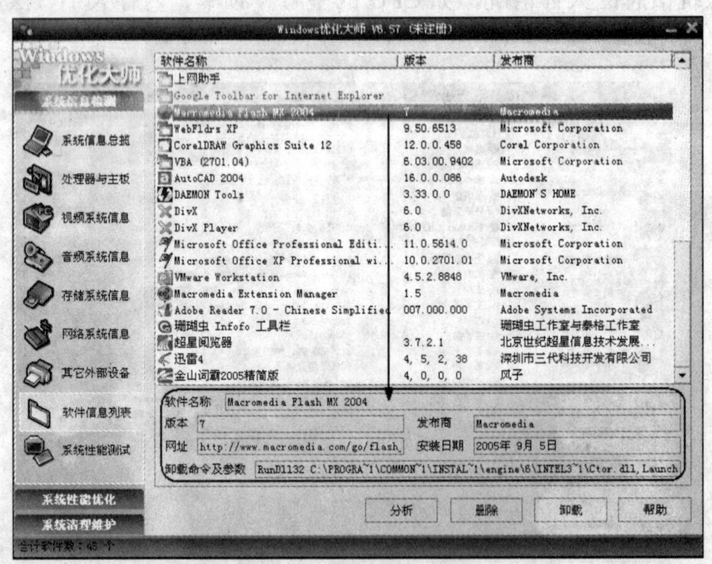

图 1-3 “软件信息列表”标签

如果要查看电脑的性能、配置是否合理等，可以使用优化大师的系统性能测试功能来对电脑进行检测，同时与其他相近配置进行比较。打开“系统性能测试”标签，然后单击“测试”按钮，就可以对电脑进行全方位的测试。测试完成后，可以看到自己的电脑性能能够打多少分，如图 1-4 所示。

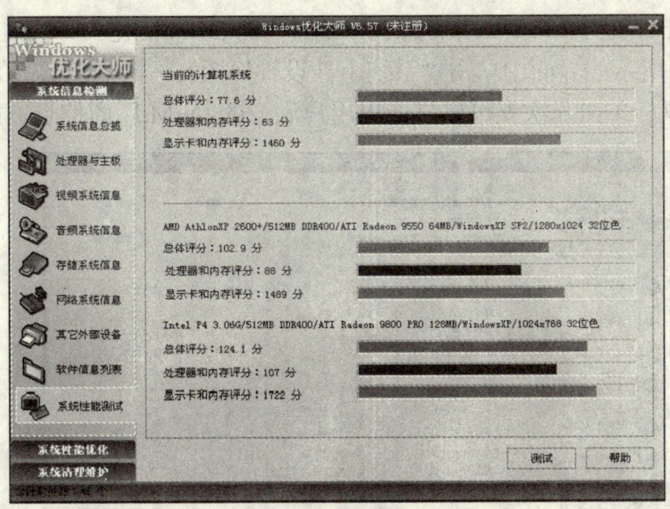

图 1-4　“系统性能测试”标签

1.1.2　全面优化系统

电脑使用一段时间后，系统速度会越来越慢，如何让电脑达到最快的运行速度，使用 Windows 优化大师可以对系统进行全方位的优化。

打开 Windows 优化大师的主界面，单击“系统性能优化”标签，在这里可以对“磁盘缓存”、“桌面菜单”、“文件系统”、“网络系统”、“开机速度”、“系统安全”等进行全面优化。只要单击相应的标签项，然后根据实际情况，对其进行设置即可。其软件设置非常简单，只需用鼠标选择或取消设置项前面的复选框即可，如图 1-5 所示。同时该软件具有强大的恢复功能，如果设置后发现效果不令人满意，可以单击窗口上的“恢复”按钮，即可恢复到 Windows 默认设置，这样就能保证系统正常运行。

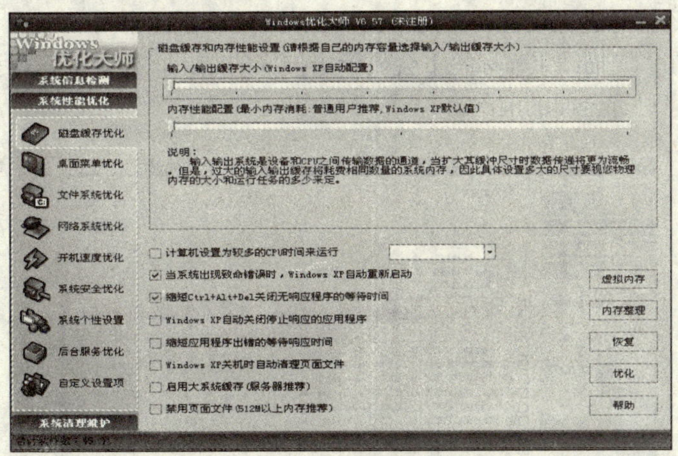

图 1-5　“系统性能优化”标签

1.1.3　打造系统个性设置

用户一定对品牌机 OEM 厂商信息非常羡慕，以前都是通过修改系统文件来打造 OEM 厂商信息，这种方法费时费力，有时效果还不好。有了 Windows 优化大师，这一切将变得非常简单，可在如图 1-5 所示的界面中单击“系统个性设置”标签，再单击下侧的“OEM 信息设置”按钮，然后用鼠标单击几次就可以打造出用户满意的 OEM 厂商信息，如图 1-6 所示。

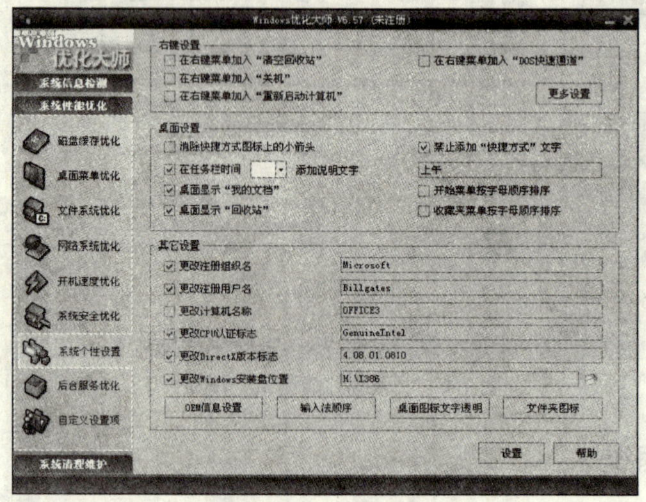

图 1-6 “系统个性设置”标签

1.1.4 系统维护

电脑在运行过程中会产生一些垃圾文件，或是一些垃圾 DLL 链接文件，这也是导致电脑系统速度变慢的重要原因，所以有必要对这些垃圾信息进行进一步的清理。在这里对清理系统垃圾文件进行说明。

打开 Windows 优化大师，依次单击“系统清理维护－垃圾文件清理”标签，即可打开系统垃圾文件清理窗口。在上面的窗口中选择要进行扫描的磁盘驱动器，接着对扫描选项、文件类型、删除选项等信息进行设置，最后单击右上角的“扫描”按钮，就可以对设置的磁盘驱动器进行扫描，在“扫描结果”标签下会显示出扫描的结果，如图 1-7 所示。扫描完成后，可以把这些垃圾信息进行全面的清除。

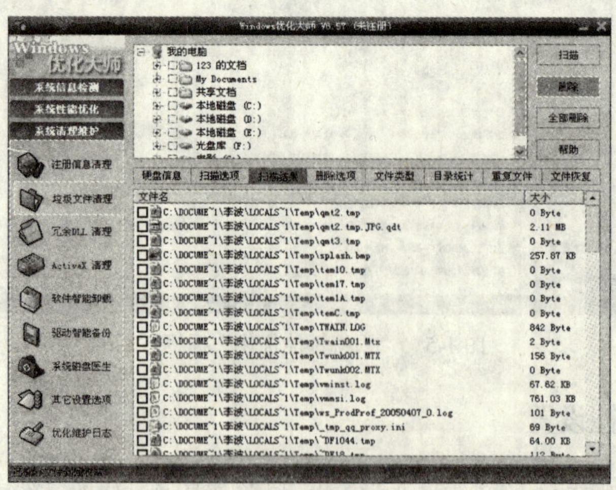

图 1-7 “垃圾文件清理”标签

1.1.5　智能备份驱动程序

重装系统后，安装驱动程序是一件十分困难的事情，如果驱动光盘找不到了，更是一件非常麻烦的事，所以有必要在安装完驱动程序后对其进行备份。另外，也需要对系统文件与收藏夹进行备份，当系统遭受病毒破坏后能够及时修复系统，使损失降到最低。

打开 Windows 优化大师，依次单击“系统清理维护－驱动智能备份”标签，就可以看到所有的驱动程序，如图 1-8 所示。然后选择需进行备份的驱动程序，单击“备份”按钮即可。如果以后需要进行恢复，只需单击“恢复”按钮，然后选择曾经备份的文件，即可轻松恢复所有驱动程序。

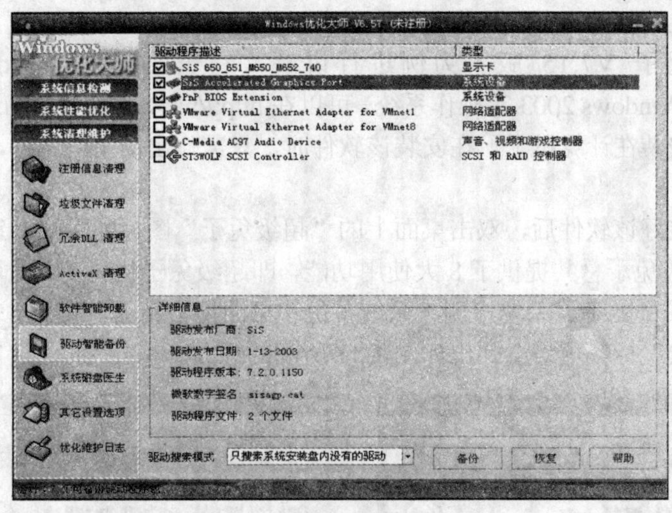

图 1-8　“驱动智能备份”标签

单击“其它设置选项”标签，然后在“系统文件备份与恢复”窗口中选择要进行备份的文件名，接着单击右侧的“备份”按钮就可以对选中的文件进行备份。同样，单击“恢复”按钮，就能够恢复曾经备份的系统文件，如图 1-9 所示。

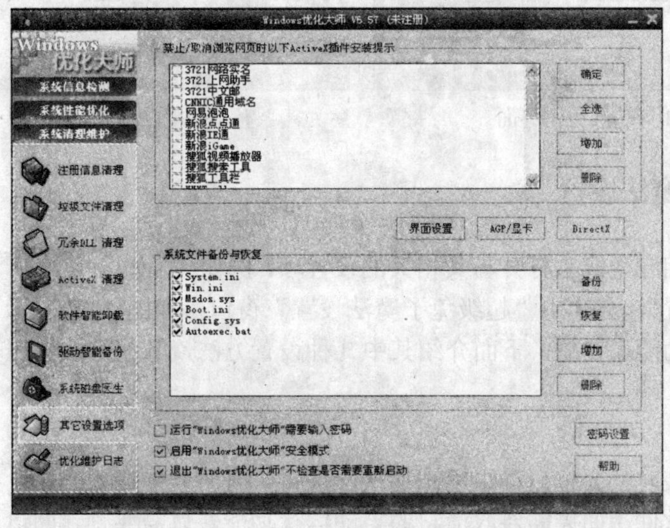

图 1-9　“其它设置选项”标签

Windows 优化大师除了上面介绍的功能外，还有其他一些功能，如系统磁盘医生、维护日志等，这些功能非常简单，在这里不再介绍。从使用中可以看出 Windows 优化大师把复杂的设置变成简单的事情，在对系统进行优化的时候，只需单击鼠标就可完成，而不是面对繁杂的注册表项值。同时所有的设置都可以恢复，如发现设置错误，只需单击“恢复”按钮就能够轻松恢复到 Windows 的默认设置。

1.2 超级兔子的使用

超级兔子（Magic Set）是一款功能非常强大的系统管理与优化软件，它能全面地对系统进行优化设置，而且还能使自己的操作系统个性化。

这里以超级兔子 V7.15 版本为例进行讲解，它全面支持 Windows 98/Me、Windows 2000/XP、Windows 2003 等操作系统。可以在 http://www.52skycn.com 网站下载该软件，然后将该软件安装在计算机上。在安装该软件时，只需作出简单的回答，其具体安装方法在此不再介绍。

在计算机上安装好该软件后，双击桌面上的“超级兔子”图标即可启动该软件，其界面如图 1-10 所示。超级兔子总共提供了 8 大使用功能，即超级兔子优化王、魔法设置、上网精灵、IE 修改专家、安全助手、系统检测、系统备份和桌面搜索精灵。

单击“实用工具”标签项将会弹出如图 1-11 所示的界面。

图 1-10 超级兔子界面

图 1-11 常用工具窗口

1.2.1 超级兔子魔法设置

可以通过单击相应链接来打开与其相关的设置项，例如，在如图 1-10 所示的窗口中单击“超级兔子魔法设置”，会弹出“超级兔子魔法设置”窗口，如图 1-12 所示。该窗口的左侧为导航栏，右侧为功能设置栏，下面介绍其中几种设置方法，其他方法按照文字说明依次操作即可。

1．自动运行

很多软件在安装时都会在启动组里添加一些项目。有时候能在“开始”菜单的“程序 / 启动”下面看到该软件，如果需要取消它的自动运行功能，只需要删除即可。但如果该软件的启动是由注册表来管理的，就难免要进行一番费力的查找。“自动运行”会将注册表里以及“启动”菜单中所有的项目列出来，如图 1-12 所示。当需要取消这些自动运行的项目时，可将它们前面的“钩”去掉，表示下次禁止运行该项目。但是该项目仍然保留在原处，只是不能运行，下次还可恢复。如果单击右侧的“删除”按钮，就不能进行恢复操作。

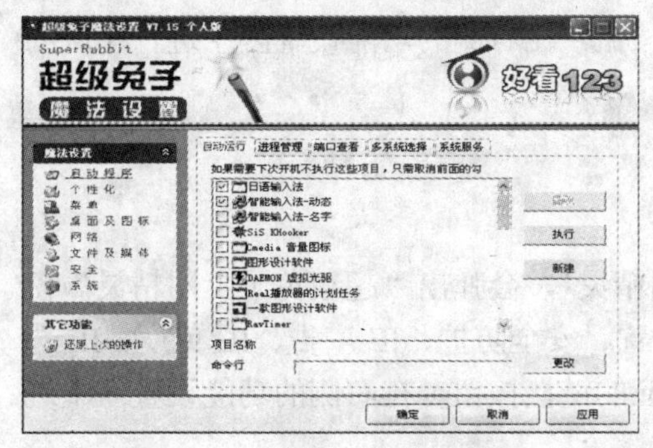

图 1-12　“超级兔子魔法设置”窗口

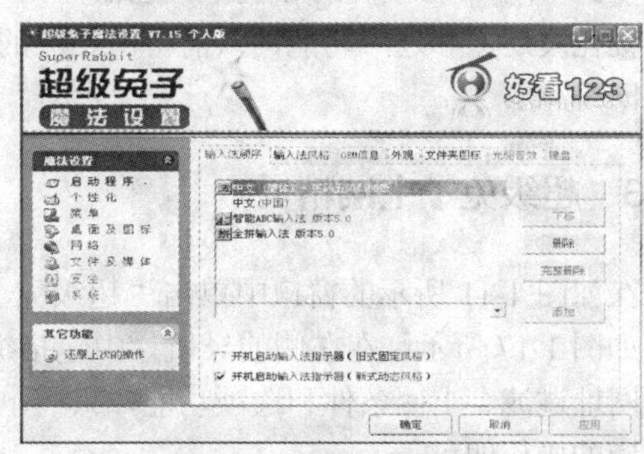

图 1-13　输入法

2．输入法

在如图 1-12 所示的窗口中，单击左侧的“个性化”链接时，在右侧的功能设置栏会显示出输入法顺序、输入法风格、OEM 信息、外观、文件夹图标、光驱音效和键盘标签，如图 1-13 所示。

如果安装了许多的输入法，按“Ctrl+Shift”组合键会从上往下依次选择。使用该设置可以改变输入法的切换顺序、删除输入法及添加输入法。

3．开始菜单

在如图 1-12 所示的窗口中，单击左侧的“菜单”链接时，在右侧的功能设置栏会显示出开始菜单、添加菜单、发送到菜单、新建菜单、关联菜单和打开方式，如图 1-14 所示。

在系统的“开始菜单”中，有很多项目都可任意删除或增加。通过如图 1-14 所示的“开始菜单”可以删除大部分菜单功能，但仍然有一些项目（比如“帮助菜单”）是不能被删除的。在复选框中没有打“钩”，就表示被禁止删除的项目。

4．桌面及图标

在如图 1-14 所示的窗口中，单击左侧的“桌面及图标”链接时，在右侧的功能设置栏会显示出桌面图标、系统图标、快速启动栏、桌面墙纸和图标选项，如图 1-15 所示。用户可以根据自己的需要，按照提示进行设置即可。

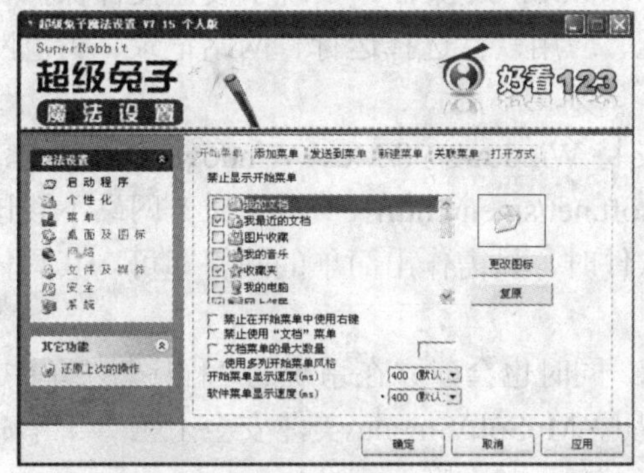

图 1-14　开始菜单

图 1-15　桌面图标

1.2.2 超级兔子优化王

在如图 1-11 所示的窗口中单击“超级兔子优化王”，会弹出“超级兔子优化王”窗口，如图 1-16 所示。在左侧的导航栏中包括优化系统及软件、清理系统、卸载软件、专业卸载、取消优化及还原和选项功能，只需单击相应的链接按钮，在右侧的功能设置区中进行相应的操作即可。

1.2.3 超级兔子上网精灵

在如图 1-11 所示的窗口中单击“超级兔子上网精灵”，会弹出“超级兔子上网精灵”窗口，如图 1-17 所示。在左侧的导航栏中包括综合设置、安全防护、IE 广告、IE 免疫、IE 选项、网址过滤、上网条件和选项功能，只需单击相应的链接按钮，在右侧的功能设置区中进行相应的操作即可。

各项功能的设置只需按照提示信息进行相应的操作即可，这里不再介绍。

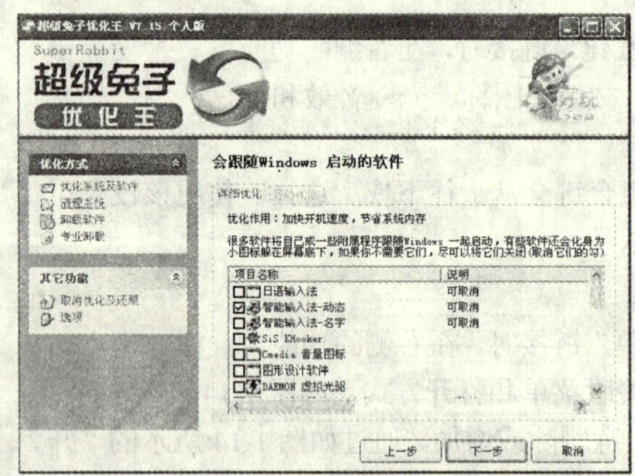

图 1-16 “超级兔子优化王”窗口

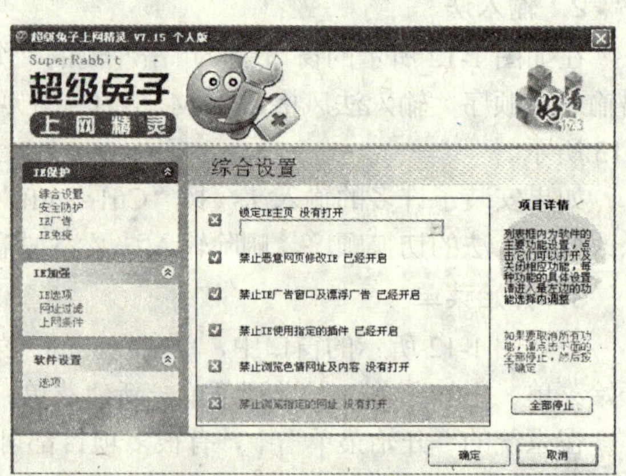

图 1-17 “超级兔子上网精灵”窗口

1.3 美萍安全卫士

美萍电脑安全卫士是最实用的网吧、电脑室、学校机房、安全保护、计费等管理软件，它利用许多先进的 Windows 内核技术，全真虚拟 Windows 9x 桌面，实现了硬盘文件保护、远程控制、会员远程登录、限时、定时运行计算机、应用软件选择运行、网站记录、黄色网站限制等功能。

这里以美萍安全卫士 V11 版本为例，它全面支持 Windows 98/Me、Windows 2000/XP、Windows 2003 等操作系统。可以在 http://www.mpsoft.net/smenu.htm（美萍卫士）网站下载该软件，然后将该软件安装在计算机上。在安装该软件时，只需作出简单的回答即可，其具体安装方法这里不再介绍。

安装了美萍安全卫士后，会在桌面上建立图标，同时也会建立在系统的“程序”菜单中。如果要启动该美萍安全卫士软件，则执行“开始\程序\MpSoft\Smenu\美萍安全卫士”菜单命令，如图 1-18 所示。

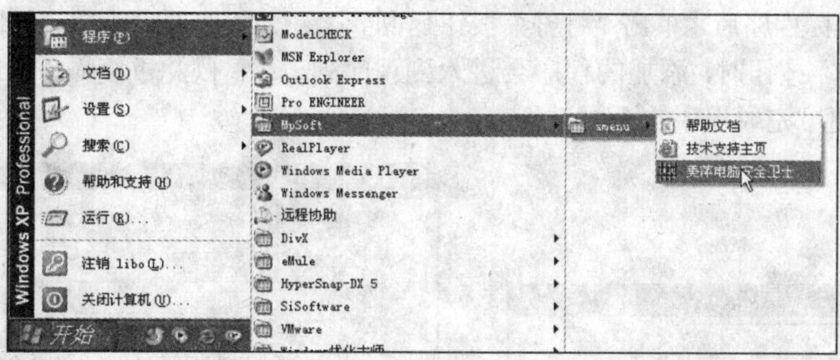

图 1-18　启动美萍安全卫士

“美萍安全卫士”的界面完全屏蔽了原来的操作系统界面，在桌面上显示出由“美萍安全卫士”列出的软件或程序。在桌面的上侧列出了软件的分类菜单，包括主菜单类、游戏世界、音乐天地、聊天交友和在线电影（该分类菜单摆放的位置可以移动）。桌面的左下角是“开始”菜单，包括软件注册、排列图标、关于我们、设定系统、退出系统和关机，如图 1-19 所示。

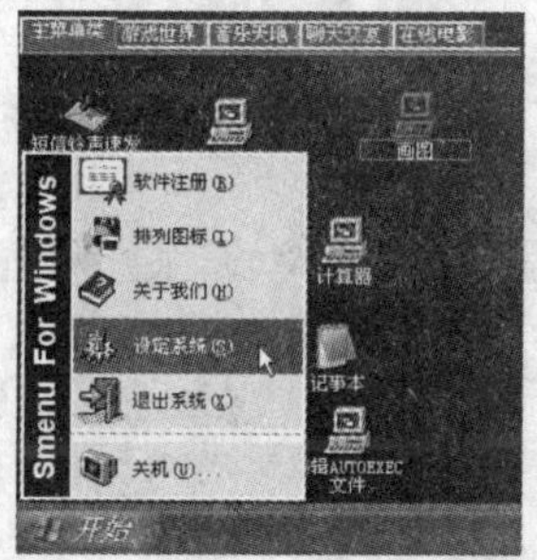

图 1-19　运行美萍安全卫士后的界面

在如图 1-19 所示的界面中选择“设定系统”菜单时，会弹出如图 1-20 所示的登录窗口。在该窗口中输入正确的系统设置密码，单击“确定”按钮，会弹出如图 1-21 所示的“美萍电脑安全卫士设置”窗口。

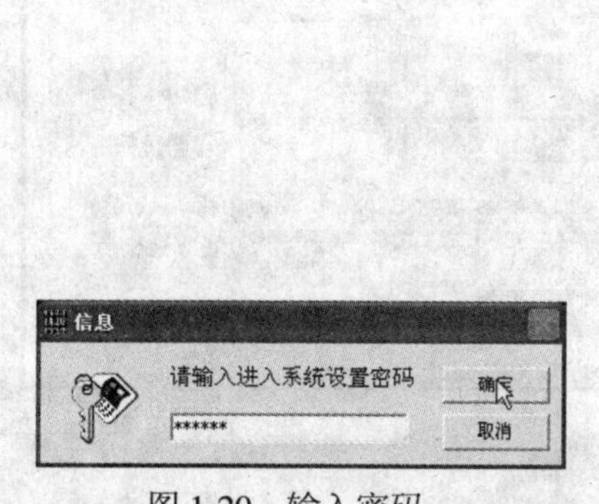

图 1-20　输入密码

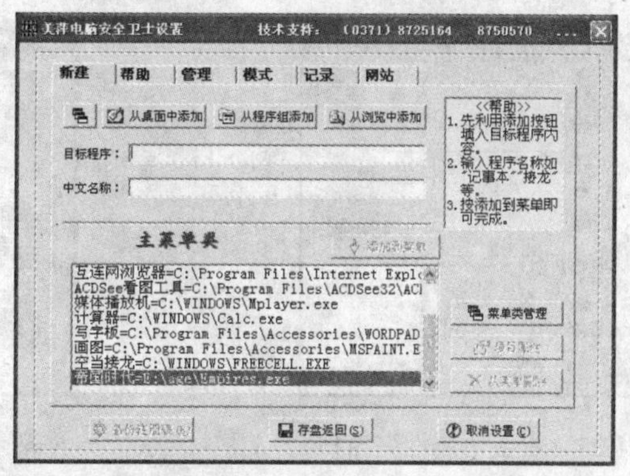

图 1-21　“美萍电脑安全卫士设置”窗口

1.3.1　添加程序

在如图 1-21 所示的窗口中，单击“从桌面中添加”按钮，会弹出如图 1-22 所示的“打开”窗口。选择目标程序后，单击“打开”按钮返回到“新建”选项卡窗口，如图 1-23 所示。单击“添加到菜单”按钮时，添加的程序会进入到程序列表中。依此重复操作，最后单击“存盘返回”按钮，便可完成程序的添加过程。

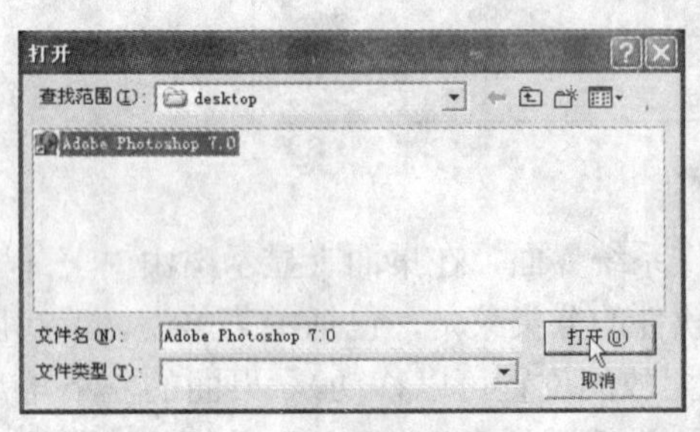

图 1-22 “打开”窗口

图 1-23 新建的程序

另外，采用“从程序组添加”完全类似于“从桌面中添加”的过程。

1.3.2 修改项目属性

在如图 1-23 所示的窗口中，从程序列表中双击某一程序项，会打开“菜单属性”窗口。在该窗口可以对项目的目标程序、中文名称、说明帮助、程序图标、运行参数等进行修改，如图 1-24 所示。

1.3.3 改变菜单项目顺序

如果要改变菜单项目的顺序，可在如图 1-23 所示的程序列表中，选择某一程序项并单击鼠标右键，在弹出的快捷菜单中选择“项目剪切”命令，如图 1-25 所示。然后将鼠标移到要设置的位置并单击鼠标右键，在弹出的快捷菜单中选择“项目粘贴”命令即可。

图 1-24 “菜单属性”窗口

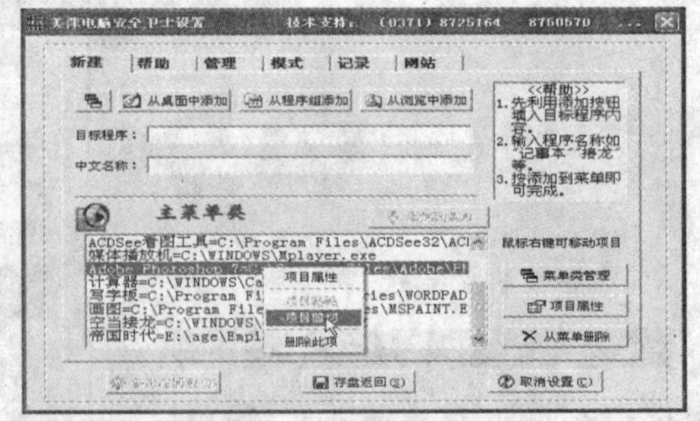

图 1-25 项目剪切

1.3.4 程序设置管理

在如图 1-25 所示的窗口中，单击“管理”选项卡，进入“管理”设置窗口，如图 1-26 所示。

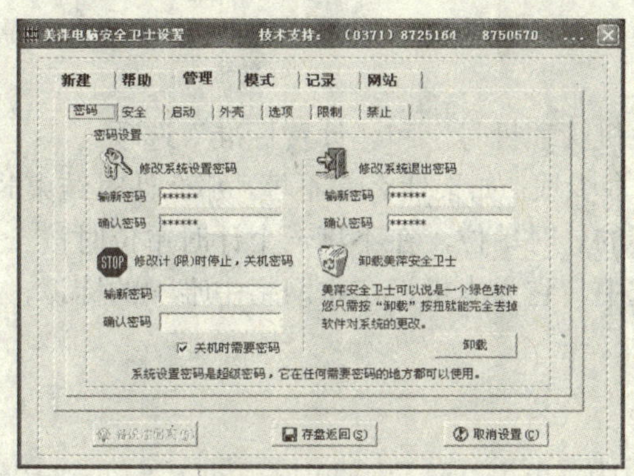

图 1-26　“管理”选项卡

在该窗口中可以进行下面的设置：

◆密码设置：包括系统设置密码、系统退出密码、计（限）时停止与关机密码等。

◆安全设置：包括隐藏驱动器、禁止文件删除与改名操作的驱动器。

◆启动设置：包括在计算机启动时是否自动运行该安全卫士、是否屏蔽功能键或键盘、在启动该安全卫士时自动运行的程序等。

◆外壳设置：包括桌面设置（是否锁定经典界面、桌面背景图案、设置桌面标题文字、菜单类的各种颜色）及插件的设置。

◆选项设置：包括是否禁止光盘自动运行、屏蔽任务通知区鼠标右键、改变任务栏的属性、注册表编辑器等。

◆限制设置：限制哪些目录及其子目录被访问、限制哪些扩展名的文件不能被下载等。

◆禁止设置：设置在安全卫士下禁止运行的程序或窗口特征标题。

1.3.5　运行模式和网络计时

在如图 1-26 所示的窗口中，单击“模式”选项卡，进入到“模式”设置窗口，如图 1-27 所示。

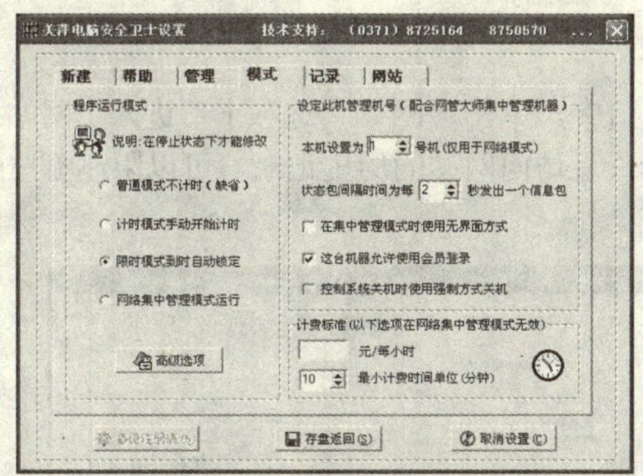

图 1-27　“模式”选项卡

窗口的左边是“程序运行模式”选项。这里给出了 4 种选择：普通模式不计时（缺省）、计时模式手动开始计时、限时模式到时自动锁定、网络集中管理模式运行。其中网络集中管理模式必须配合“美萍网管大师”才能使用。

注意 选择网络集中管理模式只需安装 IPX/SPX 协议即可，无需设置 TCP/IP 属性、IP 地址等。

窗口的右边是“设定此机管理机号”和“计费标准”选项。

计费标准：包括每小时多少钱。如果什么都不填，那么计时结束时就不会出现计费窗口。

最小计费时间：指最小的计时单位，在不满一个计时单位时按一个计时单位收费。

设置机号：在网络模式中，它为本机设定本网络中唯一的标识。

1.3.6 查看历史记录

在如图 1-27 所示的窗口中，单击“记录”选项卡，进入“记录”设置窗口，如图 1-28 所示。

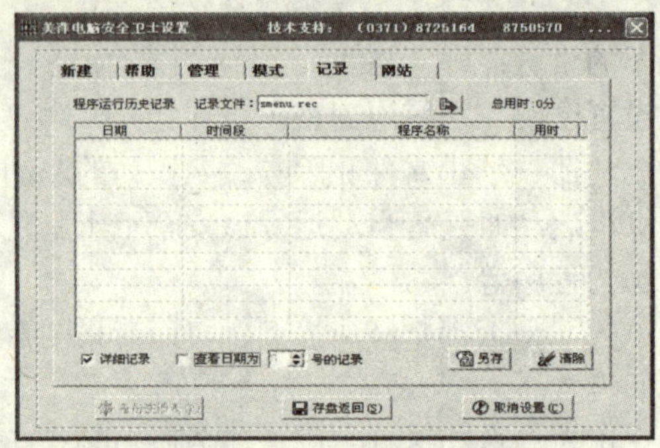

图 1-28 “记录”选项卡

如果选择“详细记录”，可以看到详细的记录，包括操作记录、计费记录等。

如果单击“查看”按钮，可以通过网络邻居查看其他机器上的记录文件（smenu.rec)，该记录文件与 smenu.exe 在同一目录下。

单击“另存”按钮，可以把当前的记录文件保存为文本格式，以便于保存或打印。

单击“清除”按钮，会清除所有的历史记录，当记录达到 10000 条时，程序会自动清除这些记录。

1.3.7 网站限制

在如图 1-28 所示的窗口中，单击“网站”选项卡，进入“网站”设置窗口，如图 1-29 所示。在该窗口中可以查看最近访问网站的历史记录，可以限制哪些站点不能被访问等，也可以取消被禁止访问的站点。

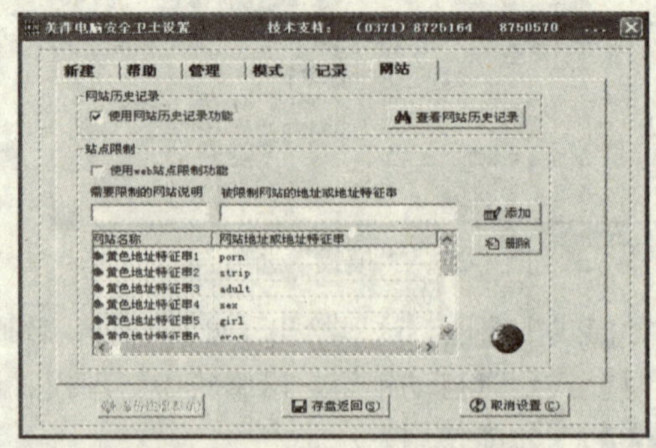

图 1-29 “网站”选项卡

1.4　硬盘克隆工具 Ghost

现在的操作系统变得越来越庞大，因此在安装时所费的时间也越来越长，如果一旦遭遇了病毒或系统崩溃时，重装系统将是十分费力的。而 Ghost 的出现解决了这一棘手的问题。Ghost 是 General Hardware Oriented Software Transfer 的英文缩写，意思是“面向通过硬件的软件传送”，它是 Symantec 公司推出的一款用于备份/恢复系统的软件。Ghost 能在几分钟内恢复原有的备份系统。

Ghost 8.0 是大名鼎鼎的磁盘镜像工具，支持从 NFTS 中恢复镜像文件（但不要将程序安装在 NTFS 分区内，否则在 DOS 下无法运行 Ghost）。Ghost.exe 在 Dos/Windows 9x 下使用，Ghost32.exe 在 Windows 2000/XP 下使用。Ghost 分为两种版本：一是个人版，命名为 Norton Ghost 200X；二是企业版，命名为 Symantec Ghost x.x。两者最大的区别是，企业版有远程服务功能，可在局域网中同时操作多台电脑。

Sk c 访问 Ghost 官方网站 http://www.ghost.com 下载该软件试用版。

如果要使用 Ghost，首先使用软盘或硬盘启动，然后运行 Ghost32.exe 即可进入。在屏幕给出一个提示信息单击“OK”按钮即可进入 Ghost 的主窗口，如图 1-30 所示。

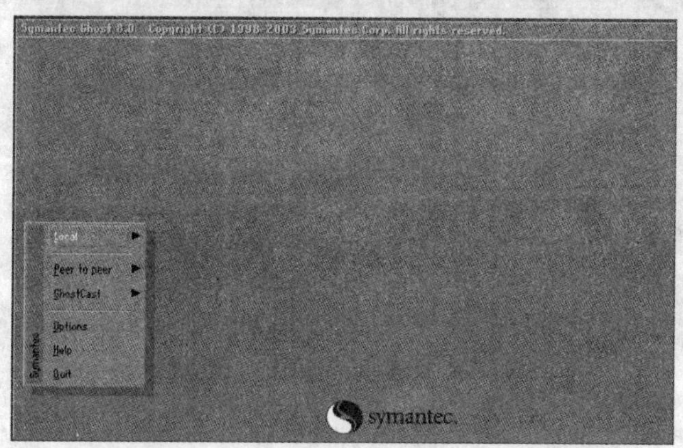

图 1-30　Ghost 8.0 的启动界面

1.4.1　用 Ghost 分区备份

使用 Ghost 进行系统备份，有整个硬盘（Disk）和分区硬盘（Partition）两种方式。在如图 1-30 所示主程序中有 4 个可用选项：Quit（退出）、Help（帮助）、Options（选项）和 Local（本地）。在菜单中单击 Local（本地）项，在右面弹出的菜单中有 3 个子项，其中 Disk 表示备份整个硬盘（即克隆）、Partition 表示备份硬盘的单个分区、Check 表示检查硬盘或备份的文件（查看是否可能因分区、硬盘被破坏等造成备份或还原失败）。

分区备份用于个人用户来保存系统数据，特别是在恢复和复制系统分区时具有实用价值，其具体操作步骤如下：

（1）执行“Local（本地）\Partition（分区）\To Image （产生镜像）”菜单命令，弹出硬盘选择窗口，开始分区备份操作。单击该窗口中白色的硬盘信息条，选择硬盘，如图 1-31 所示。

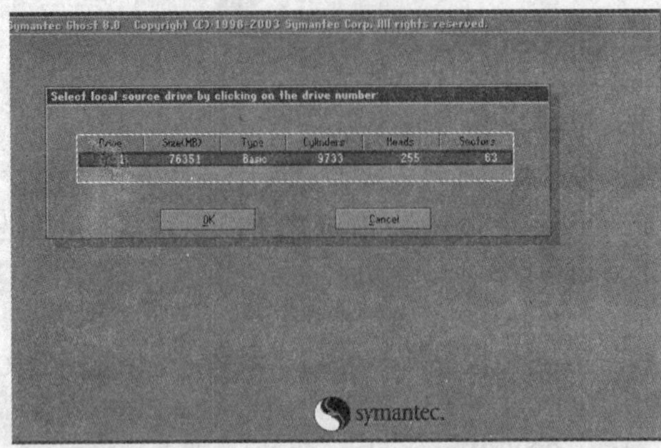

图 1-31 选择硬盘对话框

（2）进入窗口后，选择要操作的分区（若没有鼠标，可用键盘进行操作：按 Tab 键进行切换，按回车键进行确认，按方向键进行选择），如图 1-32 所示。

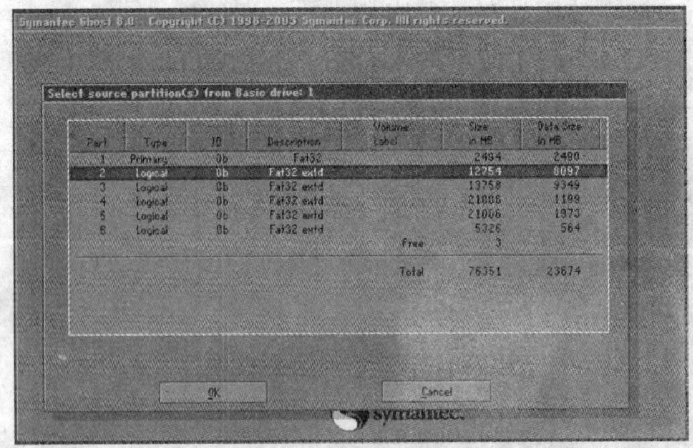

图 1-32 选择分区

（3）在如图 1-33 所示的窗口中，选择备份储存的目录路径并输入备份文件名称，最上边框（Look in）是选择分区，第二个是选择目录，第三个（File name）是输入影像文件名称（注意影像文件的名称带有 GHO 的后缀名），第四个（File of type）是文件类型，默认为 GHO，不用改。

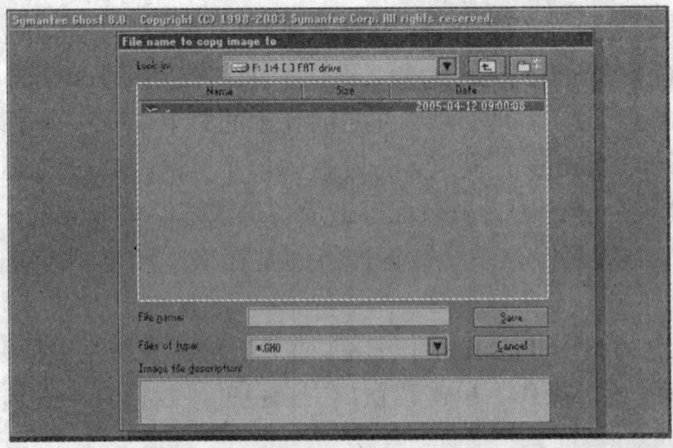

图 1-33 保存分区文件对话框

（4）接下来程序会询问是否压缩备份数据，并给出 3 个选择，如图 1-34 所示。“No”表示不压缩，“Fast”表示压缩比例小而执行备份速度较快，“High”表示压缩比例高但执行备份速度相当慢。

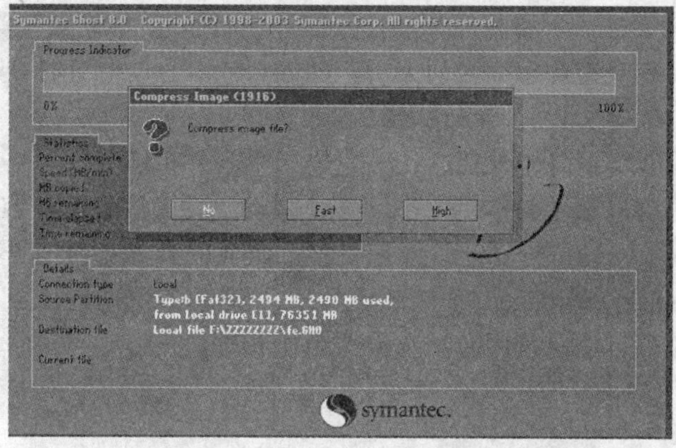

图 1-34　是否压缩备份数据对话框

（5）如果单击“Fast”按钮即开始进行分区硬盘的备份，如图 1-35 所示。

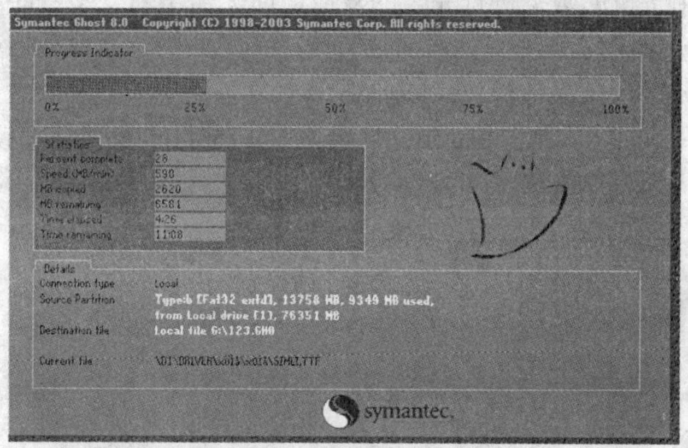

图 1-35　正在进行备份

（6）整个备份过程一般需要五至十几分钟（时间长短与 C 盘数据多少、硬件速度等因素有关），完成后的显示如图 1-36 所示。

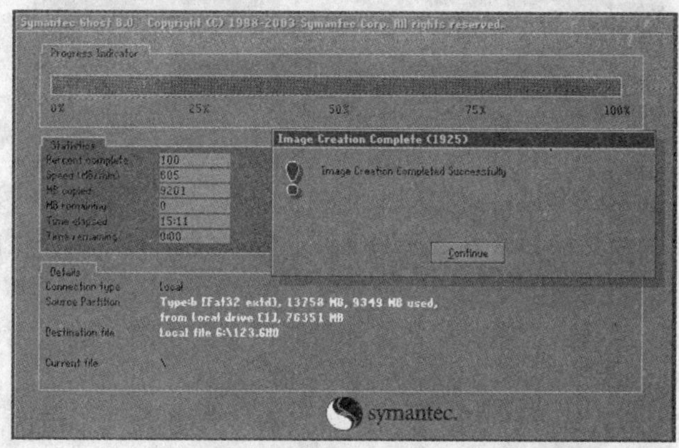

图 1-36　备份完成对话框

1.4.2 系统克隆与备份

硬盘的克隆就是对整个硬盘的备份和还原。执行“Local\Disk\To Disk”菜单命令，在弹出的窗口中选择源硬盘（第一个硬盘），然后选择要复制到的目标硬盘（第二个硬盘）。

注意 可以设置目标硬盘各个分区的大小，Ghost 可以自动对目标硬盘按设定的分区数值进行分区和格式化，选择“Yes”开始执行。

Ghost 能将目标硬盘复制得与源硬盘几乎完全一样，并实现分区、格式化、复制系统和文件一步完成。但要注意目标硬盘不能太小，必须能将源硬盘的数据内容装下。

Ghost 还提供了一项硬盘备份功能，就是将整个硬盘的数据备份成一个文件保存在硬盘上（依次执行“Local\Disk\To Image”菜单命令），然后就可以随时还原到其他硬盘或源硬盘上，这对安装多个系统很方便。使用方法与分区备份相似。

1.4.3 还原备份

如果硬盘中备份的分区数据受到损坏，用一般数据修复方法不能修复，以及系统被破坏后不能启动，都可以用备份的数据进行完全的复原，而无需重新安装程序或系统。当然，也可以将备份还原到另一个硬盘上。

若要恢复备份的分区，其具体操作步骤如下：

（1）依次执行“Local（本地）\Partition（分区）\From Image（恢复镜像）”菜单命令，此时会弹出如图 1-37 所示的窗口。

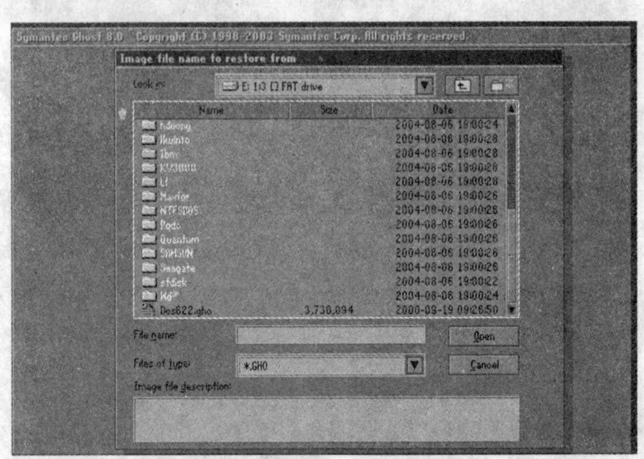

图 1-37 选择镜像文件

（2）选择镜像文件所在的分区，确认选择分区，第二个框（最大的）内显示出该分区的目录，用方向键选择镜像文件 Dos 6.22 GHO 后，输入镜像文件名一栏内的文件名，按回车键确认后将显示如图 1-38 所示的提示。

（3）在图 1-38 中，显示出选择镜像文件备份时的备份信息，确认无误后，按回车键将显示如图 1-39 所示的提示。

（4）选择将镜像文件恢复到某个硬盘。这里只有一个硬盘，不用选，直接按回车键后将显示如图 1-40 所示的窗口。

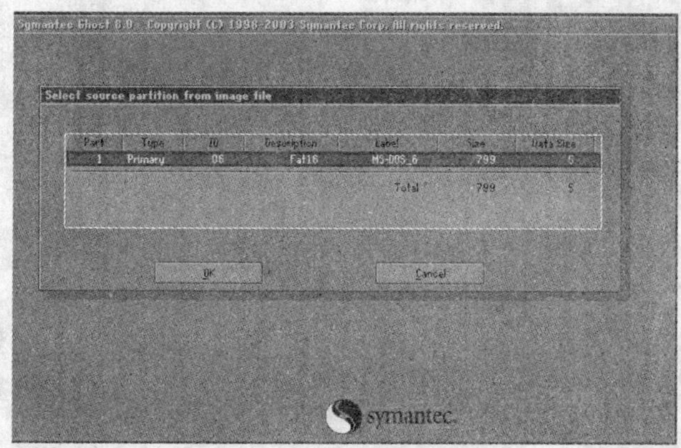

图 1-38　显示备份信息

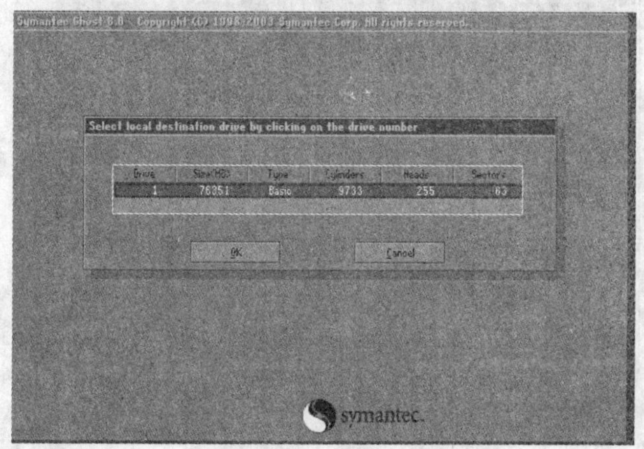

图 1-39　选择目标硬盘

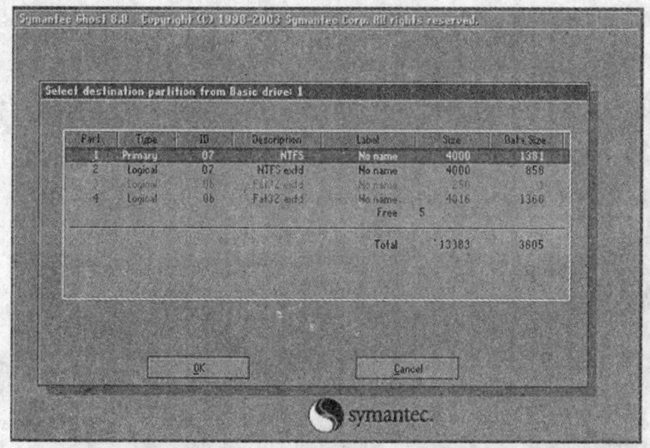

图 1-40　选择恢复到的分区

（5）选择要恢复到的分区，这一步要特别注意。若要将镜像文件恢复到 C 盘（即第一个分区），则选择第一项（第一个分区），然后按回车键后将显示如图 1-41 所示的窗口。

（6）提示即将恢复，会覆盖选择分区破坏现有的数据，单击“Yes”按钮后，将备份的镜像文件进行恢复，并显示恢复的进度提示，如图 1-42 所示。

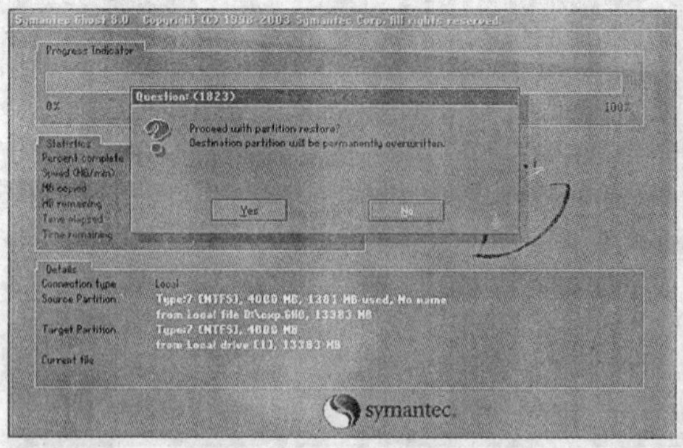

图 1-41　恢复提示框

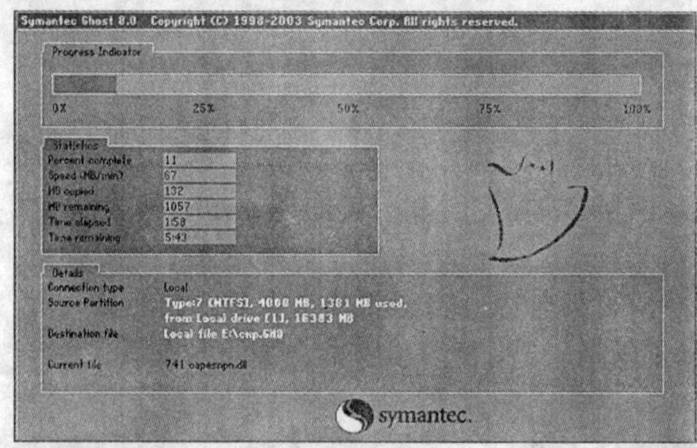

图 1-42　恢复备份进度

1.4.4　文件和磁盘的检查

为了保证数据的完整无误，Ghost 提供了检查功能。

IMAGE 文件检查的具体操作如下：

执行“Local\Check\Image File”菜单命令，如图 1-43 所示，然后选择具体要检查的 IMAGE 文件即可开始进行检查，最后会有一个窗口报告具体检查的结果。

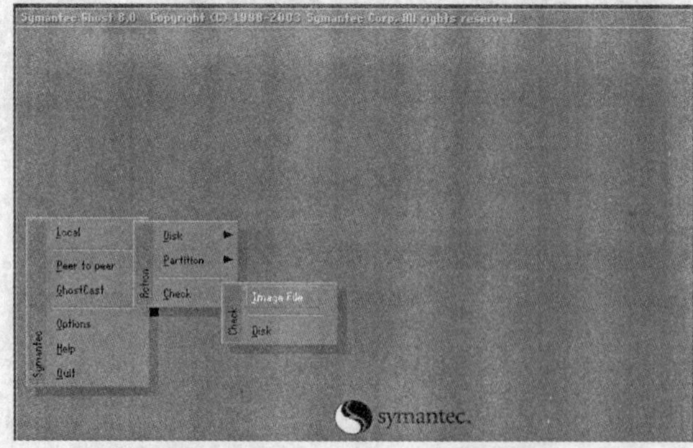

图 1-43　IMAGE 文件检查

硬盘检查的具体操作如下：

执行“Local\Check\Disk”菜单命令，然后选择检查的磁盘，单击“OK”按钮开始检查。当检查结束后，同样显示一个窗口具体报告检查结果。

【习　题】

1．填空题

（1）Windows 优化大师是一款功能强大的____________与_____工具，它具有______、__________和_________三大突出功能。

（2）超级兔子（Magic Set）是一款功能非常强大的______与_____软件，它能全面地对系统进行_______设置，而且还能使自己的操作系统______。

（3）美萍电脑安全卫士是最实用的______、______、______、____、_____等管理软件，它利用许多先进的 Windows 内核技术，全真虚拟_____桌面，实现了硬盘_______、_______、_______、______、_______、______、网站记录、黄色网站限制等多项功能。

（4）使用 Ghost 进行系统备份，有________和__________两种方式。

2．简答题

（1）简述如何使用 Windows 优化大师一次性删除系统内所有的垃圾文件。

（2）简述如何使用超级兔子上网精灵来禁止浏览一些指定的网站。

（3）简述如何使用美萍安全卫士来设置系统桌面背景及文件。

（4）简述如何使用 Ghost 将系统的 C 盘和 D 盘备份到 E 盘，并命名为 SYS_CD。

（5）简述如何使用 Ghost 来检查硬盘。

第 2 章　磁盘、光盘管理工具

2.1　虚拟光碟总管 Virtual Drive 8.0

2.1.1　虚拟光碟简介

虚拟光碟是一套模仿真实光碟的工具软件，它的工作原理是先产生一台（多台）虚拟光驱，将光盘上的应用软件和资料，压缩成一个虚拟光盘文件(*.VCD)存放在硬盘上，并产生一个虚拟光盘图标，然后再告知虚拟光碟可以将此压缩文件视作光驱里的光盘来使用。所以当用户要激活此应用程序时，不必将光盘片放入真实光驱中（没有光驱也可执行），更不需等待光驱的缓慢激活，只需在虚拟光盘图标上双击，虚拟光盘就会立即加载到虚拟光驱中执行，这样既快速又方便。

可以在 http://www.lgsc.net/Soft/cyrj/gpgj/200507/20.html 下载该软件，在进行安装时，只需作出简单的回答即可安装成功。

1. 虚拟光碟总管窗口

当安装好虚拟光碟后，系统会在程序菜单中建立相应的组件，如图 2-1 所示。

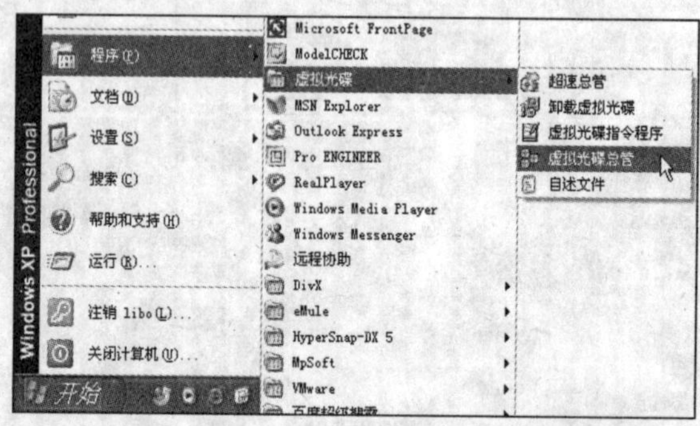

图 2-1　运行虚拟光碟

单击“虚拟光碟总管”选项后，会显示“虚拟光碟总管”界面，如图 2-2 所示。左边显示有多台虚拟光碟和其他光驱，每台虚拟光碟都可以（同时）独立操作；右边则显示硬盘上建立了的虚拟光盘，只要在选定的虚拟光盘图标上双击，虚拟光碟总管就会将此虚拟光盘插入选定的虚拟光驱中执行，其效果就如同将真正的光盘插入真实的光驱中一样。同时，只需几个按键，虚拟光碟总管就可以建立、删除或插入、退出虚拟光盘。

还可以给虚拟光盘文件创建快捷方式，其主要是：用鼠标右键单击虚拟光盘文件，从弹出的下拉菜单中选择“创建快捷方式”菜单项，或选取虚拟光盘文件，然后单击“工具”菜单的“创建快捷方式”菜单项。

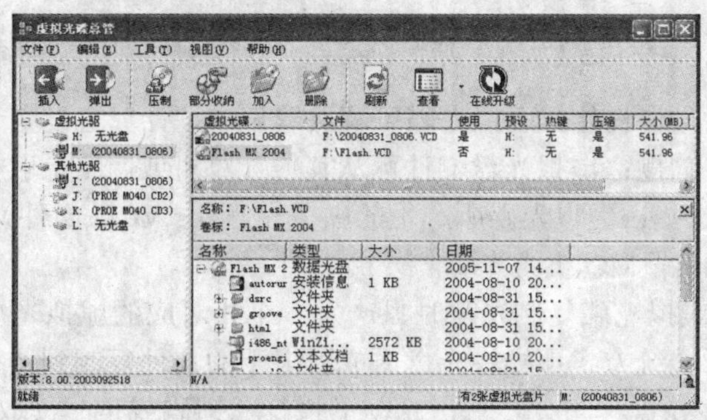

图 2-2　“虚拟光碟总管”窗口

在单一或者全部虚拟光驱（物理光驱）上单击鼠标右键，从弹出的菜单中选择“自动运行”菜单项，该台虚拟光驱或全部虚拟光驱（物理光驱）就具有了自动运行（Autorun）功能，如果想取消自动运行功能，只需单击“自动运行”菜单项即可。

在虚拟光盘片未插入虚拟光驱中使用之前，可以在虚拟光碟总管窗口中直接查看各种虚拟光盘的内容。当用鼠标选中某一虚拟光盘时，在虚拟光碟总管窗口右下方会显示出该虚拟光盘的内容，如图 2-2 所示。当用鼠标右键选中该虚拟光盘的某一具体的文件时，会弹出如图 2-3 所示的画面。

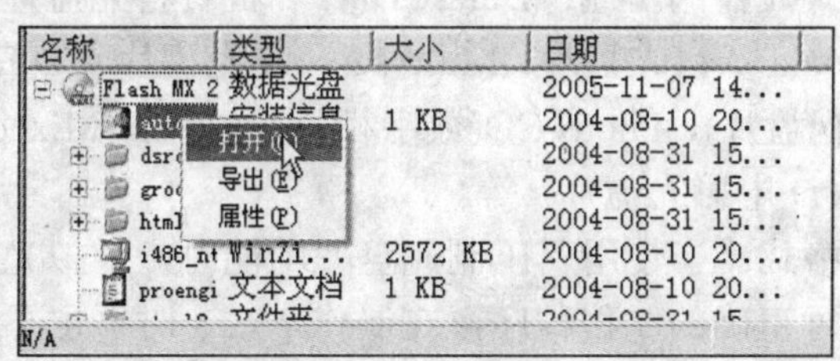

图 2-3　右键单击光碟中的文件

（1）打开：用 Windows 关联的档案执行所选择的文件。

（2）导出：根据需要将所选择的文件直接导出保存在指定的位置。

对于 Audio 类型的虚拟光盘文件可直接将所选择的曲目导出为 Wave 文件。

对于 Multi session 类型的虚拟光盘文件除可查看激活的 session 外，还可查看其他未激活 session 中的资料，并可将其导出。

对于 Mixed Mode CD、CD Extra 类型的虚拟光盘文件除可查看资料以外，还可查看音乐轨资料，并可将其导出。

（3）属性：可查看所选择文件的属性。

2．特点及效用

（1）部分收纳：可将硬盘或是其他储存设备中的资料，选择“需要的”文件直接制成虚拟光盘文件，不必再花时间将所需的文件利用光盘刻录机备份。

（2）执行免光盘：执行免光盘时不需要放入光驱，没有真实光驱也可执行，虚拟光盘全部在计算机中，随手可得。

（3）高速 CD-ROM：虚拟光盘直接在硬盘上执行，速度达 200x；虚拟光盘的反应速度快速无比，播放影像顺畅不停顿。一般硬盘速度为 10～15MB/s 左右，换算成光盘传输速度(150KB/s)等于 100x。现在的计算机大都配备有 Ultra DMA 硬盘控制卡，其传输速度更可高达 33MB/s（220x）。

（4）NoteBook 的最佳良伴：虚拟光碟可解决笔记本型计算机没有光驱、速度太慢、携带不易、光驱耗电等问题；虚拟光盘文件可从其他计算机或网络上取得。

（5）MO 的最佳选择：虚拟光碟所产生的虚拟光盘（*.VCD 文件）可存入 MO 片随身携带，MO 片为光盘片，MO 机为光驱，一机二用。

（6）复制光盘：虚拟光碟复制光盘时只产生一个相对应的虚拟光盘文件，因此管理起来非常容易，并非像传统方式那样将光盘内成百上千的文件复制到硬盘。该方法不一定能正确执行，因为很多光盘程序会要求在光驱上执行（锁码或定时读取光驱），而且删除管理也不方便，虚拟光碟则完全解决了这些问题。

（7）同时执行多片光盘：虚拟光碟可同时执行多个不同光盘应用软件。例如，可以在一台虚拟光碟上观看大英百科全书，在另一台虚拟光碟上执行英汉字典，查不懂的生字，同时用真实光驱听唱片。以前要执行这些操作必须买 3 台光驱才能做到。

（8）压缩：虚拟光碟使用专业的压缩和实时解压缩法，对于一些没有压缩过的光盘，压缩率可达 50%以上；执行时自动实时解压缩，影像播放效果不失真。

（9）指令操作：虚拟光碟指令接口程序（VDRIVE.EXE）可以利用批处理文件来操作虚拟光碟，例如插片或退片等。没有 Autorun 的光盘亦可设定成具有自动执行的功能。

（10）支持大多数格式光盘的压制：Data-CD(计算机资料光盘片)、Audio-CD(数字音乐 CD)、DVD-ROM(DVD data 资料光盘片)、Multi session 光盘片、CD Extra 光盘片、CD-Text 光盘片、 Video-CD(激光视盘片)、Photo-CD(数字相片光盘片)、Mixed-Mode CD(混合模式光盘片) 、DVD-Video(DVD 电影光盘片) 等。

（11）自动判断光盘格式：当使用“压制光盘”功能时，虚拟光碟 7.1 可以自动判断光盘的种类及格式，并执行正确的制作程序，在制作 VCD 时再也不必像以前一样要考虑光盘的格式。

（12）热键功能：为 VCD 文件指定了热键以后，可以不必在虚拟光碟总管中执行插片操作，只需使用指定的热键即可执行插片功能。该功能对多盘片游戏而言，在玩的过程中需要换光盘片，非常有用。

（13）MP3 格式压制：在计算机中如果安装有微软公司的 Windows Media Player 的 MP3 组件或其他带有 MP3 编码/解码的链接库的应用程序后，可以选择 MP3 格式对音乐光盘（Audio CD）进行 VCD 文件的压制，这样可以大大节省硬盘空间。

2.1.2 使用普通光盘建立虚拟光盘

要通过普通光盘建立虚拟光盘，其具体操作步骤如下：

（1）将真实光盘放入真实光驱后，单击工具栏上的“压制”按钮或执行“文件\压制光盘”菜单命令，或使用“Ctrl+B”组合键，进入“虚拟光碟－选择光驱”窗口，如图 2-4 所示。

（2）浏览了原始光盘内容后，单击“下一步”按钮，进入“虚拟光碟－选择目标路径”窗口，如图 2-5 所示。

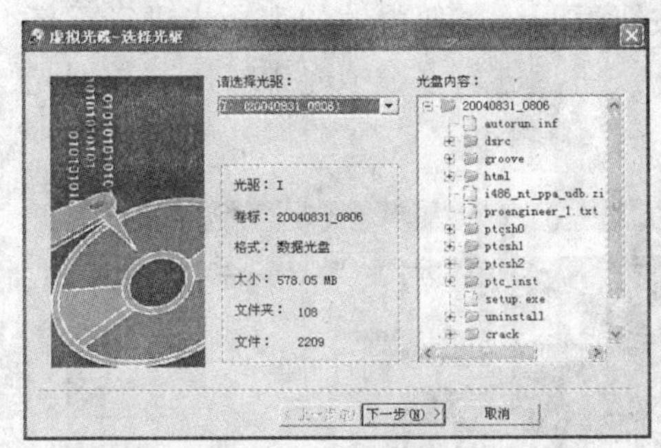

图 2-4　浏览原始光盘内容

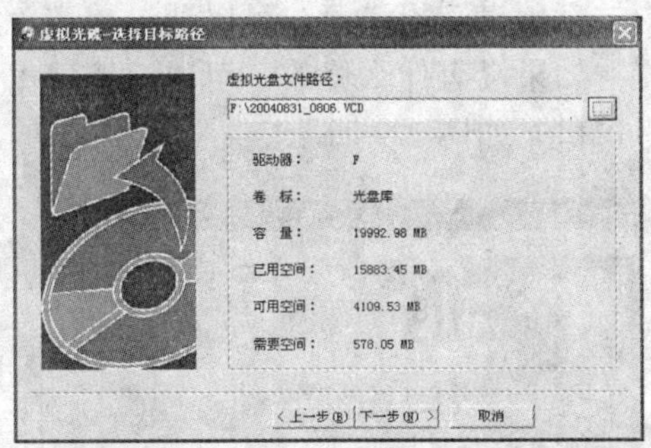

图 2-5　选择目标路径

（3）在“虚拟光盘文件路径”文本框中输入虚拟光盘文件名称及保存路径，也可以通过单击……按钮来更改。图 2-5 中还列出了虚拟光盘存放位置的详细信息，如果所选硬盘分区“可用空间”比建立 VCD 文件所“需要空间”小，则必须重新选择另外的硬盘分区以存放虚拟光盘。此时单击“下一步”按钮，将弹出如图 2-6 所示的压制光盘界面。

（4）在该设定窗口中，“使用智慧型算法”单选按钮是适用于绝大多数光盘的压制，如果用户已经知道要压制的光盘所采用的保护类型，可以选择“使用其他保护类型”单选按钮，然后从下拉菜单中选择该光盘的保护类型进行压制。

设置好各项后，单击“下一步”按钮，弹出“虚拟光碟－选项设置”窗口，如图 2-7 所示。

图 2-6　选择设定类型

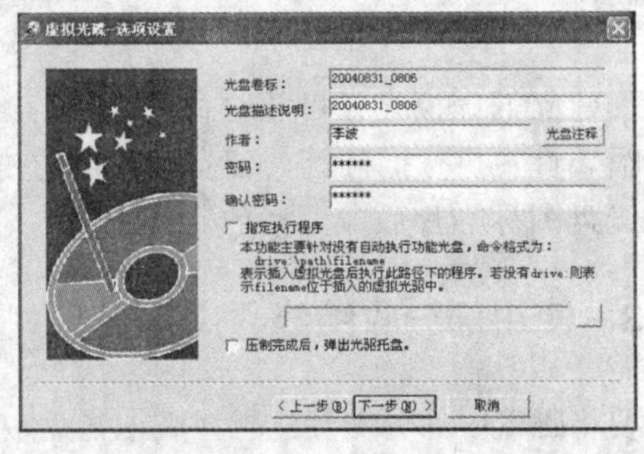

图 2-7　选项设置

（5）在如图 2-7 所示的窗口中，可以看到原始光盘的卷标、作者等信息，还可以通过单击“光盘注释”按钮对要压制的光盘进行注释。如果想对压制的虚拟光盘文件进行保密，可在“密码”栏输入密码并确认密码；还可以用鼠标右键单击已压制好的虚拟光盘文件，从弹出的菜单中选择“设置密码”选项，设置或更改密码。如果使用设置了密码的虚拟光盘文件，必须先输入正确的密码，所以，应妥善保管此密码。

如果选择了“指定执行程序”复选框，可以任意指定光碟、硬盘上某一执行文件（*.EXE），当虚拟光盘建立成功并插入到虚拟光驱后，会自动运行刚刚指定的执行程序。如果选择了“压制完成后，弹出光驱托盘”复选框，压缩光盘结束后，原始光盘就会自动从光驱中弹出。

设置好以上各项后，单击“下一步”按钮进入“虚拟光碟－统计信息”窗口，如图 2-8 所示。

（6）在“统计信息”对话框中可以看到前几步中的系统信息及设置的信息，如果对其中的某项设置不满意，可以通过单击“上一步”按钮返回到需要修改的那一步进行重新设置；如果没有什么修改，可以直接单击“下一步”按钮，进入“虚拟光碟—压制数据光盘”窗口，如图 2-9 所示。

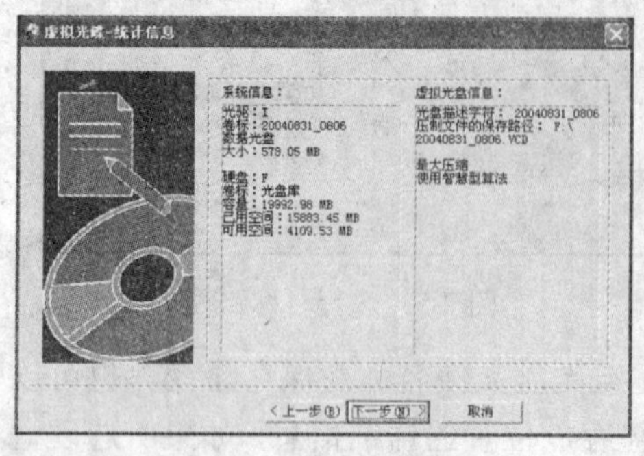

图 2-8　统计信息

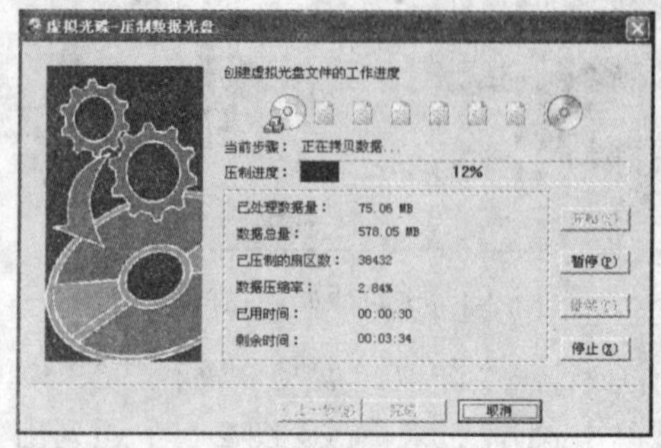

图 2-9　压制数据光盘

（7）在如图 2-9 所示的窗口中，可以看到压制进度、已处理数据量、已压制的扇区数等信息，还可以选择“暂停”、“继续”、“停止”等按钮来决定是否继续压制。压制完成后，会弹出如图 2-10 所示的提示信息，压制成功的虚拟光盘文件会自动加入到虚拟光碟总管中。

图 2-10　提示压制成功

已建立的虚拟光盘可随时插入指定的虚拟光碟上播放，按鼠标右键可显示并修改该虚拟光盘属性、执行插片等。若光盘有自动执行（Autorun）功能，则在虚拟光碟总管中双击虚拟光盘图标插片后即可播放。

2.1.3　使用部分收纳建立虚拟光盘

要将磁盘中部分文件建立在虚拟光盘中，单击工具栏上的“部分收纳”按钮或执行“文件\部分收纳压制光盘”菜单命令；或使用“Ctrl+O”组合键，会弹出如图 2-11 所示的窗口。

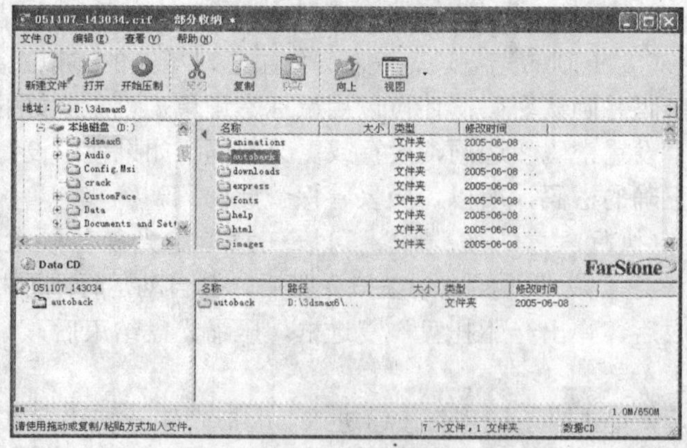

图 2-11　“部分收纳”窗口

可以用拖曳或复制\粘贴的方式，将需要执行部分收纳功能的文件添加到如图 2-11 所示窗口的下半部分，然后单击“开始录制”按钮。在此可以按照前面的步骤操作，直到提示部分收纳压制成功，并且压制成功的虚拟光盘会自动加入到虚拟光碟总管中。

注意　部分收纳的文件总量可达 18GB。

2.1.4　文件转换

利用此功能可以将 ISO9660CD 影像文件（*.ISO)转换为虚拟光盘文件，或者将未压缩过的虚拟光盘文件转换成 ISO9660CD 文件。其具体操作方法如下：

（1）在如图 2-2 所示的“虚拟光碟总管”窗口中，执行“文件 / 文件转换”菜单命令，或使用“Ctrl+C”组合键，会弹出如图 2-12 所示的“文件转换”窗口。

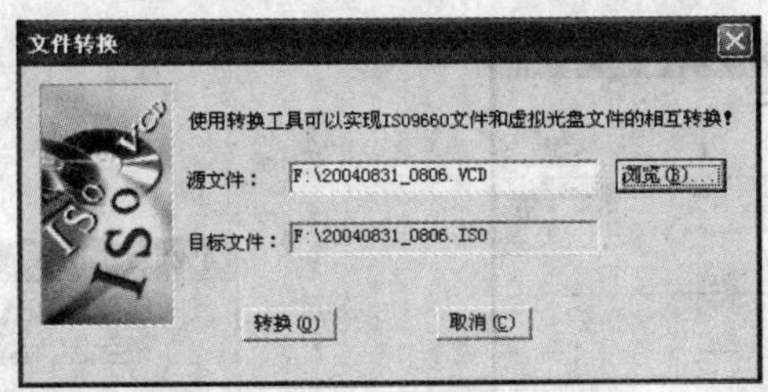

图 2-12　“文件转换”窗口

（2）在“源文件”栏单击“浏览”按钮，弹出“打开”对话框，从中选取 ISO9660 CD 影像文件或未压缩过的虚拟光盘文件（*.VCD）。单击“打开”按钮，在“源文件”栏会出现所选择的源文件，在“目标文件”栏会自动生成想转换成的目标文件。然后单击“转换”按钮，即可将 ISO9660 CD 影像文件转换为虚拟光盘文件或将未压缩过的虚拟光盘文件转换成 ISO9660CD 影像文件。

2.1.5　设定虚拟光驱数目

如果需要设置虚拟光驱的数目，在如图 2-2 所示的“虚拟光碟总管”窗口中，执行“视图 / 设定数目”菜单命令，或使用“Ctrl+N”组合键，弹出如图 2-13 所示的“设定虚拟光驱数目”窗口。

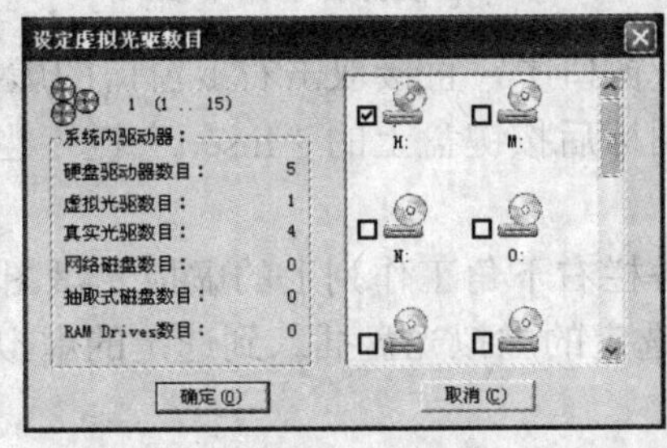

图 2-13　“设定虚拟光驱数目”窗口

在该窗口中可以通过勾选右边列出的磁盘驱动器符号的方式来指定某个或多个虚拟光驱。既可以将已经设定好的虚拟光驱设定为不勾选，也可以勾选未设定的磁盘机代号，从而重新设定虚拟光驱数目。

可以设定虚拟光驱的数目(1～23)，这个数目对每部计算机而言不一定相同，它代表计算机中现在可用的磁盘驱动器代号共有多少；一般来说，最好不要把所有磁盘驱动器代号全部用完，这样会使将来增加新装置时（如增加硬盘）没有磁盘驱动器代号可用。

2.1.6 使用虚拟光盘（插片）

如果要将虚拟光碟插入虚拟光驱上，可以通过以下几种方法：

（1）使用拖动的方式插入。在“虚拟光碟总管”窗口中，将右上窗口中的文件拖到虚拟光驱上即可，如图 2-14 所示。如果虚拟光碟文件设置了密码，会提示输入正确的密码后才能插入，如图 2-15 所示。

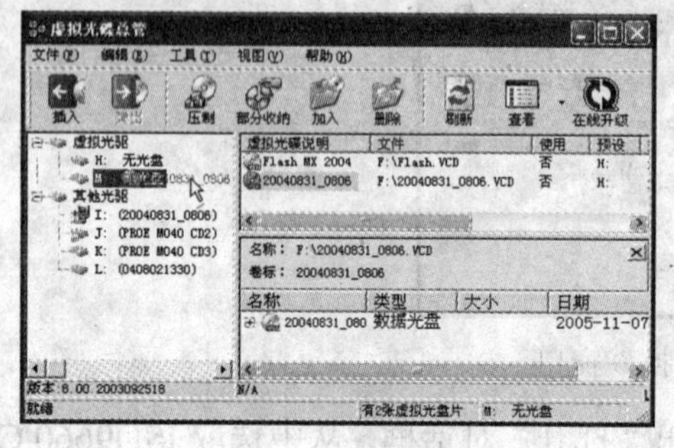

图 2-14 拖动方式插入

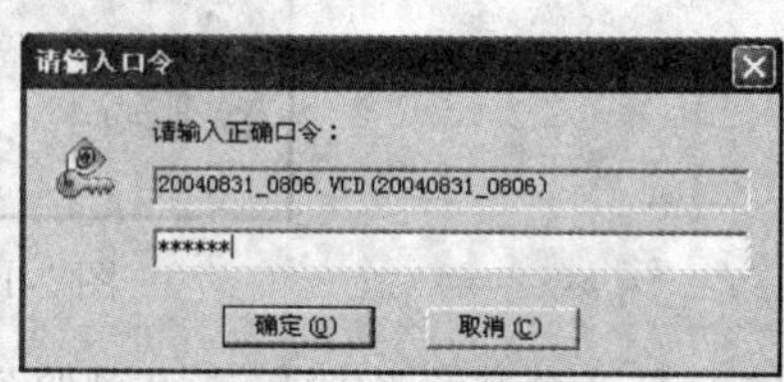

图 2-15 输入密码

（2）在“虚拟光碟总管”窗口中，选择右上窗口中的虚拟文件，然后单击左上角的“插入”按钮即可完成。

（3）在资源管理器中，用鼠标右键单击虚拟光盘文件，从弹出的快捷菜单中选择“插入”菜单项，然后选择虚拟光驱，即可将其插入到选定的虚拟光驱中，如图 2-16 所示。

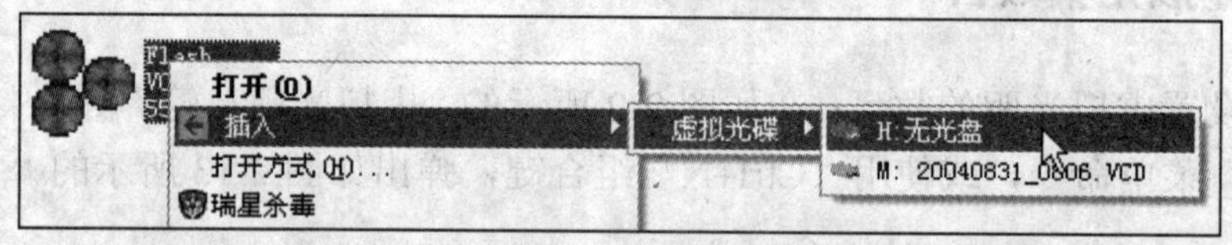

图 2-16 在资源管理器中插入

（4）在“虚拟光碟总管”窗口中，直接双击右上窗口的虚拟文件即可。

（5）选中某一虚拟光盘图标后按键盘上的“Insert”键，也可将选定的虚拟光盘插入到选定的虚拟光碟中。

（6）用鼠标右键单击任务栏右下角工作列上的虚拟光盘图标，从弹出的下拉菜单中选择“插入 VCD”，也可将选定的虚拟光盘插入到选定的虚拟光驱中。

2.1.7 退出虚拟光盘

如果要退出虚拟光驱中的虚拟光盘，可以通过以下几种方法：

（1）选中已插入的虚拟光盘图标后单击“弹出”按钮，即可将选定的已插入的虚拟光盘从虚拟光驱中退出。

（2）选中已插入的虚拟光盘后按“Delete”键，虚拟光盘就会从虚拟光驱中退出。

（3）在“虚拟光碟总管”左窗口中，右键单击已插入的虚拟光碟，从弹出的快捷菜单中选择“弹出光盘”菜单项，如图 2-17 所示。

（4）使用鼠标的拖曳功能，可以直接从已插入的虚拟光驱中将虚拟光盘拖曳出来，从而完成退片的操作。

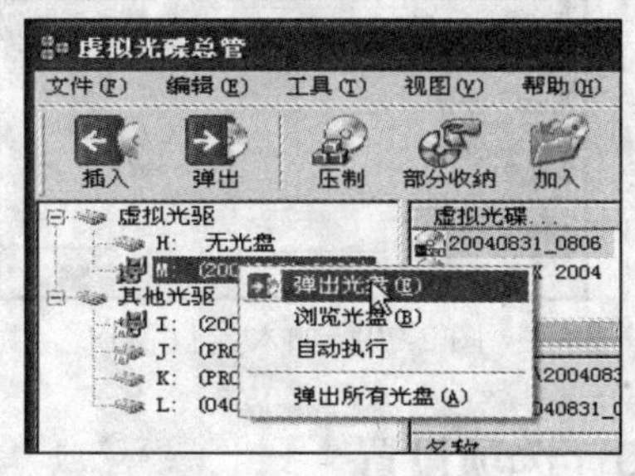

图 2-17　从“虚拟光驱总管“窗口中弹出光碟

（5）在资源管理器中，选中已插入的虚拟光碟后单击鼠标右键，从弹出的下拉菜单中选择“弹出”命令，即可将选定的虚拟光盘从选定的虚拟光驱中退出。

（6）用鼠标右键单击任务栏右下角的虚拟光盘图标，从弹出的快捷菜单中选择“弹出光盘”命令，就可将选定的虚拟光盘从选定的虚拟光驱中退出，如图 2-18 所示。

（7）选中想要退片的虚拟光驱或虚拟光盘，执行“编辑\弹出”菜单命令，即可将虚拟光盘从虚拟光驱中退出，如图 2-19 所示。

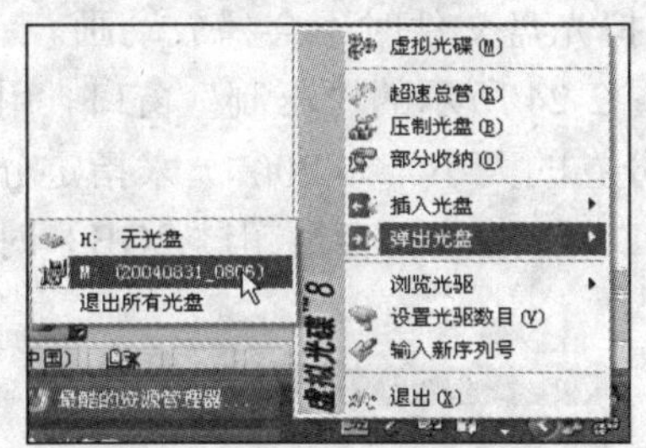

图 2-18　从任务栏中弹出光碟

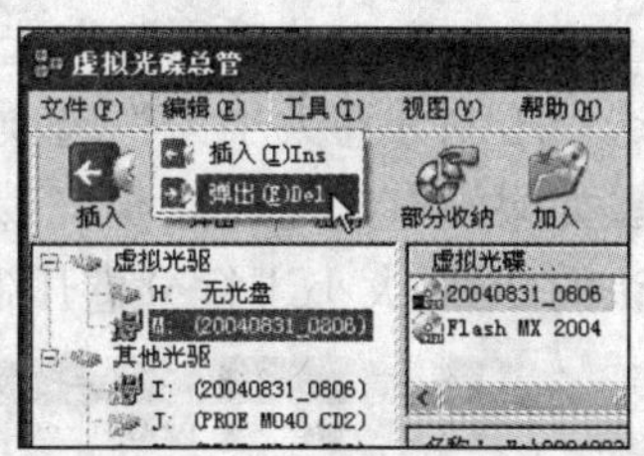

图 2-19　从菜单中弹出光碟

2.1.8　加入 VCD 文件

可以用“加入光盘”的功能将已经建立好的虚拟光盘文件(VCD)直接加入虚拟光碟总管内使用，而不需重新建立 VCD 文件。

在“虚拟光碟总管”窗口的工具栏上单击“加入”按钮，或执行“文件 / 加入光盘”菜单命令，弹出“打开”窗口，从中选取虚拟光盘(VCD)文件，然后单击“打开”按钮即可加入 VCD 文件，如图 2-20 所示。

另外，也可从资源管理器中直接拖曳虚拟光盘文件到虚拟光碟总管中。

2.1.9　删除 VCD 文件

可以用“删除光盘”功能将已经建好的虚拟光盘文件(VCD)删除，其操作步骤如下：

首先，选中要删除的虚拟光盘图标，然后在“虚拟光碟总管”工具栏上单击“删除”按钮，或执行“文件 / 删除光盘”菜单命令，弹出如图 2-21 所示的“删除虚拟光盘文件”窗口。如果直接单击“确定”按钮，只删除虚拟光盘图标，但在硬盘上的虚拟光盘文件（VCD）仍存在，这样在下次使用时就不用再重新建立虚拟光盘文件（VCD），只要执行“加入光盘”命令，再选择要加入的 VCD 文件即可。如果勾选“从磁盘中删除虚拟光盘（VCD）文件”复选框，虚拟光盘图标及虚拟光盘对应在硬盘上的虚拟光盘文件(VCD)将一并被删除。

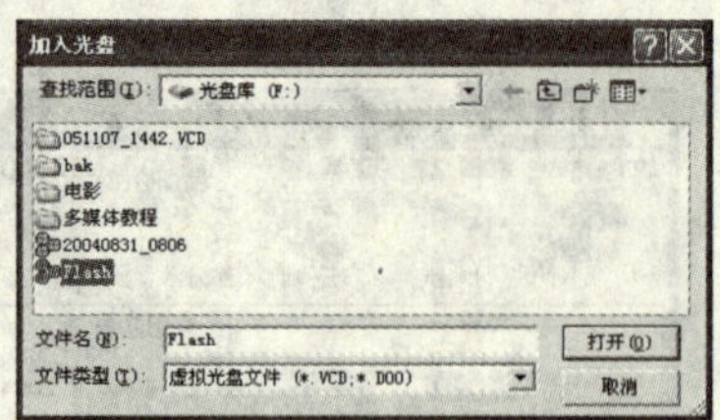

图 2-20 加入光盘窗口

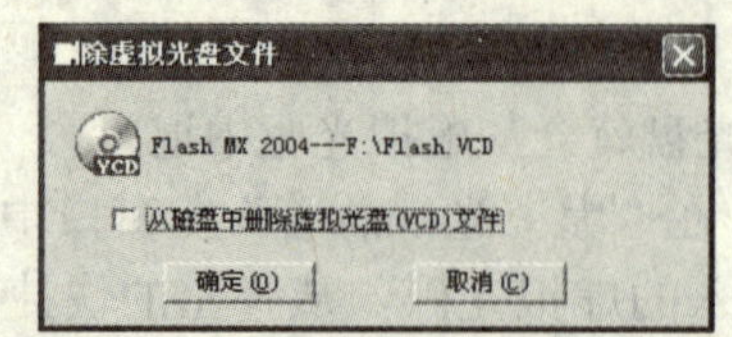

图 2-21 “删除虚拟光盘文件”窗口

2.1.10 选项设置

在虚拟光碟总管中还有一项“选项”功能，它能改变虚拟光碟的各项设置。执行“视图\选项”菜单命令，或直接按“Ctrl+S”组合键，将弹出如图 2-22 所示的“选项”窗口。

该窗口共有 5 个选项卡，在“工具栏”选项中可以设定工具栏的显示状态、是否显示按钮文字及提示信息、工具栏的风格等。另外，还可以自定义工具栏。

单击“选项”中的“动画”选项卡，将弹出如图 2-23 所示的“动画”窗口。在此可以设定“插入/弹出虚拟光盘文件时”是否播放动画，如果勾选了该项，在插入/弹出虚拟光盘文件时会播放动画；如果不勾选，在插入/弹出虚拟光盘文件时不会播放动画。

单击“选项”中的“压制”选项卡，将弹出如图 2-24 所示的“压制”窗口。用户可以通过勾选“压制分卷大小为”选项并填入自己想要分卷的大小（如 2000）来指定分卷压制的大小。如果没有勾选，虚拟光碟在压制部分收纳 DVD 光盘（容量超过 2GB）时将采用内部默认的 2GB 大小进行分卷压制。

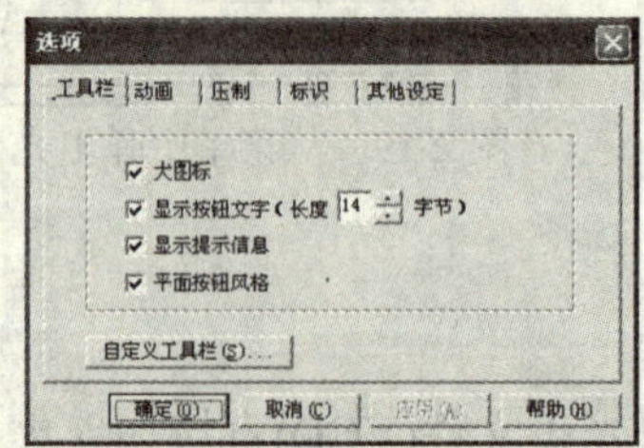

图 2-22 “选项-工具栏”窗口

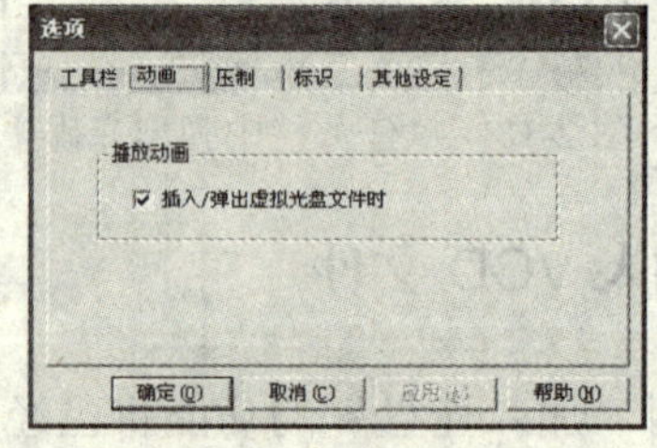

图 2-23 “选项-动画”窗口

单击“选项”中的“标识”选项卡，将弹出“标识”窗口，可以直接在这里设定虚拟光驱或真实光驱的标识号和生产厂家的信息。

单击“选项”中的“其他设定”选项卡，将弹出如图 2-25 所示的“其他设定”窗口。在此可以选择是否勾选如图 2-25 所示的 5 个选项，如果勾选，就会有相应的功能项；如果不勾选，则没有该功能项。

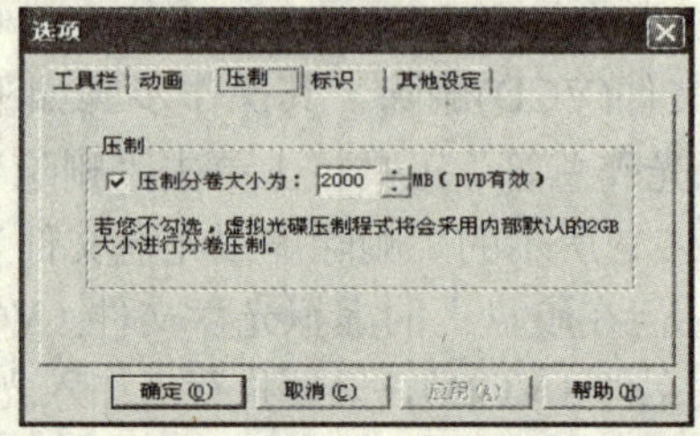

图 2-24 “选项-压制”窗口

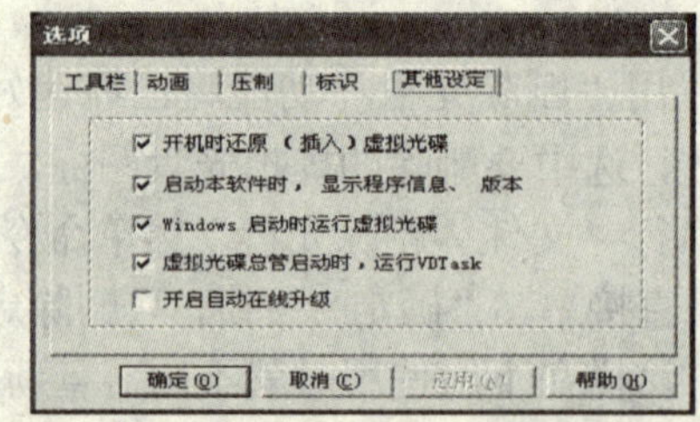

图 2-25 “选项-其他设定”窗口

2.2 光驱刻录 Nero

德国 Ahead 公司推出的 Nero 是目前最为流行的刻录软件。它的最新版本支持目前所有的光盘文件系统，当然也可以制作所有类型的光盘。在进行刻录操作时，Nero 能够利用硬盘的启动分区制作开机引导光盘；可以设置文件的隐藏属性和优先级别；能够把硬盘上的 WAV 文件直接刻录成 CD 音轨；刻录失败后能够在同一张光盘上继续刻录文件等。另外，Nero 具有对当前光盘的存储结构进行查看的功能，但是不能进行修改。所有的这些优点，都使得 Nero StartSmart 在目前的刻录软件中独领风骚，而且它的界面很友好，使用方法也非常简单。

可以在 http://www.ahead.de 下载 Nero 最新版本，同时还可以在国内的一些软件下载站点找到它的汉化文件。进行汉化时，只要双击运行下载得到的文件并选择默认的安装目录就能够完成软件的汉化工作。下面以 Nero 的最新版本 7.0 为例，通过几个刻录实例来了解它的使用方法。

2.2.1 实用的收藏夹功能

启动 Nero 7.0 之后，首先出现的是“收藏夹”菜单，可以将 Nero 7.0 中一些常用的功能按钮都设置在这里，以后使用这些功能就会方便很多，如图 2-26 所示。如果“收藏夹”中的按钮暂时不需要，还可以进行删除。

2.2.2 传统的数据刻录体验

在 Nero 7.0 最基础的数据刻录功能中，提供了普通的光盘和 DVD 的刻录，也提供了复制光盘和 DVD，可以根据自己的实际需要来进行选择，如图 2-27 所示。

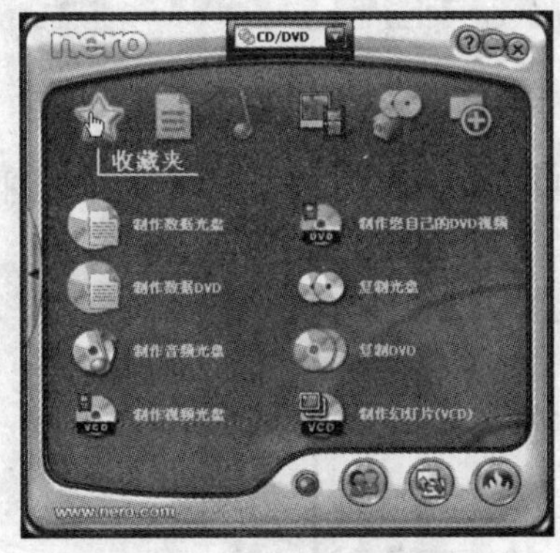

图 2-26 “收藏夹”菜单

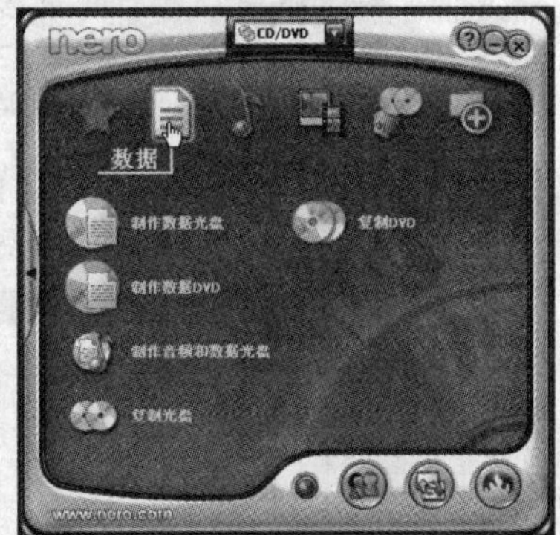

图 2-27 “数据”菜单

1. 制作数据 DVD

下面以“制作数据 DVD”为例进行介绍，其具体操作步骤如下：

（1）在如图 2-27 所示的窗口中单击“制作数据 DVD”选项，将弹出“光盘内容”窗口。然后单击右边的“添加”按钮，将要刻录的数据进行添加，在列表中就可以看到已经添加的数据，可以多次继续添加或删除数据，如图 2-28 所示。

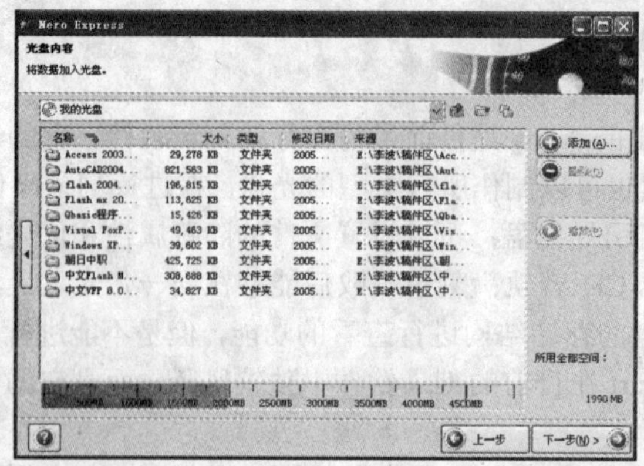

图 2-28 选择数据

注意 在窗口下面显示的数据整体容量，一定不要超过刻录盘的指定容量，否则将无法进行刻录。

（2）当添加完数据后，单击“下一步”按钮，将弹出如图 2-29 所示的窗口，提示用户选择刻录机。

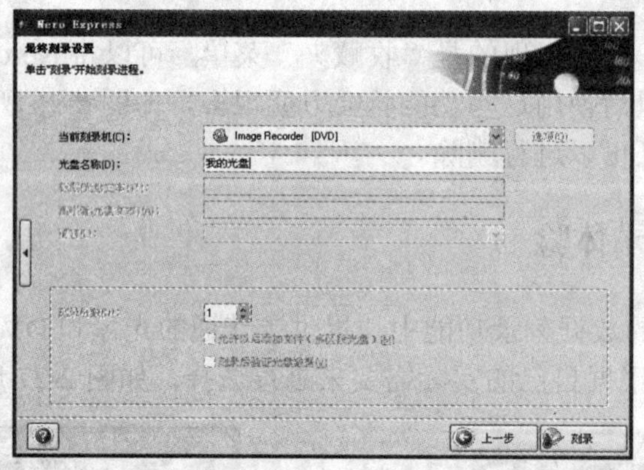

图 2-29 选择刻录机

（3）选择刻录机类型，并输入光盘的名称，然后单击“刻录”按钮，将弹出如图 2-30 所示的刻录窗口。

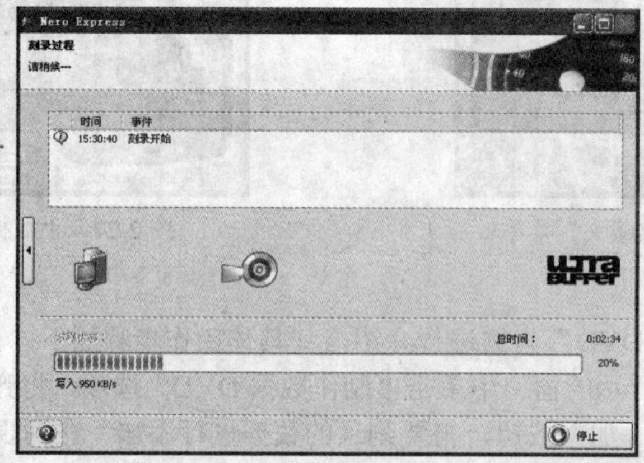

图 2-30 开始刻录

2. 复制 DVD

（1）在如图 2-27 所示的窗口中单击“复制 DVD”项，将弹出如图 2-31 所示的窗口。

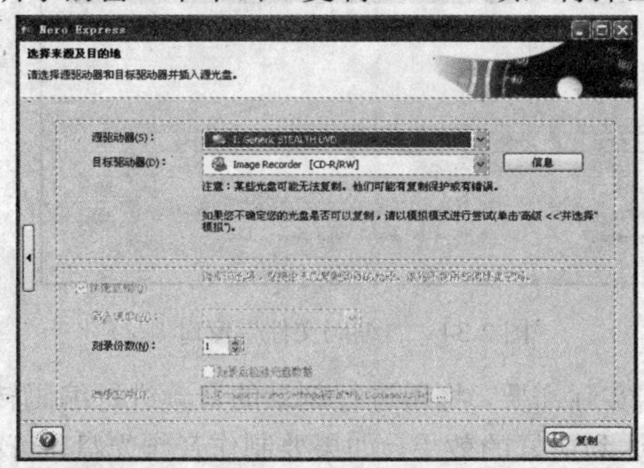

图 2-31　复制 DVD

（2）首先选择源驱动器，再选择目标驱动器，并选择刻录的份数，然后单击“复制”按钮开始刻录。其刻录窗口如图 2-32 所示。

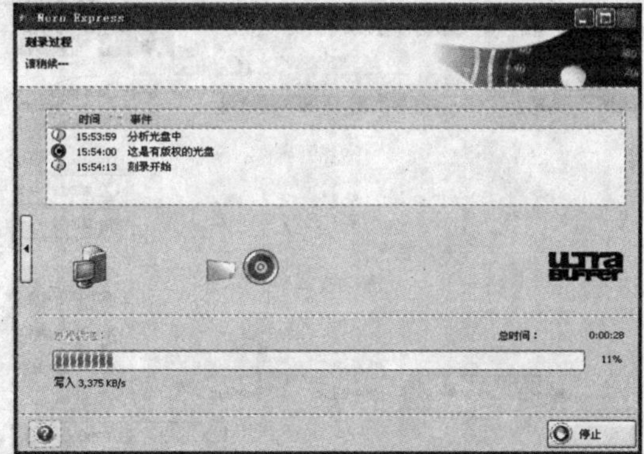

图 2-32　正在复制 DVD

2.2.3　制作属于自己的 CD

Nero 7.0 可以制作音频 CD，包括普通的音频光盘、MP3 光盘和 WMA 光盘。在刻录音频光盘之前，单击如图 2-33 所示窗口中的 “对音频文件进行编码”选项，将进入 Nero 7.0 自带的“编码文件”窗口，如图 2-34 所示。

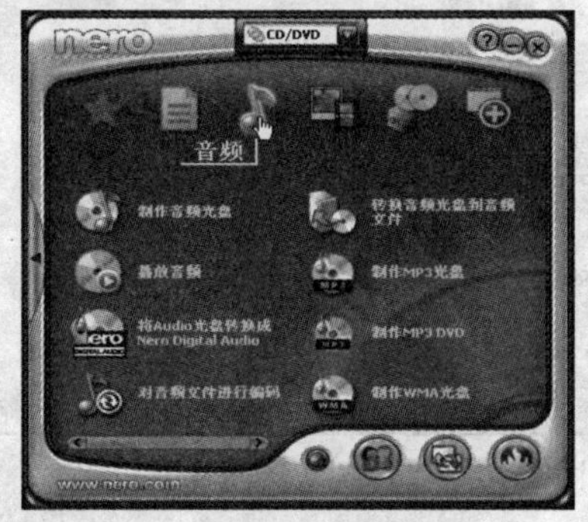

图 2-33　“音频”菜单

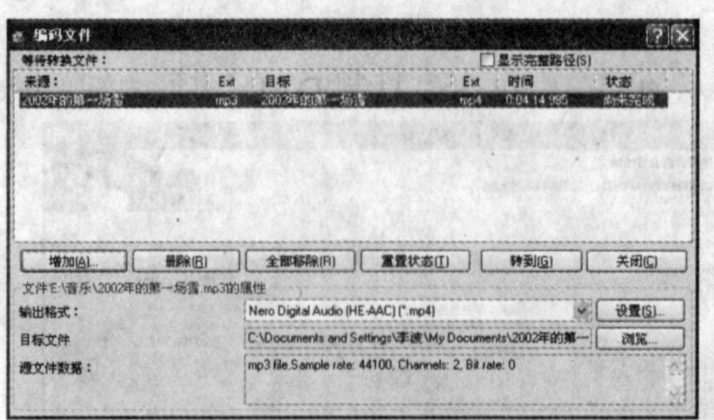

图 2-34 “编码文件”窗口

在图 2-34 中可以根据实际需要，将需进行刻录的音频进行编码转换，只有刻录的音频文件编码都一样时，才能达到更好的效果。如果要制作音频光盘，可在如图 2-33 所示的窗口中单击“制作音频光盘”选项，弹出如图 2-35 所示的窗口，单击“添加”按钮，将转换的文件添加到列表中。

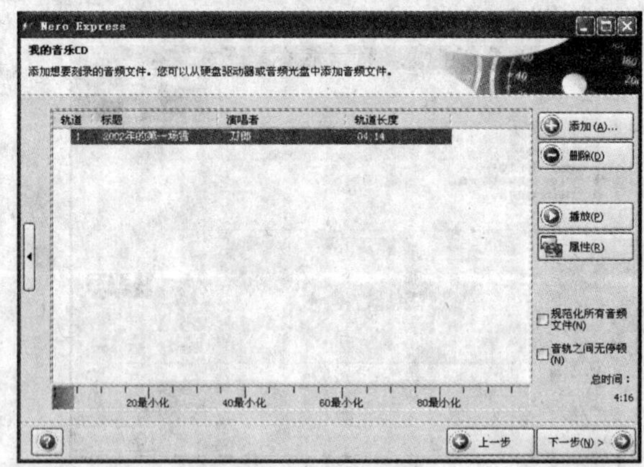

图 2-35 制作音频光盘

制作音频 CD 的方法和刻录普通数据光盘的方法类似，只需依次单击“下一步”和“刻录”按钮即可。

如果要更改音频文件的属性，可在如图 2-35 所示的窗口中选择列表中的文件，然后单击右侧的“属性”按钮，弹出如图 2-36 所示的“音频轨迹属性”窗口。

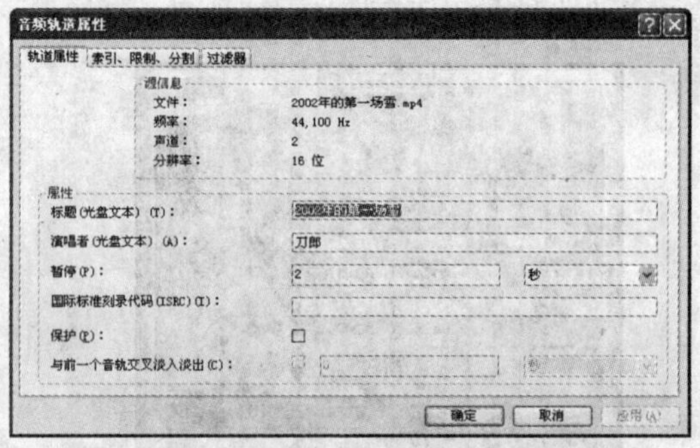

图 2-36 “音频轨迹属性”窗口

如果要对进行刻录的音频文件进行播放试听，则单击右侧的“播放”按钮，即可弹出如图 2-37 所示的“试听”面板。

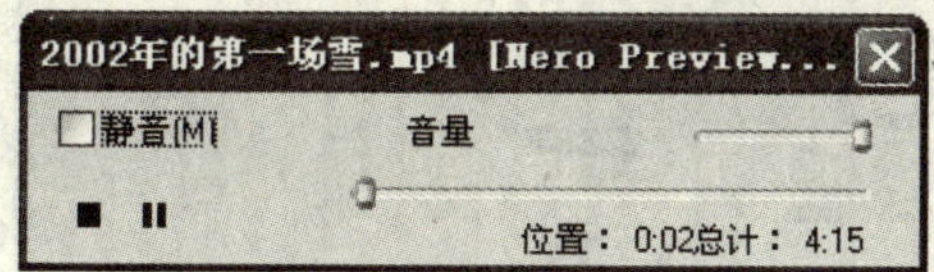

图 2-37　“试听”面板

2.2.4　制作照片视频

Nero 7.0 可以直接制作视频照片 CD，可以不用第三方软件来制作视频光盘，如图 2-38 所示。

图 2-38　“照片和视频”菜单

（1）在如图 2-38 所示的窗口中，单击“制作视频光盘”项，弹出如图 2-39 所示的窗口。

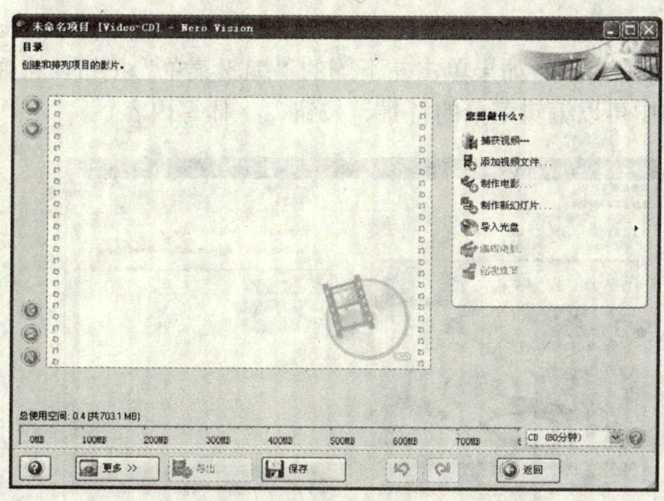

图 2-39　“目录”窗口

（2）单击右侧的“添加视频文件”项，在弹出的“打开”窗口中选择需要添加的视频文件，如图 2-40 所示，然后单击“打开”按钮。

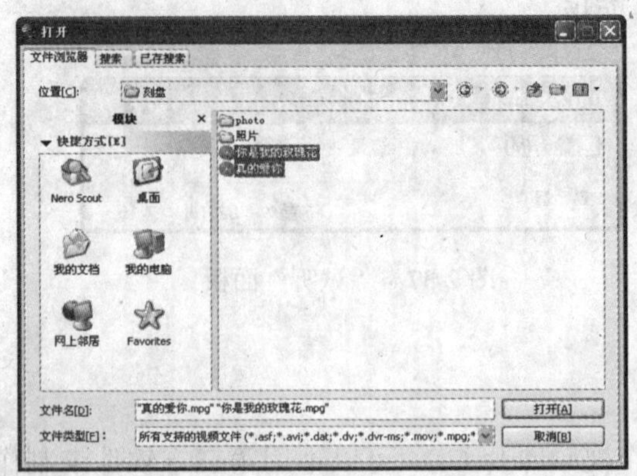

图 2-40 选择需要添加的视频文件

（3）此时 “目录”窗口中将显示出所添加的视频文件，如图 2-41 所示。

图 2-41 添加的视频文件

（4）单击“下一个”按钮，弹出“选择菜单”窗口，如图 2-42 所示。在“页眉”文本框中输入菜单名（My disc）。如果单击左下侧的“编辑菜单”按钮，将弹出如图 2-43 所示的窗口。在该窗口中可以编辑菜单的背景、按钮、字体等内容。

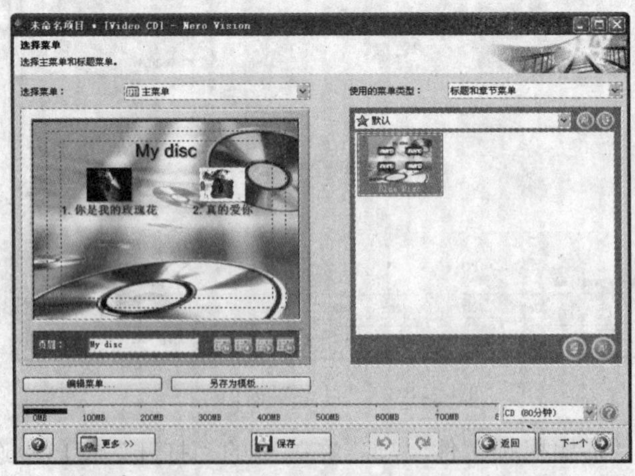

图 2-42 选择菜单

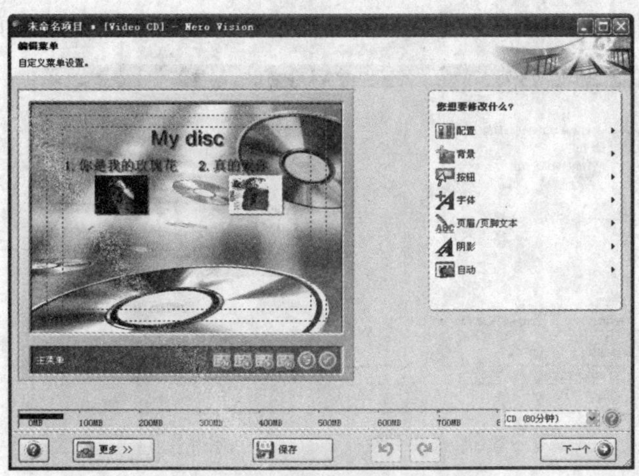

图 2-43　“编辑菜单”窗口

（5）当编辑好菜单后，单击“下一个”按钮可返回到如图 2-42 所示的窗口。

（6）单击“下一个”按钮会进入到如图 2-44 所示的“预览”窗口，再单击右侧的“遥控”面板进行试播，其窗口如图 2-45 所示。

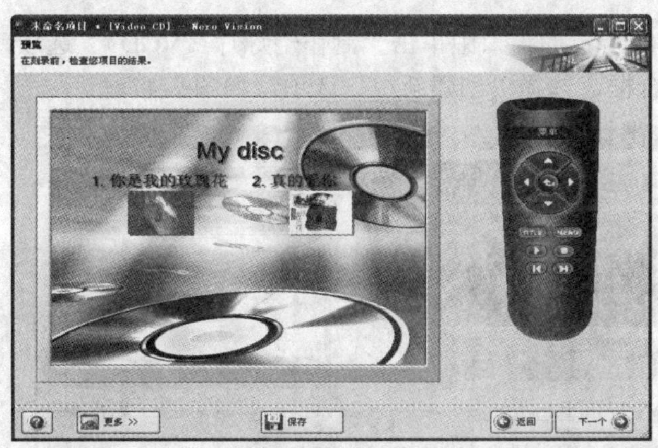

图 2-44　预览窗口

图 2-45　浏览所制作的照片视频

（7）各项设置完成后，单击“刻录”按钮开始进行刻录，其刻录窗口如图 2-46 所示。

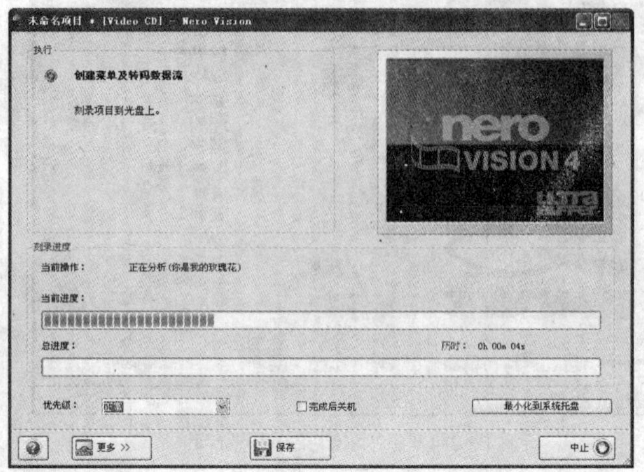

图 2-46 刻录窗口

2.2.5 制作幻灯片

（1）在如图 2-38 所示的窗口中单击“制作幻灯片（VCD）”选项，在弹出的窗口中单击“选择子组”组合框，选择“创建新组”选项，如图 2-47 所示。

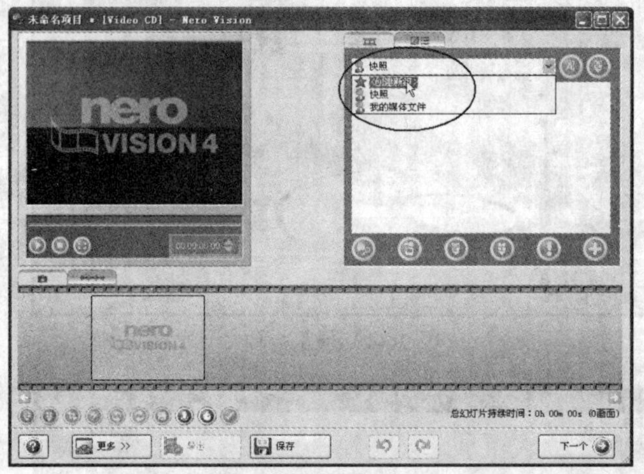

图 2-47 创建新组

（2）此时会弹出一个对话框，要求用户输入组的名字“我的宝贝”，如图 2-48 所示。

图 2-48 输入组名

（3）单击“确定”按钮后返回到如图 2-47 所示的窗口，单击“浏览媒体”按钮，并从弹出的子菜单中选择“浏览并添加到项目”选项，此时会弹出如图 2-49 所示的“打开”窗口。在该窗口可选择需要添加的文件。

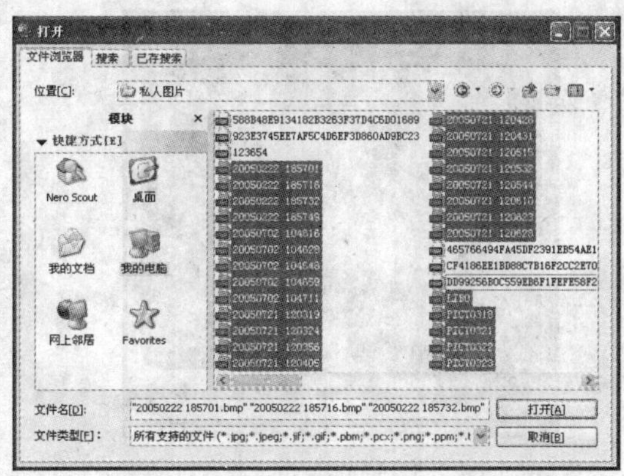

图 2-49　选择需要添加的文件

如果需要添加音乐文件，只需在“打开”窗口中将音频文件选中即可。

（4）单击“打开”按钮后，会显示导入的过程，如图 2-50 所示。添加完成后，其窗口如图 2-51 所示。

图 2-50　添加文件的过程

图 2-51　已经添加的媒体文件

其后的操作与制作照片视频相同，依次单击“下一个”按钮即可。

2.2.6　备份数据

Nero 7.0 提供了强大的备份功能，可以将电脑中的数据进行备份。无论是光盘中的数据，还是硬盘中的数据，都可以方便地进行备份，如图 2-52 所示。

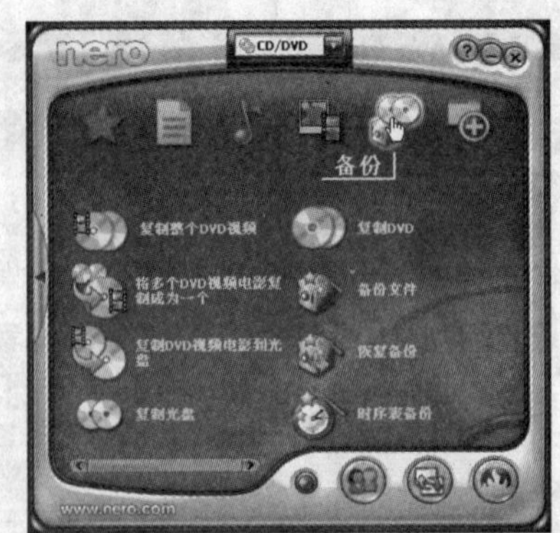

图 2-52 “备份”菜单

（1）在该窗口中，单击“备份文件”选项，将弹出如图 2-53 所示的“备份向导”窗口。在此可选择已有的备份，也可以将硬盘中的文件和文件夹进行备份。

（2）如果要把硬盘中的文件备份，可选择“选择文件及文件夹”单选按钮，然后单击“下一步”按钮，弹出如图 2-54 所示的窗口。

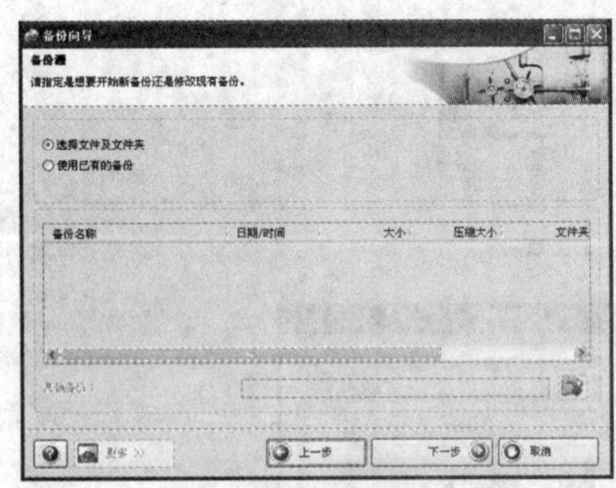

图 2-53 备份向导

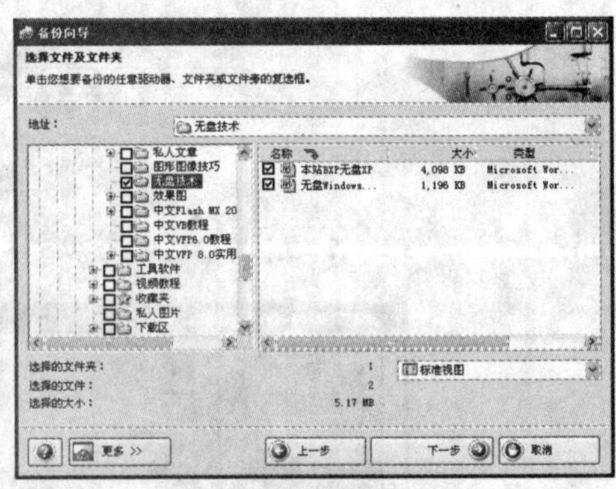

图 2-54 选择备份数据

（3）在该窗口中选择需要备份的文件及文件夹，在下面会显示整体的容量大小。选择完成后，单击“下一步”按钮，将弹出如图 2-55 所示的窗口。

（4）在该窗口中选择备份文件所存放的路径，还有备份类型及备份名称，然后单击“下一步”按钮，弹出如图 2-56 所示的窗口。

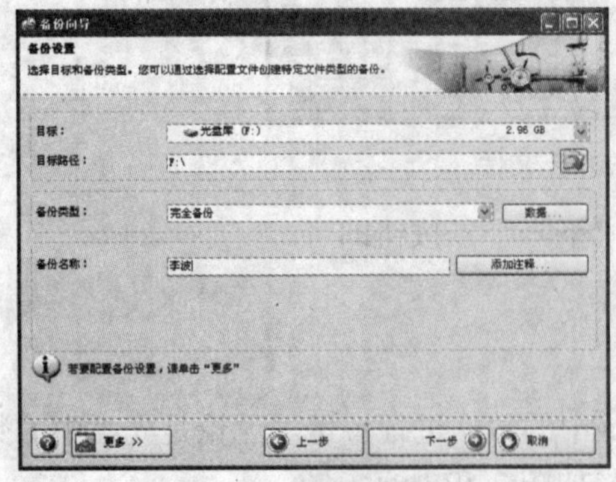

图 2-55 备份设置

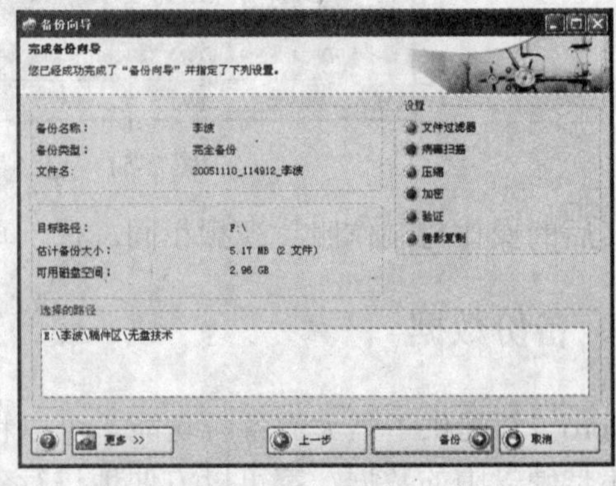

图 2-56 准备备份

（5）单击“备份”按钮即可开始对数据进行备份，如图 2-57 所示。

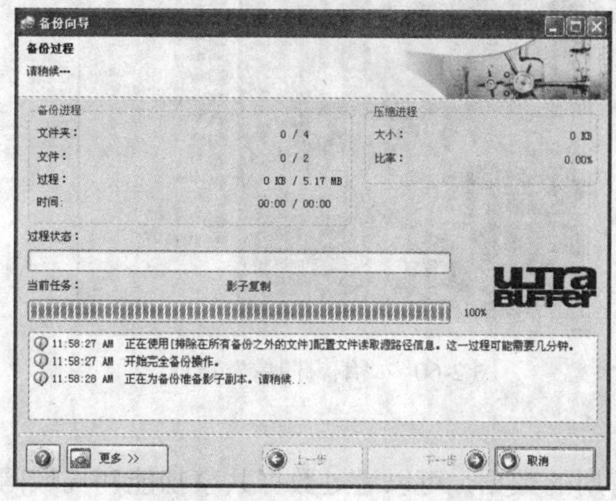

图 2-57　正在进行备份

2.2.7　其他功能试用

Nero 7.0 除了可以进行刻录之外，还有其他很多的实用功能。

1．视频播放

Nero 7.0 提供的视频播放程序功能非常强大，可以播放目前大部分主流的音、视频文件，而且还支持 DVD 字幕和卡拉 OK 录音。在系统中执行“开始 / 程序 / Nero 7 Premium / 播放 / Nero ShowTime”菜单命令，即可打开如图 2-58 所示的播放器窗口。

2．图像浏览

Nero 7.0 有一个和 ACDSee 相似的图像浏览程序，可以浏览电脑中的图片。在系统中执行“开始 / 程序 / Nero 7 Premium / 照片和视频 / Nero PhotoSnap Viewer”菜单命令，即可打开如图 2-59 所示的图像浏览器窗口。

图 2-58　Nero ShowTime 播放器

图 2-59　Nero PhotoSnap Viewer 图像浏览器窗口

其操作很简单，只需要按空格键来切换图片。此外还能对图像进行简单处理，虽然没有 Photoshop 功能强大，但对于一些日常的应用足够了。在如图 2-59 所示的窗口中，执行“工具 / 编辑图像”菜单命令，将弹出如图 2-60 所示的窗口。

图 2-60 “编辑图像”窗口

3. 数据共享功能

如果电脑中有很多有用的数据，可以通过数据共享功能和局域网内的所有用户共同分享。在系统中执行“开始 / 程序 / Nero 7 Premium / 共享 / Nero MediaHome”菜单命令，即可打开如图 2-61 所示的窗口。

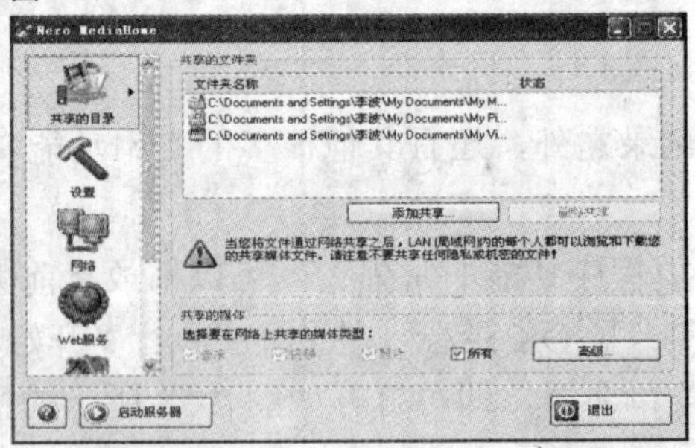

图 2-61 Nero MediaHome 窗口

首先设置共享的目录，然后选择在网上共享的媒体类型，最后单击“启动服务器”按钮，即可完成共享。这相当于一个 IIS，不过把操作简单化了。

4. 获取电脑相关信息

可以用 Nero InfoTool 工具来检测电脑中的信息。在系统中执行“开始 / 程序 / Nero 7 Premium / 工具 / Nero InfoTool”菜单命令，即可打开如图 2-62 所示的窗口。其中包括软件和硬件，而且还可以将检测的结果进行保存。

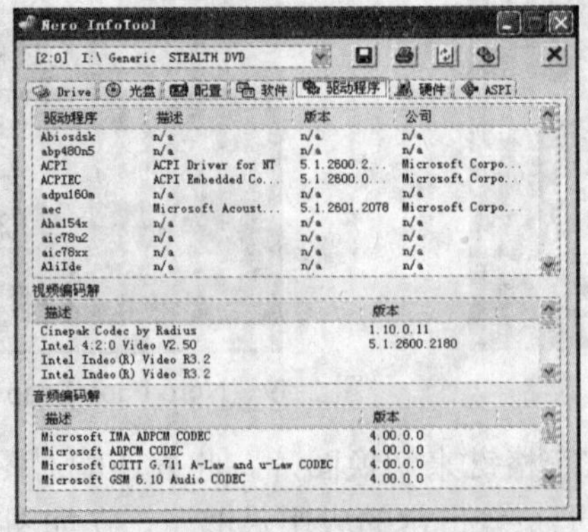

图 2-62 Nero InfoTool 窗口

5．制作光盘封面

Nero 7.0 中提供了 Nero Cover Designer 程序，可以非常轻松地设计出光盘封面。在系统中执行“开始 / 程序 / Nero 7 Premium / 标签 / Nero Cover Designer”菜单命令，即可弹出如图 2-63 所示的窗口。

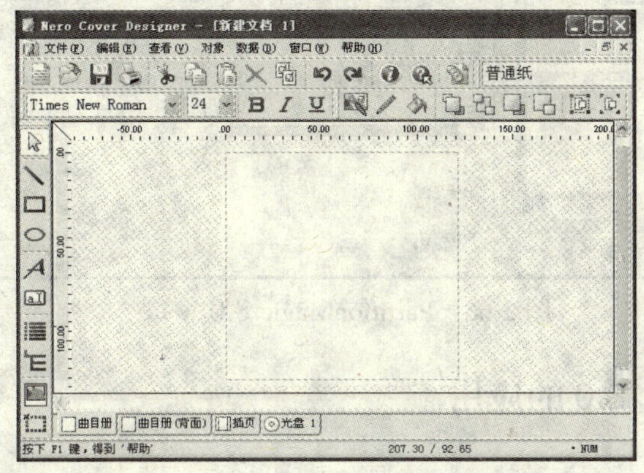

图 2-63　Nero Cover Designer 窗口

2.3　磁盘分区 PartitionMagic 8.0

PartitionMagic 8.0（简装汉化版），也叫做魔术分区，是目前硬盘分区管理工具中最好用的磁盘分区软件，其最大特点是允许在不损失硬盘中原有数据的前提下对硬盘进行重新设置分区、分区格式化、复制、移动、格式转换、更改硬盘分区大小、隐藏硬盘分区以及多操作系统启动设置等操作。

2.3.1　PartitionMagic 8.0 的下载、安装与界面

可以在 www.powerquest.com 下载该软件，PartitionMagic 8.0 的安装很简单，进行安装时，只需作出简单的回答即可安装成功。另外，最好将 PartitionMagic 安装在非系统分区中。

当安装好 PartitionMagic 8.0 后，系统会在程序菜单中建立相应的组件，如图 2-64 所示。

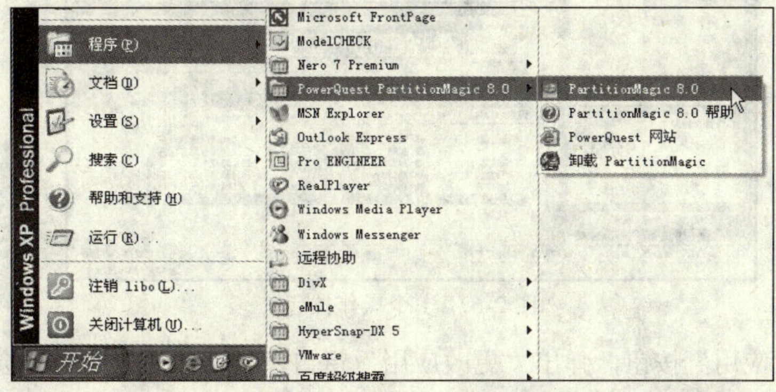

图 2-64　运行 PartitionMagic

单击“PartitionMagic 8.0”项后，会显示“PartitionMagic 8.0”界面，如图 2-65 所示。

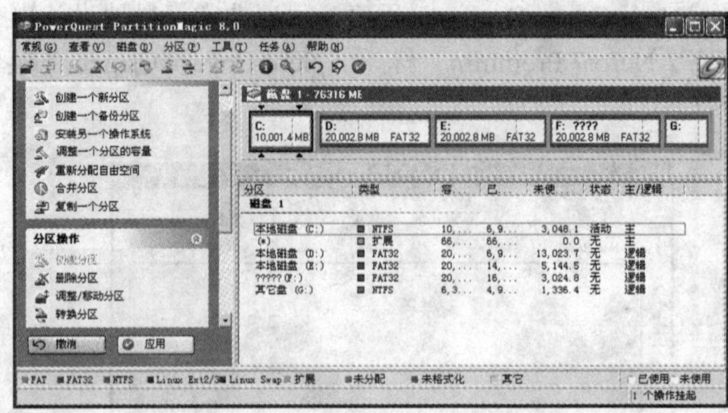

图 2-65　PartitionMagic 8.0 窗口

2.3.2　PartitionMagic 8.0 的应用

1．格式化硬盘

例如，要将 G 盘进行格式化，其操作步骤如下：

（1）用鼠标右键单击 G 盘，在弹出的快捷菜单中选择“格式化”，此时会弹出如图 2-66 所示的窗口。

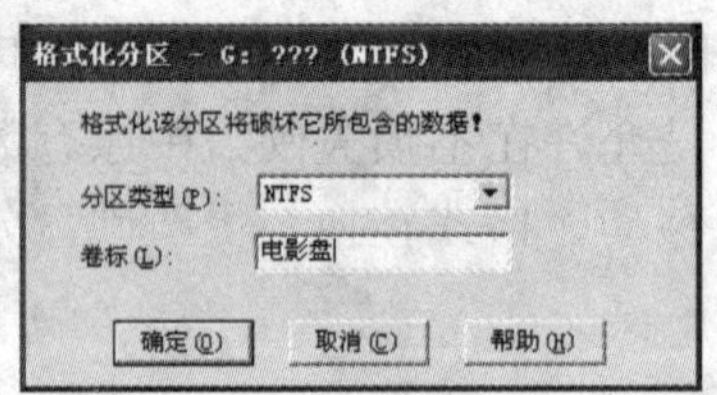

图 2-66　“格式化分区”窗口

（2）在“分区类型”组合框中选择分区类型，并在“卷标”文本框中输入卷标号，然后单击“确定”按钮。稍等片刻后，会返回到主窗口中，并显示“1 个操作挂起”，如图 2-67 所示。

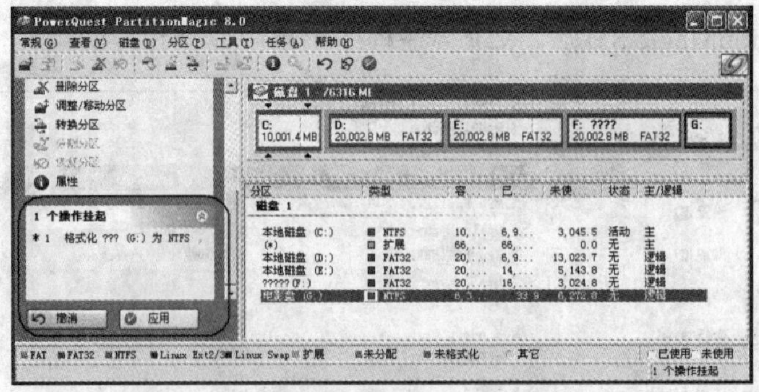

图 2-67　1 个操作挂起

（3）单击“应用”按钮，弹出“更改应用”窗口，单击“是”按钮，会显示“过程”窗口，如图 2-68 所示。

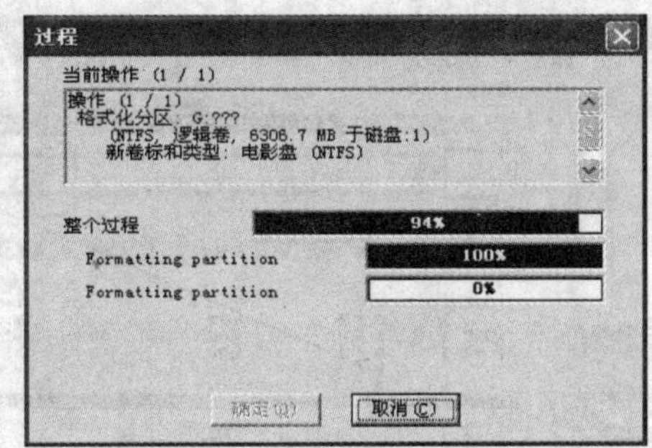

图 2-68　正在执行任务

（4）当整个过程已经完成后，会弹出一个提示框，单击“确定”按钮即可。

选定要格式化的分区，在弹出的对话框中选择格式化分区，然后单击“确定”按钮，再单击“应用”按钮。

2．格式的转换

如果要将 G 盘的格式 NTFS 转换成 FAT32 格式，首先用鼠标右键单击 G 盘，在弹出的快捷菜单中选择“转换”，弹出“转换分区”窗口，如图 2-69 所示。然后选择需要转换的格式和分区，单击“确定”按钮即可。

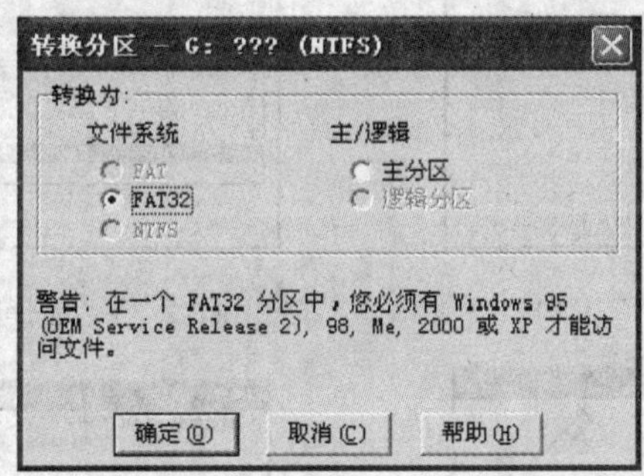

图 2-69　“转换分区”窗口

3．重新分配自由空间

若要将 G 盘的容量进行调整，首先用鼠标右键单击 G 盘，在弹出的快捷菜单中选择“调整容量/移动”，弹出如图 2-70 所示的窗口。在相应的文本框中输入数据，然后单击“确定”按钮，这时将会多一个分区，显示为（*），如图 2-71 所示。

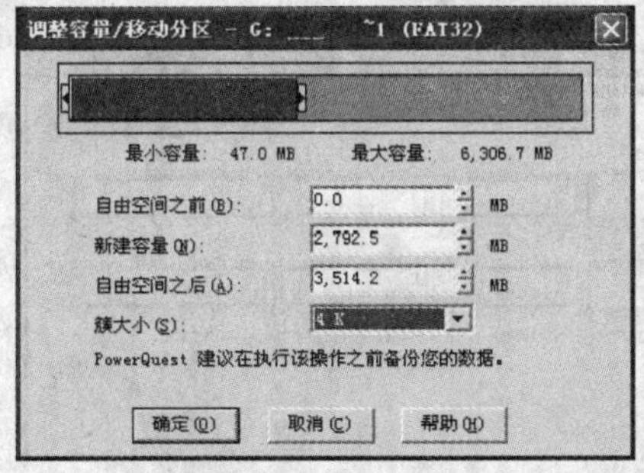

图 2-70　“调整容量/移动分区”窗口

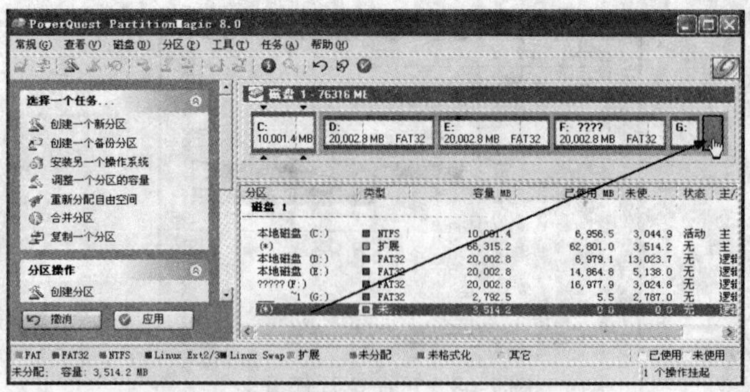

图 2-71 调整后多的分区

4．调整分区的容量

若要将 G 盘的容量调整 1 000MB 到 F 盘，首先单击左侧的“调整一个分区的容量”，然后按如图 2-72～图 2-76 所示的窗口进行操作。

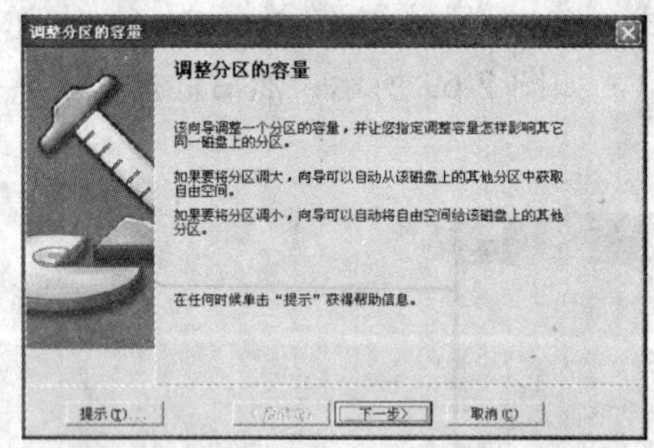

图 2-72 “调整分区容量”窗口

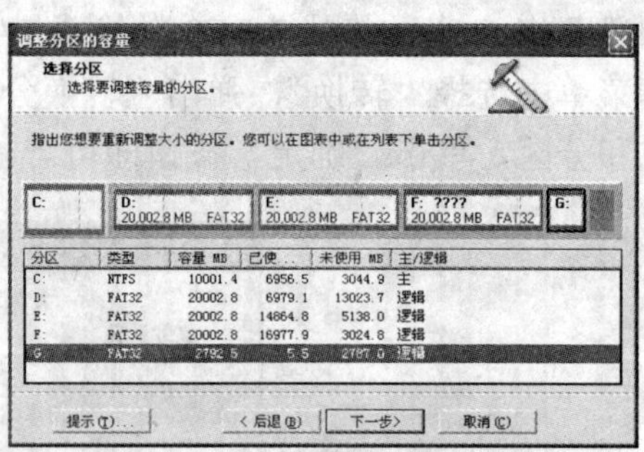

图 2-73 选择需要调整的分区盘符

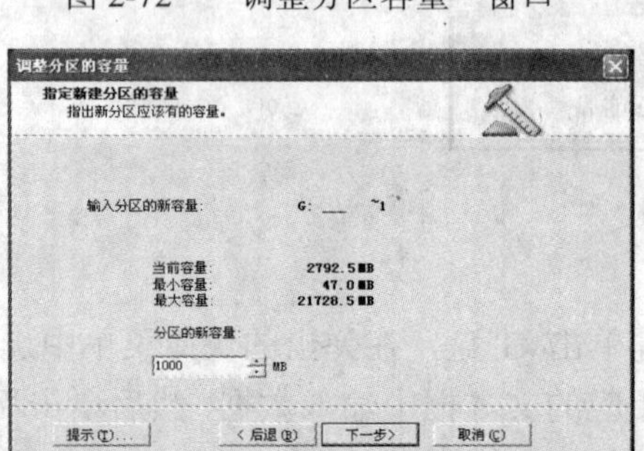

图 2-74 输入选择分区的新容量

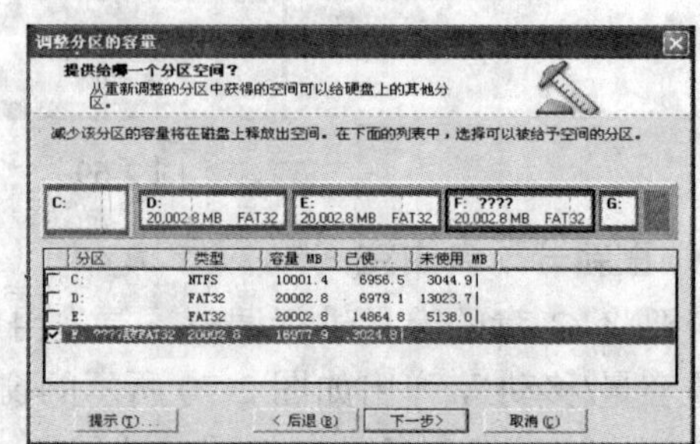

图 2-75 指定提供的分区

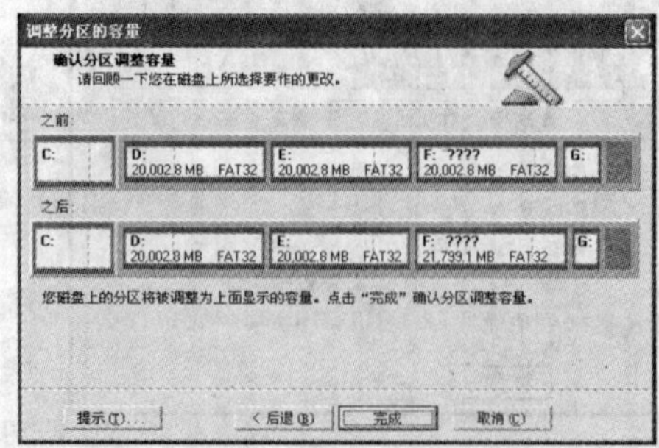

图 2-76 调整前后的比较

5. 创建新分区

若要在 G 盘后创建一个新分区 H 盘，并从 G 盘划分 1 000MB 的空间给 H 盘，首先单击左侧的“创建一个新分区”，然后按如图 2-77～图 2-81 所示的窗口进行操作。

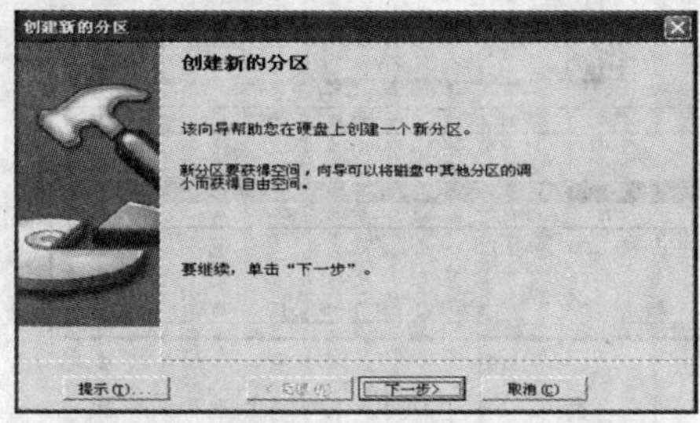

图 2-77　创建新的分区

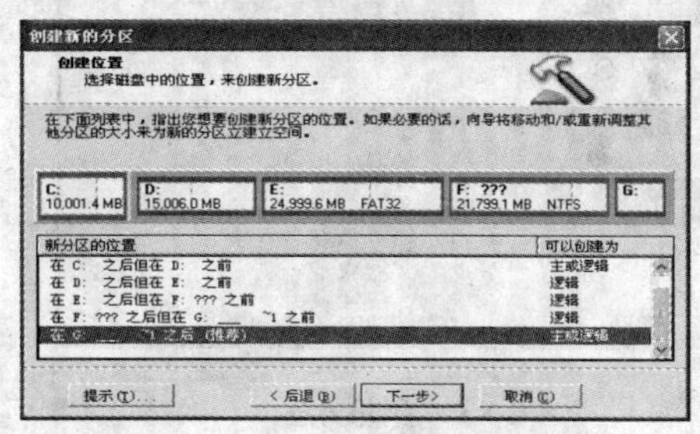

图 2-78　选择创建的位置

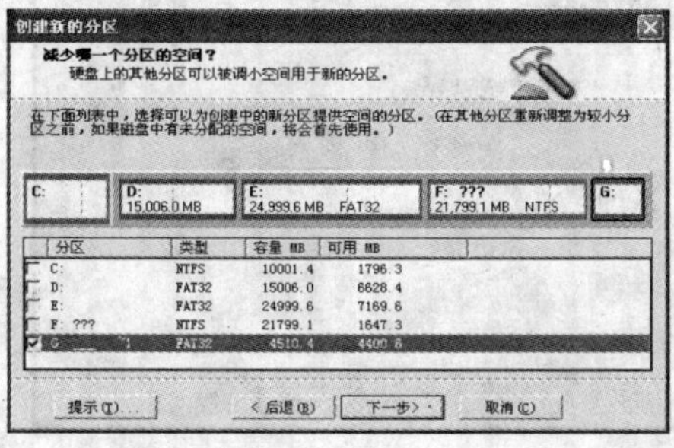

图 2-79　减少某一个分区的空间

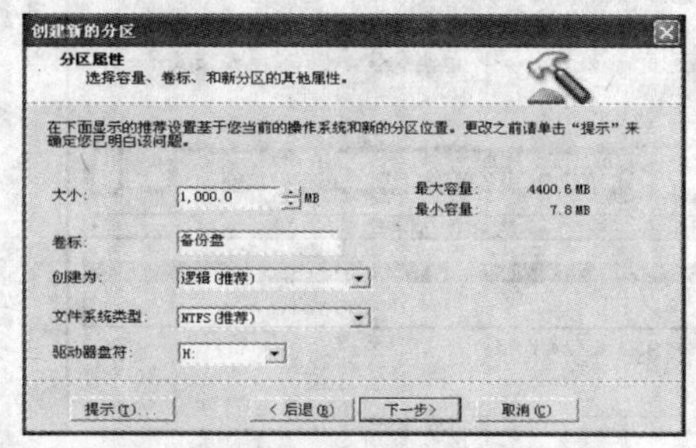

图 2-80　创建分区的属性

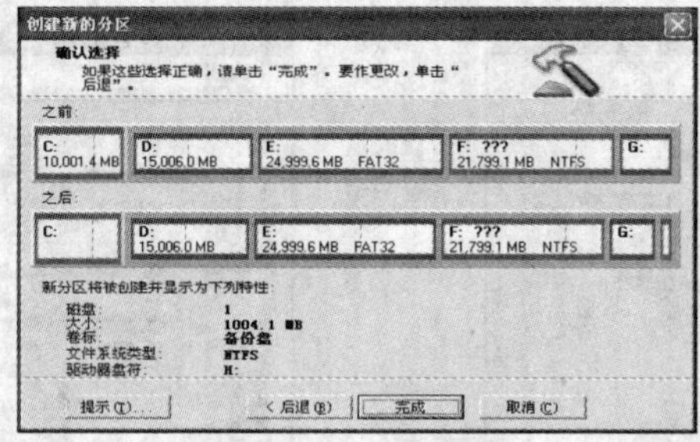

图 2-81　确认操作

6. 合并分区

若要将如图 2-82 所示的 G 盘与 H 盘进行合并分区，首先单击左侧的“合并分区”，然后按如图 2-83～图 2-88 所示进行操作，完成后的窗口如图 2-89 所示。

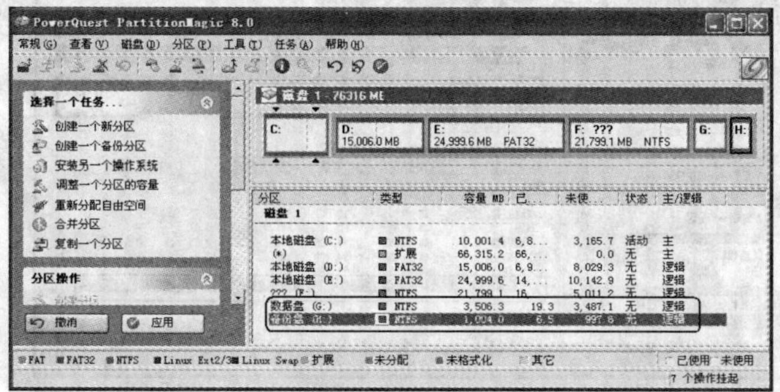

图 2-82　合并前的窗口

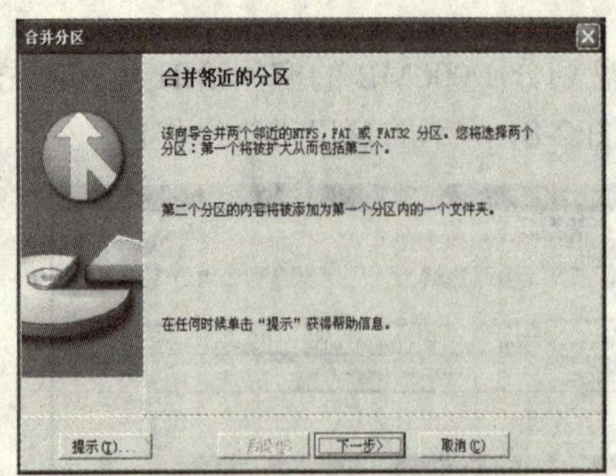

图 2-83 合并分区

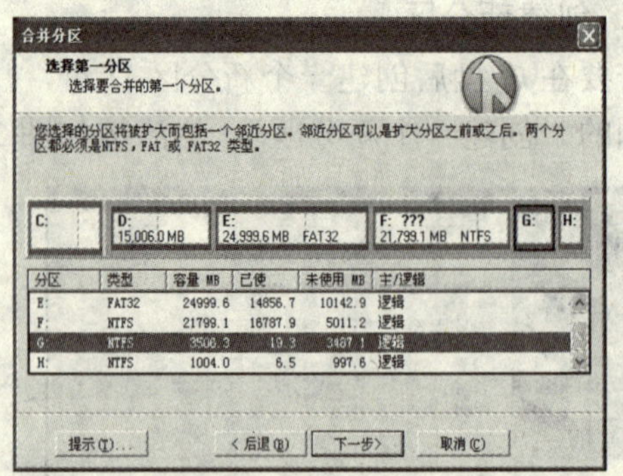

图 2-84 选择第一分区

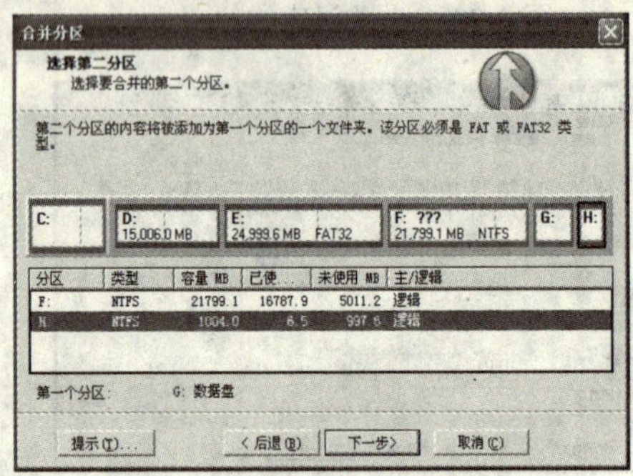

图 2-85 选择第二分区

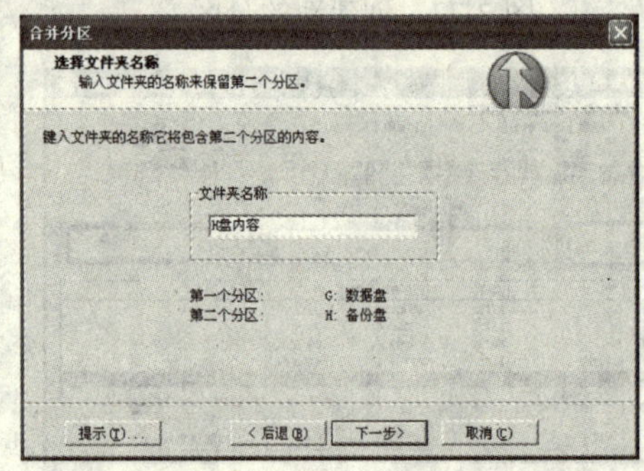

图 2-86 输入文件夹名称

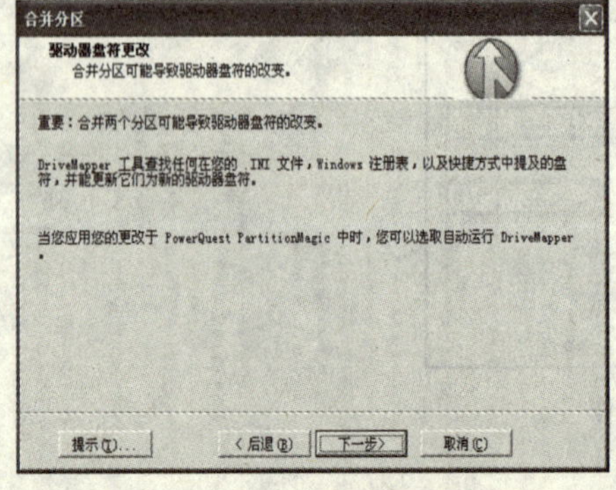

图 2-87 更改盘符操作

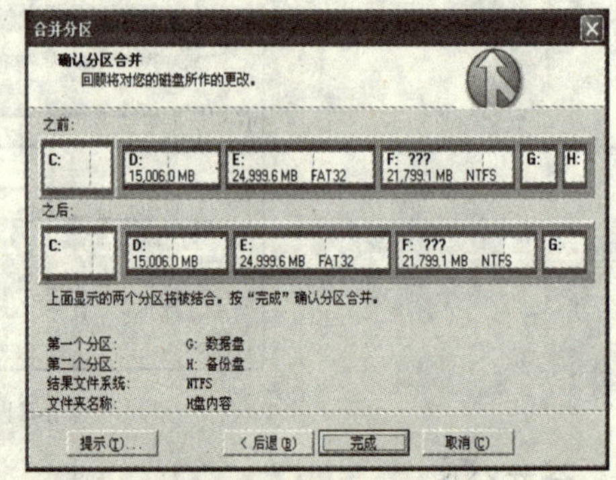

图 2-88 确认操作

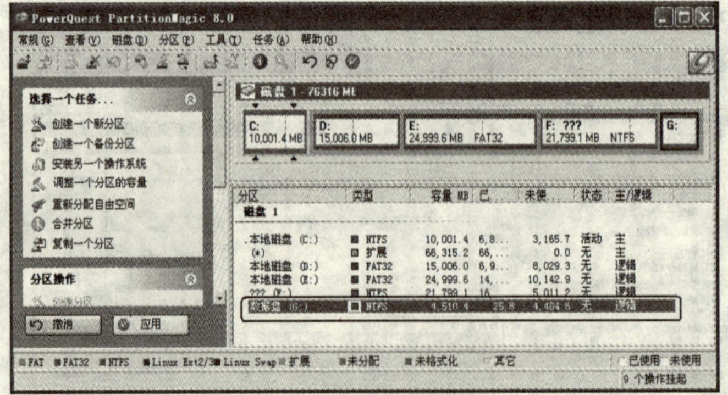

图 2-89 合并后的窗口

7．复制分区

若要将如图 2-90 所示的 H 盘进行复制，首先单击左侧的“复制一个分区”，然后按如图 2-91～图 2-98 所示进行操作，完成后的窗口如图 2-99 所示。

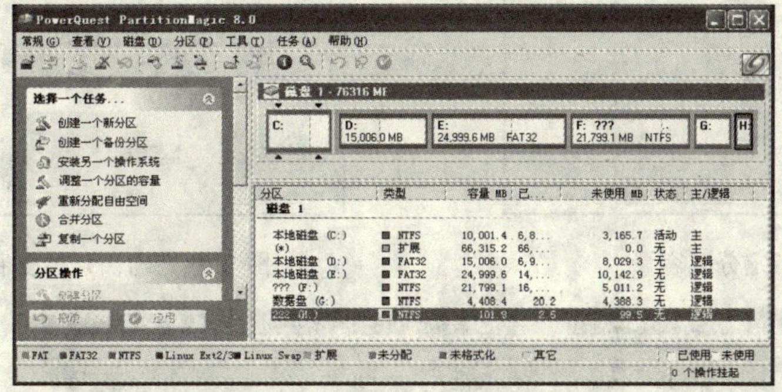

图 2-90　复制分区前的窗口

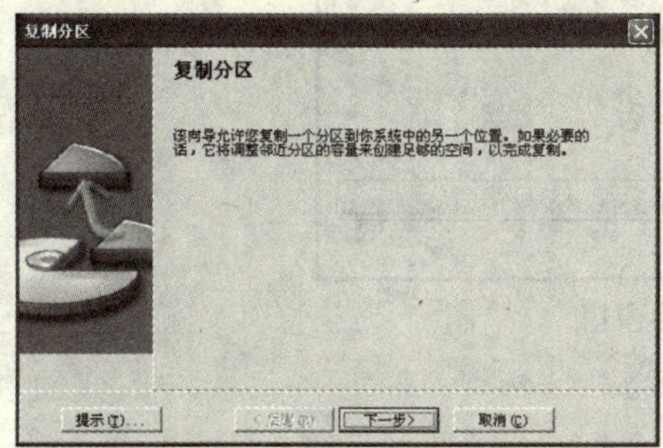

图 2-91　复制分区

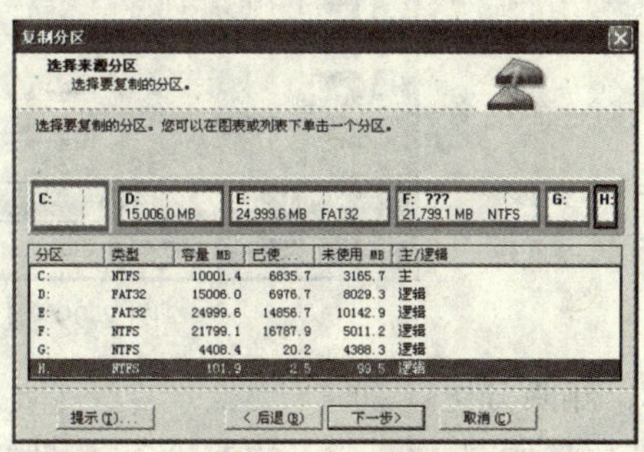

图 2-92　选择需要复制的分区

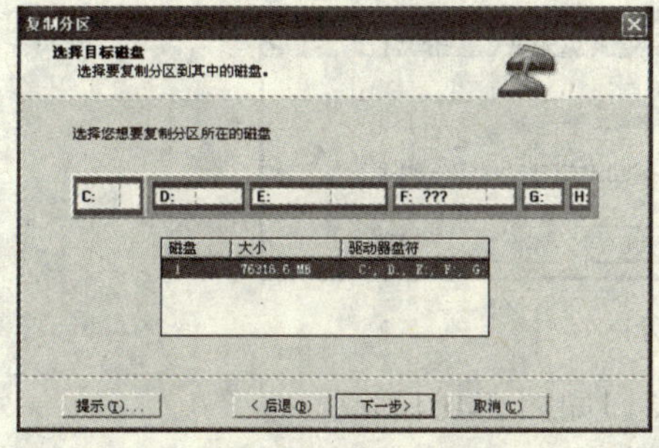

图 2-93　选择目标磁盘

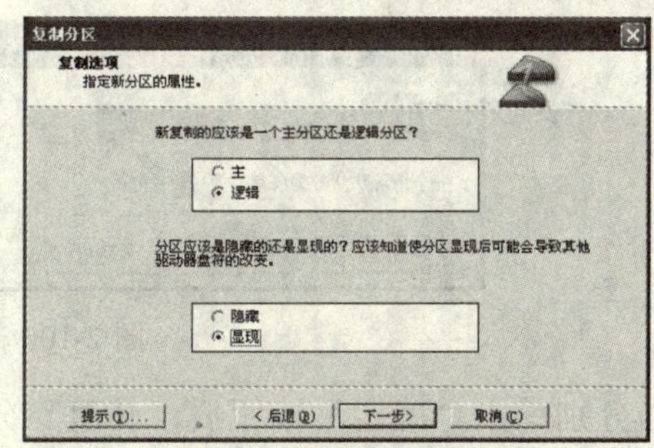

图 2-94　复制分区选项

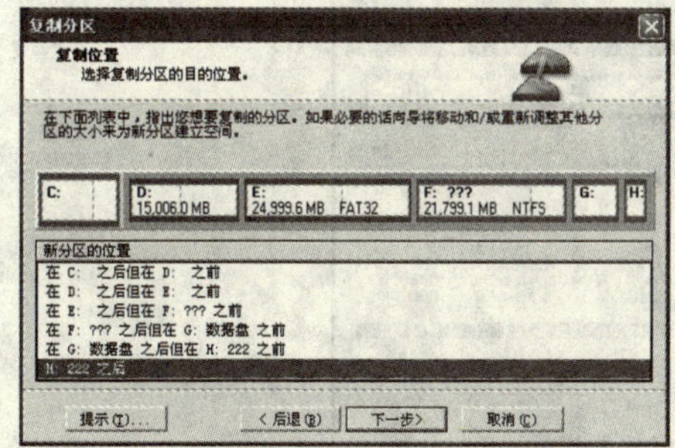

图 2-95　选择复制分区的位置

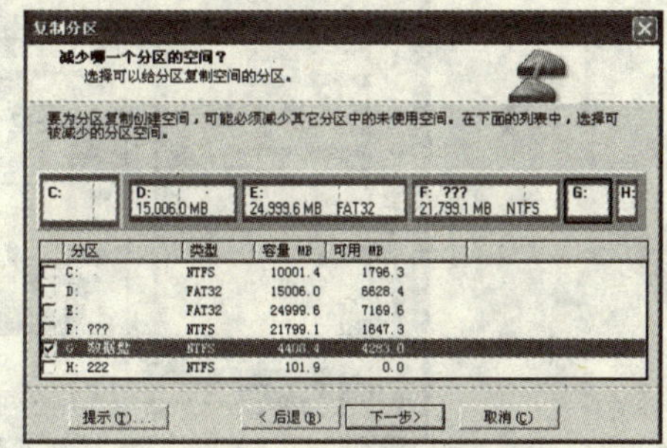

图 2-96　选择减少哪个分区的空间

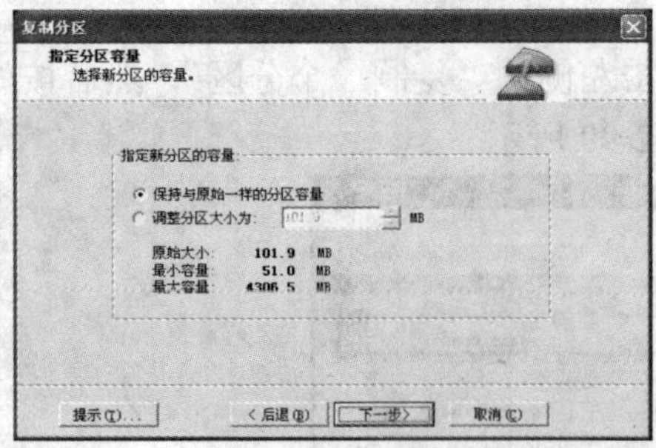

图 2-97 指定分区容量

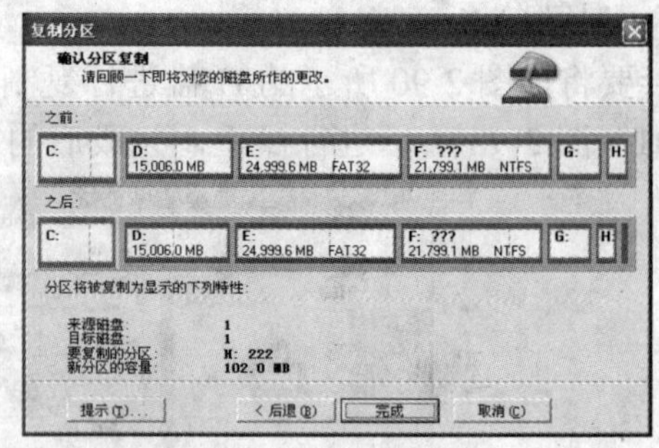

图 2-98 确认开始复制分区

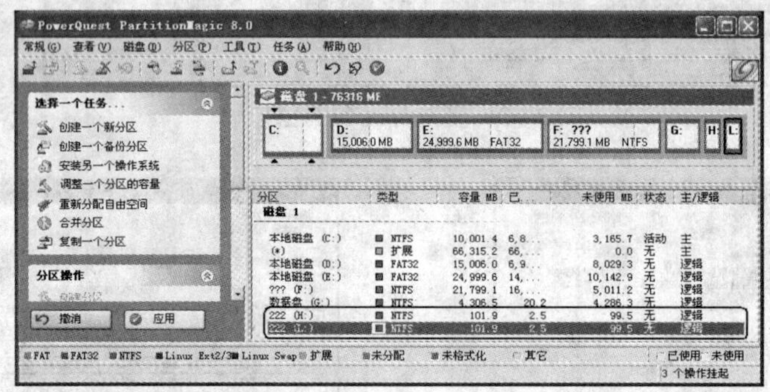

图 2-99 复制分区后的窗口

8．删除分区

若要将如图 2-99 所示的 H 盘和 L 盘的分区删除，首先应分别选中 H 盘和 L 盘，然后单击右侧的“删除分区”，弹出如图 2-100 所示的“删除分区”窗口。

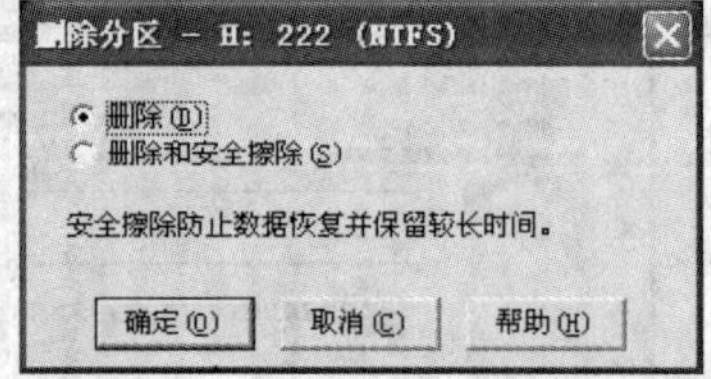

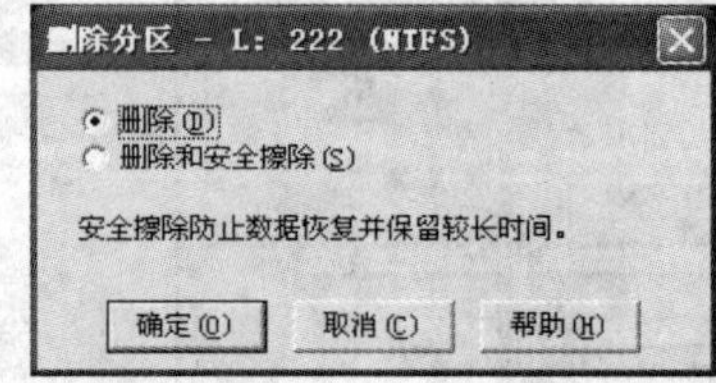

图 2-100 确认删除分区

当分别单击“确定”按钮后，其删除分区后的窗口如图 2-101 所示。

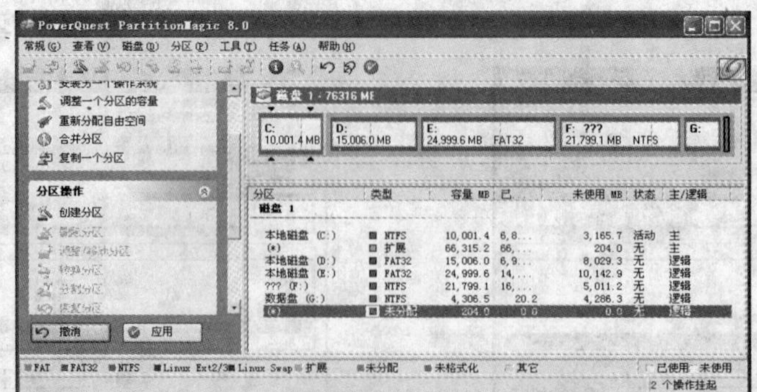

图 2-101 删除分区后的窗口

【习　题】

1. 填空题

（1）虚拟光碟 Virtual Drive 8.0 是一套模仿真实__________软件，它的工作原理是先产生一台（多台）________，将光盘片上的应用软件和资料，压缩成一个虚拟光盘文件(*.VCD)存放在硬盘上，并产生一个虚拟光碟图标。

（2）Nero 是一款________软件，能够利用硬盘的_________制作开机引导光盘，可以设置文件的____________和优先级别，能够把硬盘上的 WAV 文件直接刻录成________。

（3）PartitionMagic 8.0（简装汉化版）是__________软件，其最大特点是允许在不损失硬盘中原有数据的前提下对硬盘进行____________、______________以及________、________、________和更改硬盘分区大小、隐藏硬盘分区以及多操作系统启动设置等操作。

2. 简答题

（1）怎样利用虚拟光碟总管 Virtual Drive 8.0 建立虚拟光盘？并设置光盘的数目为 4。

（2）怎样将制作的虚拟光盘插入到虚拟光碟中？

（3）怎样利用光驱刻录软件 Nero 7.0 制作数据 DVD？

（4）怎样利用光驱刻录软件 Nero 7.0 制作照片视频？

（5）怎样利用磁盘分区软件 PartitionMagic 8.0 格式化硬盘？

（6）怎样利用磁盘分区软件 PartitionMagic 8.0 调整分区的容量？

第 3 章 文件压缩与解压缩工具

3.1 文件压缩软件 WinRAR

3.1.1 文件压缩软件 WinRAR 简介

WinRAR 是目前网上非常流行和通用的压缩软件，全面支持 zip 和 ace，支持多种格式的压缩文件，可以创建固定压缩、分卷压缩、自释放压缩等多种方式，可以选择不同的压缩比例，最大程度地减少占用空间。

这里以 WinRAR 3.40 中文版为例，用户可以在 http://www.rarlab.com/下载，在进行安装时，只需作出相应的回答即可安装成功。

当用户安装好压缩软件 WinRAR 后，系统会在程序菜单中建立相应的组件，如图 3-1 所示。当单击了“WinRAR”项后，会显示如图 3-2 所示的窗口。

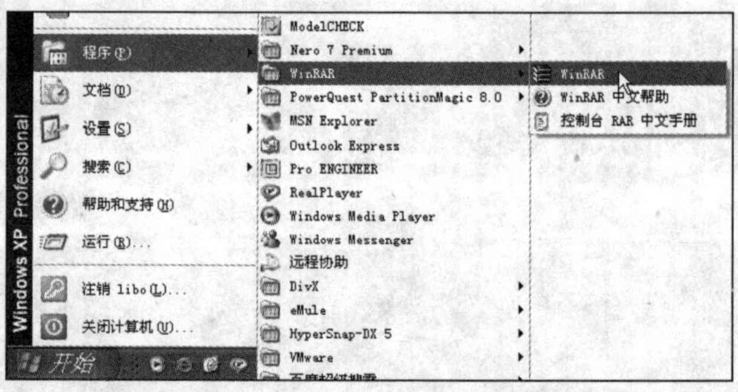

图 3-1 运行压缩软件 WinRAR

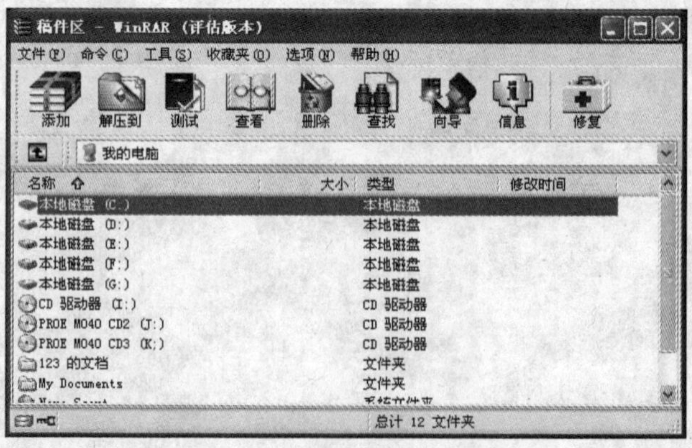

图 3-2 运行的 WinRAR 窗口

3.1.2　使用 WinRAR 快速压缩和解压

当用户在系统中安装好 WinRAR 压缩软件后，会自动创建快捷菜单，如图 3-3 所示。

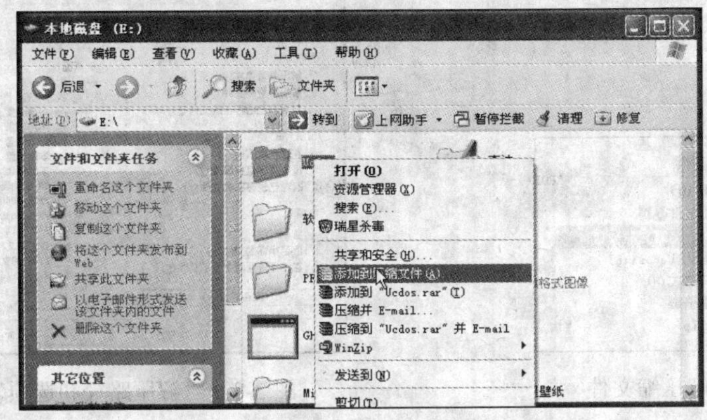

图 3-3　右键菜单

1．快速压缩

如果要将指定的文件或文件夹（UCDOS）进行快速压缩，其操作步骤如下：

（1）用鼠标右击文件夹 UCDOS，在弹出的快捷菜单中选择“添加到压缩文件”选项，出现如图 3-4 所示的窗口。

（2）根据需要进行设置，再单击“确定”按钮，弹出如图 3-5 所示的压缩窗口。

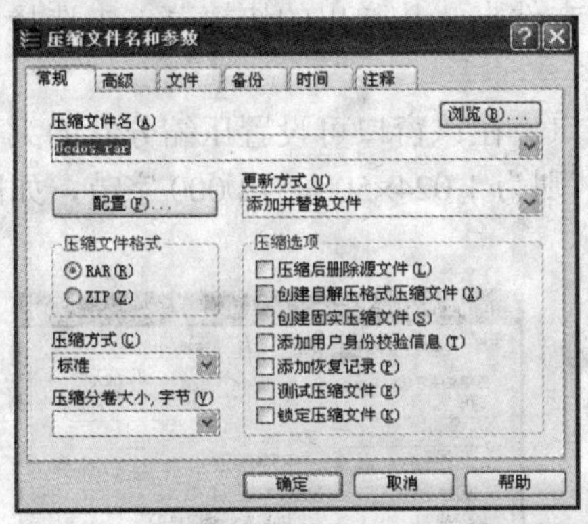

图 3-4　压缩文件窗口

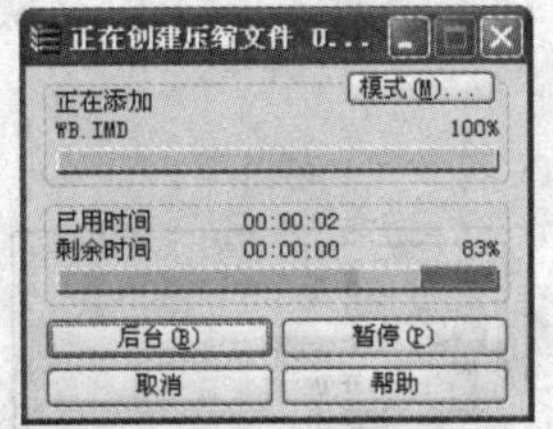

图 3-5　正在创建压缩文件

（3）当压缩完成后，在该位置会显示一个压缩文件，如图 3-6 所示。

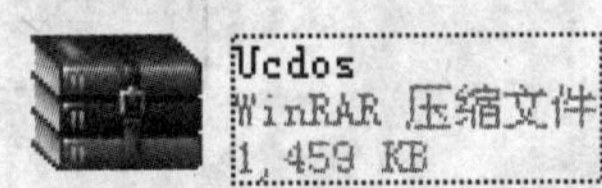

图 3-6　压缩文件

2．快速解压

如果要将压缩文件“UCDOS”快速解压，可用鼠标右键单击该文件，在弹出的快捷菜单中选择“解压到当前文件夹”即可，如图 3-7 所示。

如果选择“解压文件”，会弹出如图 3-8 所示的“解压路径和选项”窗口，单击“确定”按钮即可开始解压。

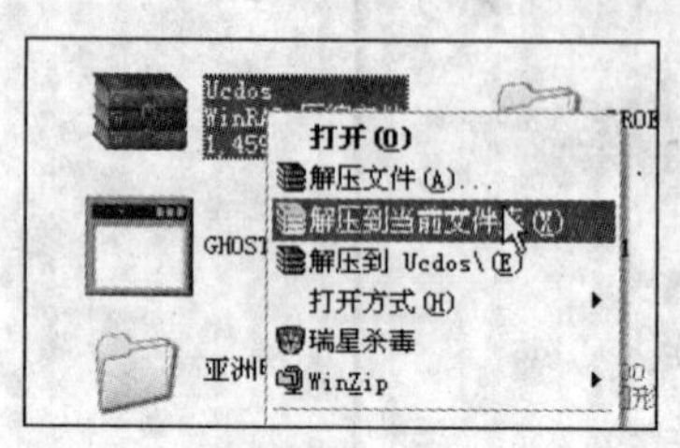

图 3-7 解压缩文件

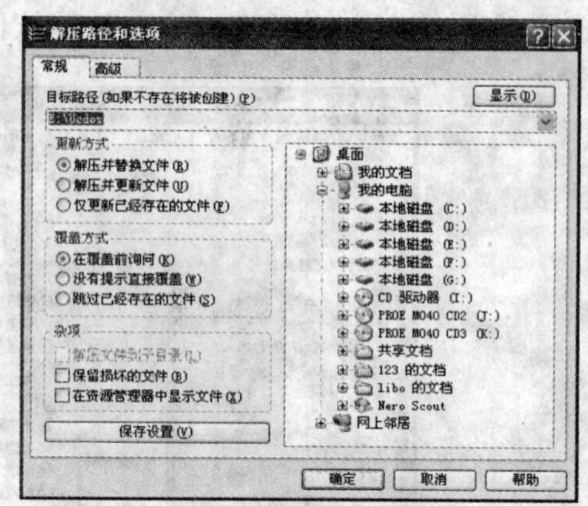

图 3-8 “解压路径和选项”窗口

3.1.3 分卷压缩

分卷压缩功能用得比较多，若用户经常在论坛上传一些附件，但论坛对上传附件的大小是有限制的，如在 Winzheng 上传的附件要小于 512KB。当需要上传的附件大于 512KB 时，使用 WinRAR 的分卷压缩功能即可，而不必再使用分割软件。

现就分卷压缩功能进行介绍，其操作步骤如下：

（1）用鼠标右键单击要分卷压缩的文件或文件夹，从弹出的快捷菜单中选择“添加到压缩文件”选项，如图 3-9 所示。

（2）此时会弹出“压缩文件名和参数”窗口，在该窗口可设置压缩分卷的大小，并以字节为单位。若选择压缩分卷大小为 500KB，则为 1 024×500=512 000 字节，如图 3-10 所示。

图 3-9 右击需要压缩的对象

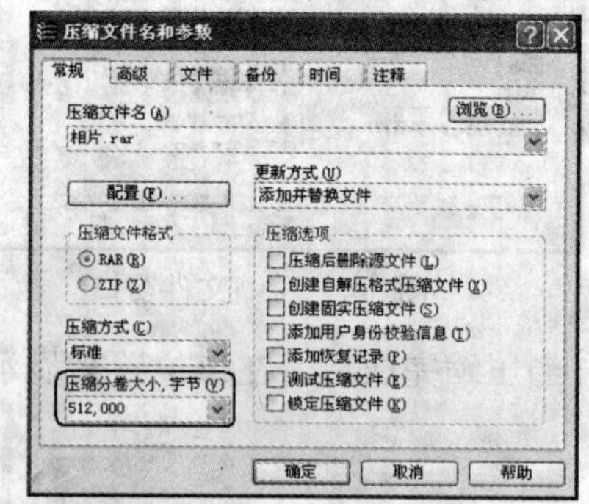

图 3-10 输入压缩分卷的大小

（3）单击“确定”按钮即可开始分卷压缩，如图 3-11 所示。

（4）当压缩完成后，会在指定的位置自动建立分卷压缩文件，如图 3-12 所示。

（5）用户可以将这些分卷压缩包文件放到同一个文件夹里，然后双击后缀名中数字最小的压缩包即可解压，WinRAR 将自动解压所有分卷压缩包中的内容，并合并成一个文件。

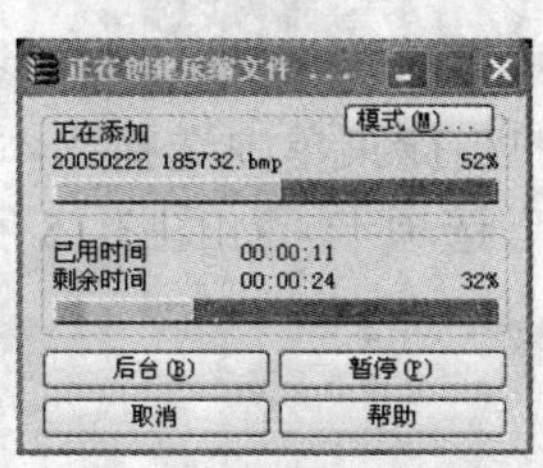

图 3-11　正在分卷压缩

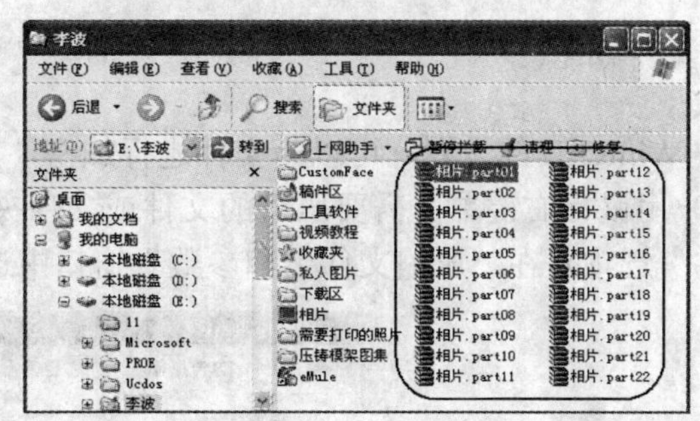

图 3-12　分卷压缩的文件

3.1.4　显示隐藏的文件

一般情况下，某些重要的系统文件和隐藏属性的文件是不可见的。若要查看这些隐藏的文件，必须在“文件夹选项”窗口的“查看”选项卡中，将“显示所有文件和文件夹”选中，如图 3-13 所示。

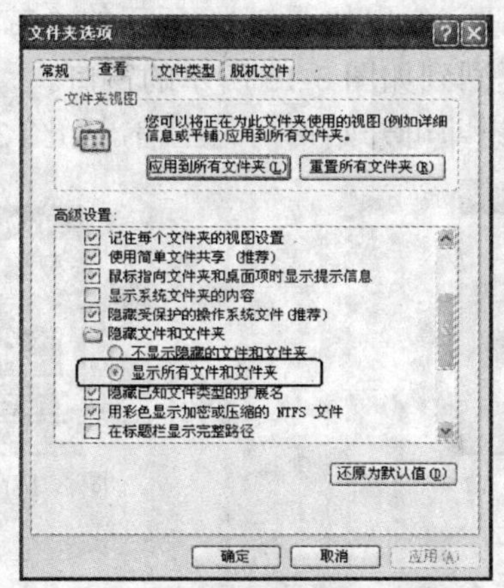

图 3-13　将隐藏的对象显示出来

若要在 WinRAR 窗口中将隐藏的对象显示出来，只需在地址栏中选择文件所在的目录，这个目录下所有的文件将全部显示。如 C 盘下的 boot.ini 文件一般是看不到的，但在 WinRAR 窗口中却能够显示出来，如图 3-14 所示。

图 3-14　将隐藏的文件显示出来

3.1.5 文件加密

通过 WinRAR 的设置，可以为文件进行加密，其操作步骤如下：

（1）用鼠标右键单击需要压缩的文件或文件夹，从弹出的快捷菜单中选择“添加到压缩文件”选项，在“压缩文件名和参数”窗口中选择“高级”选项卡，如图 3-15 所示。

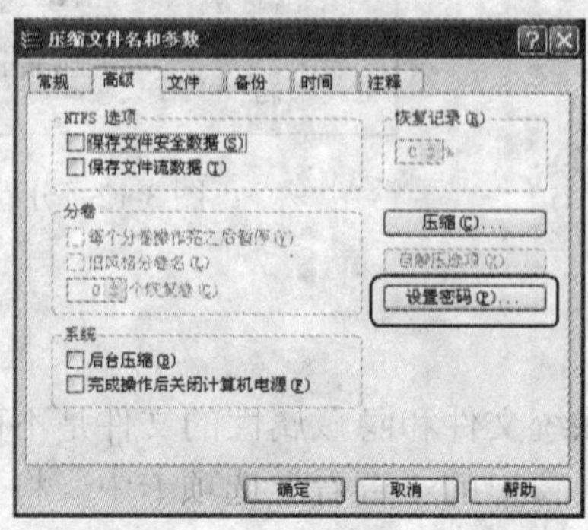

图 3-15 “高级”选项卡

（2）单击“设置密码”按钮，弹出如图 3-16 所示的“带密码压缩”窗口，输入密码并验证后，单击“确定”按钮返回到如图 3-15 所示的窗口。

（3）再次单击“确定”按钮即可开始带密码压缩，如图 3-17 所示。

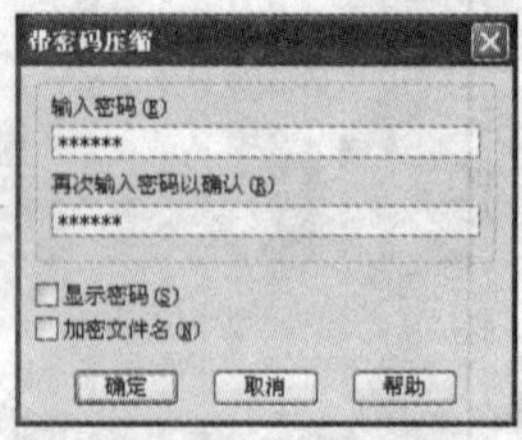

图 3-16 设置密码

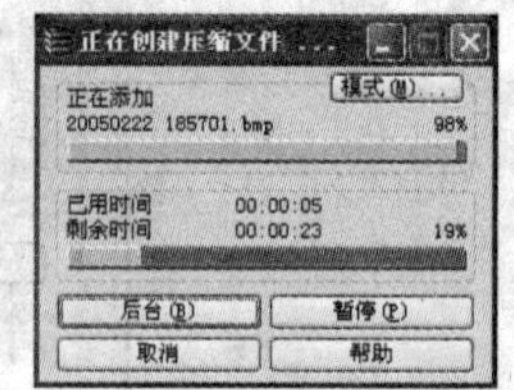

图 3-17 带密码压缩窗口

3.1.6 修复受损的压缩文件

如果用户在打开一个压缩包时，发现它已经被损坏，可以启动 WinRAR，然后定位到这个受损压缩文件夹下，并选择这个文件，在工具栏上单击“修复”按钮（英文版的为 Repair），弹出如图 3-18 所示的“正在修复”窗口。单击“确定”按钮后 WinRAR 就开始修复这个文件，在修复的过程中，会弹出一个“正在修复”窗口，如图 3-19 所示。

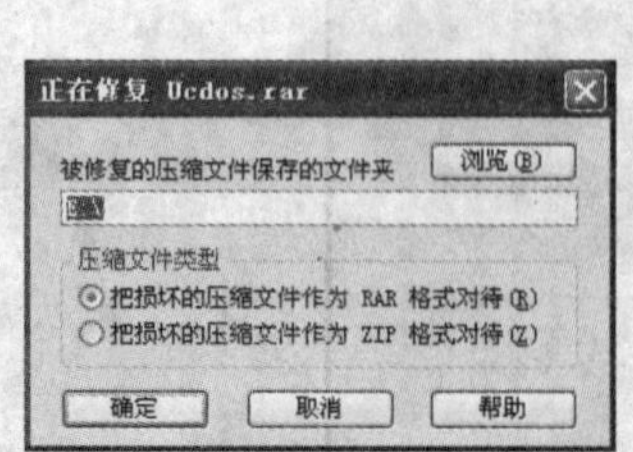

图 3-18 “正在修复”窗口

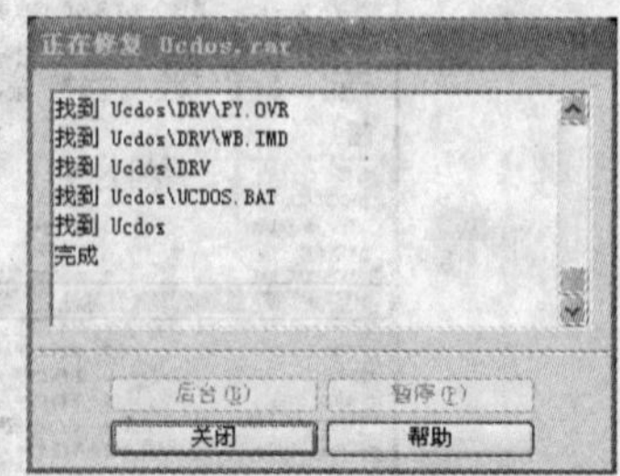

图 3-19 正在修复中

3.1.7　压缩后自动关机

在“资源管理器”窗口中，用鼠标右键单击指定的文件或文件夹，在弹出的快捷菜单中选择“添加到压缩文件”命令，打开“压缩文件名和参数”窗口。单击“高级”标签，然后选中“完成操作后关闭计算机电源”复选框，这样在备份完数据后，机器会自动关闭，如图 3-20 所示。

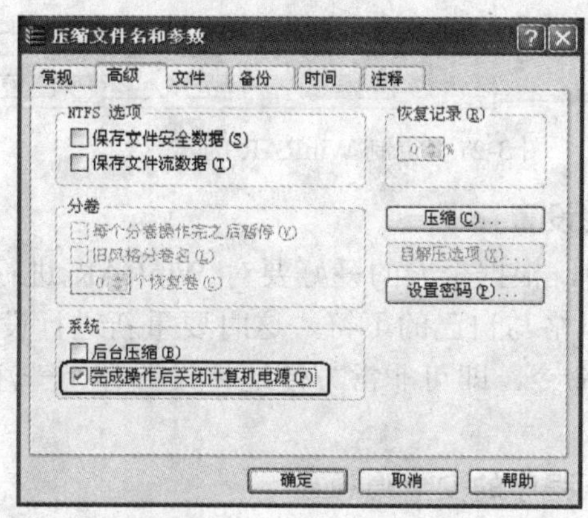

图 3-20　压缩后自动关机

3.1.8　WinRAR 的其他功能

大部分用户在使用 WinRAR 时，只用到压缩与解压缩功能，其实它还有很多实用的功能。

1．WinRAR 可作为文件管理器

WinRAR 是一个压缩和解压缩工具，但它也是一款相当优秀的文件管理器。只要在其地址栏中键入一个文件夹，那么其下的所有文件都会被显示出来，甚至连隐藏的文件和文件的扩展名也能够看见，完全可以在其中进行拷贝、删除、移动、运行这些文件。

2．批量安装 WinRAR

在一台计算机上安装 WinRAR 是非常方便的，只要顺着向导一步一步地单击“下一步”按钮即可。如果用户要安装 WinRAR 到许多计算机（如某一机房内的所有工作站）时，系统会不断弹出询问提示框，在这种情况下可以运行 WinRAR 安装并加上参数：-s ，这样可以跳过全部的问题并使用默认值代替。

3．相对路径压缩文件

在 WinRAR 中可以在“压缩文件名和参数”窗口中单击“文件”标签，然后选择压缩相对路径还是绝对路径甚至不选择路径，这样用户又多了一个选择。

4．定制 WinRAR 的工具栏按钮

在 WinRAR 的工具栏上有不少的按钮，还可以自由地定制它：启动 WinRAR 后，按下“Ctrl+S”组合键打开“设置”对话框，选择“常规”选项卡，单击其中的“按钮”按钮，就可以对工具栏上的按钮进行添加和删除，如图 3-21 所示。

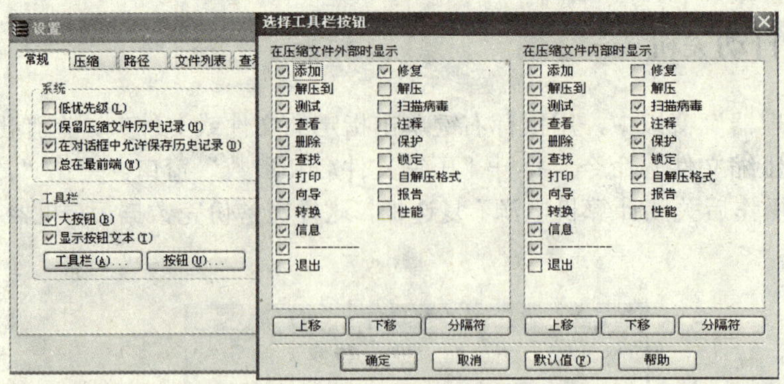

图 3-21 定制 WinRAR 的工具栏

5．方便导入导出个性化设置

使用 WinRAR 的过程中，根据个人的爱好要对 WinRAR 进行设置，而如果在其他机器上运行 WinRAR 会发现风格与自己的不符，这时要重新进行设置。如果选择“选项”/“导入导出设置”下的相应命令，即可非常方便地将设置存为一注册表 REG 文件，也可以导入，使用起来更个性化。

6．巧妙防范外部自解压程序的安全隐患

许多用户使用 WinRAR 来捆绑木马，在此建议收到可执行的附件文件时，先保存，然后试着右键单击它。如果有“用 WinRAR 打开”命令，则表明此程序是一个自解压程序。此时可以把该文件的扩展名“ exe ”改为“ rar ”，再用 WinRAR 打开，这样会更安全。

3.2 文件压缩软件 WinZIP

这里以 WinZIP 8.1 中文版为例，用户可以在 http://www.winzip.com/网站下载，在进行安装时，用户只需作出简单的回答即可安装成功。

当用户安装好压缩软件 WinZIP 后，系统会在程序菜单中建立相应的组件，如图 3-22 所示。当单击了“WinZIP”项后，会显示如图 3-23 所示的窗口。

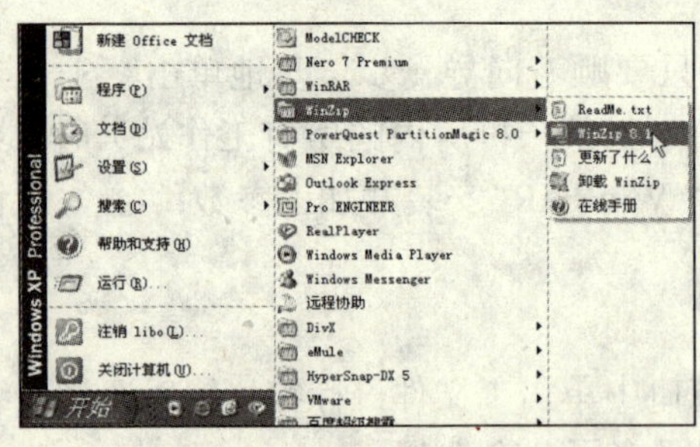

图 3-22 运行压缩软件 WinZIP

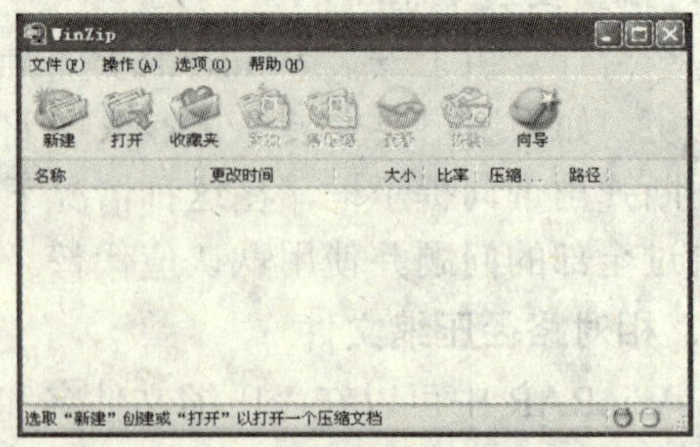

图 3-23 运行的 WinZIP 窗口

3.2.1 使用 WinZIP 快速压缩和解压

当用户在系统中安装好 WinZIP 压缩软件后，会自动创建鼠标右键的快捷菜单，如图 3-24 所示。

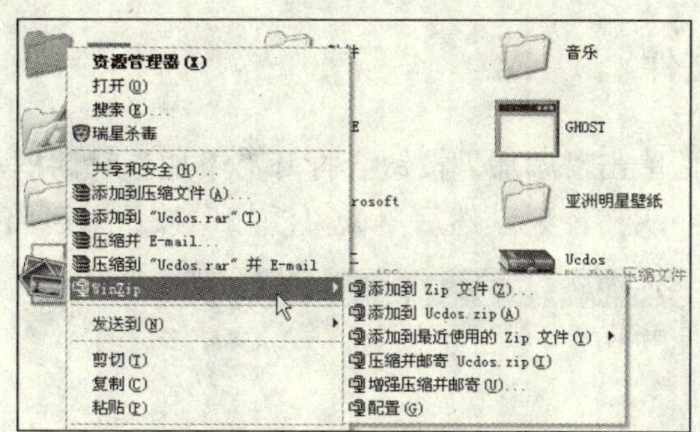

图 3-24　建立在鼠标右键中的 WinZIP

1．快速压缩

如果要将指定的文件或文件夹（UCDOS）进行快速压缩，其操作步骤如下：

（1）用鼠标右键单击文件夹 UCDOS，在弹出的快捷菜单中选择“WinZIP”\“添加到 ZIP 文件”菜单命令，这样就会出现如图 3-25 所示的窗口。

（2）根据需要进行设置，再单击“添加”按钮，弹出如图 3-26 所示的窗口。

（3）当压缩完成后，在该位置会显示一个压缩文件，如图 3-27 所示。

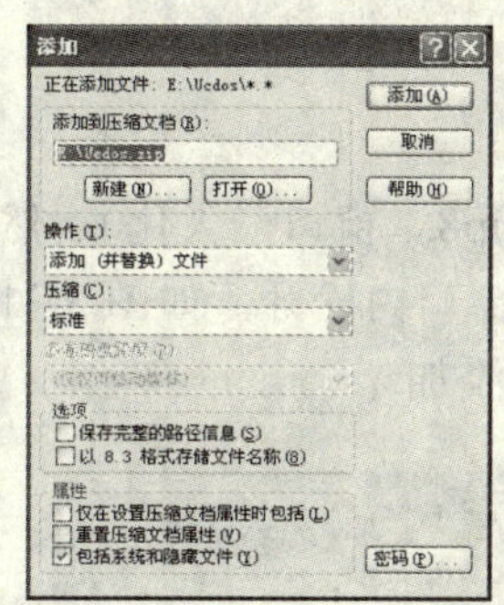

图 3-25　添加窗口

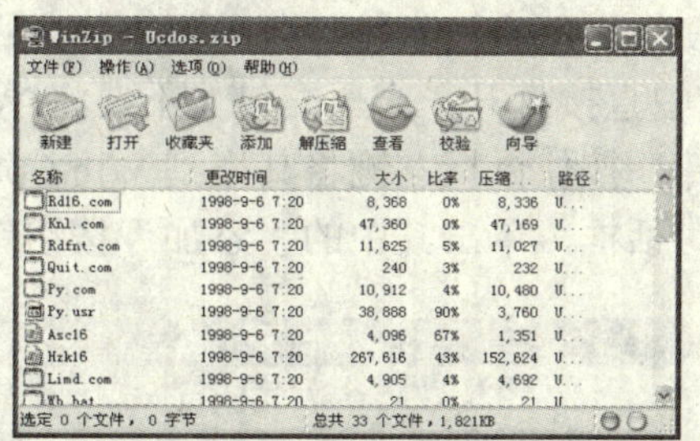

图 3-26　创建的 WinZIP 压缩窗口

图 3-27　WinZIP 压缩包

2．快速解压缩

如果要将压缩文件“UCDOS”快速解压，可用鼠标右键单击该文件，在弹出的快捷菜单中选择“解压缩到”命令即可，如图 3-28 所示。

如果选择“解压缩到”命令，会弹出如图 3-29 所示的窗口，单击“解压缩”按钮即可开始解压缩。

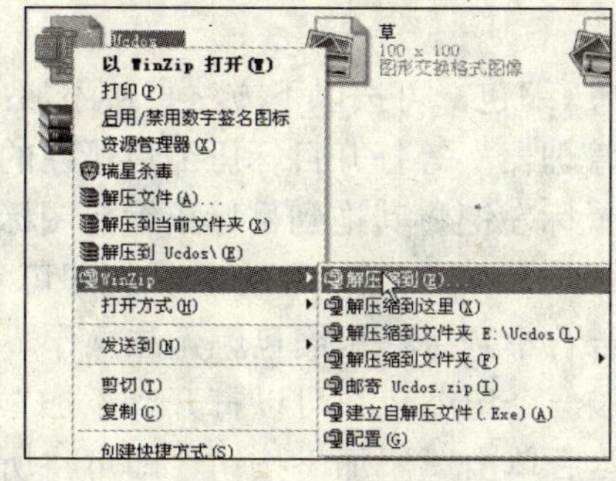

图 3-28　执行解压缩

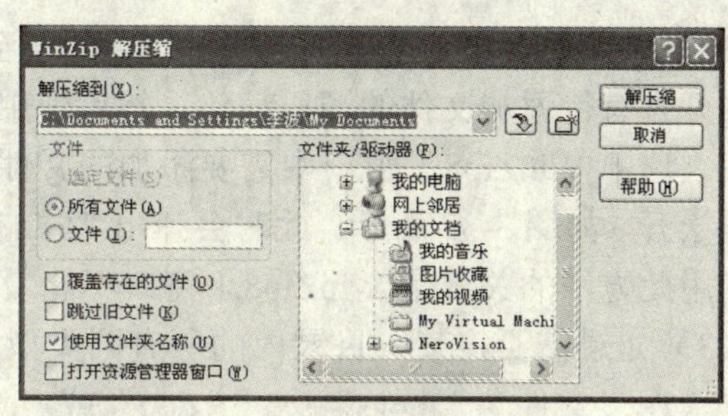

图 3-29　“WinZIP 解压缩”窗口

3.2.2 给压缩包添加文件

在 WinZip 8.1 窗口中，单击“添加”按钮会打开“添加”对话框，如图 3-30 所示。选择需要添加到压缩包的文件或文件夹，然后单击“添加”按钮即可将其添加到压缩包中。

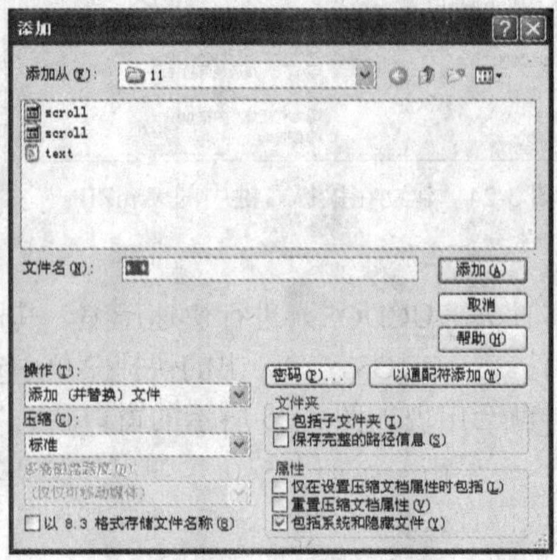

图 3-30 “添加”对话框

除添加文件外，还可以使用以下方法直接给压缩包添加文件：

（1）在“资源管理器”中直接打开一个压缩包（不要将 WinZip8.1 窗口最大化），然后找到需要加入压缩包的文件，按住鼠标左键将其拖到 WinZip8.1 窗口内松开，如图 3-31 所示。此时会弹出“添加”对话框，单击其中的“添加”按钮完成添加。

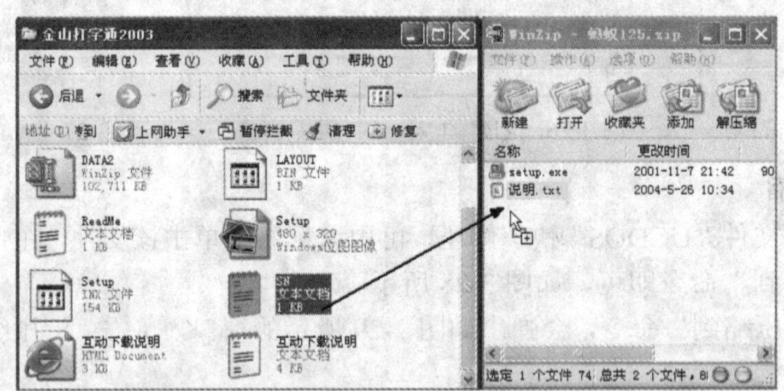

图 3-31 直接拖到压缩包

（2）如果需要将一个压缩包内的文件添加到另一个压缩包，可按以下方法直接添加：

打开含有待添加文件的源压缩包，然后使用“资源管理器”等打开目标压缩包所在的文件夹。选中 WinZip8.1 窗口中需要添加的文件，按住鼠标左键将其拖到目标压缩包图标上后再松开，如图 3-32 所示。此时会弹出“添加”对话框，单击其中的“添加”按钮即可。

使用此方法的关键是 WinZip8.1 窗口不能最大化，若看不到目标压缩包就无法操作。

（3）如果需要将某一目录内的所有同类型文件放入一个压缩包，可以打开“添加”对话框，在“文件名”框内输入“*.doc”或“*.txt”，然后单击“添加”按钮，即可将所选目录下的所有“*.doc”或“*.txt”文件放入压缩包。

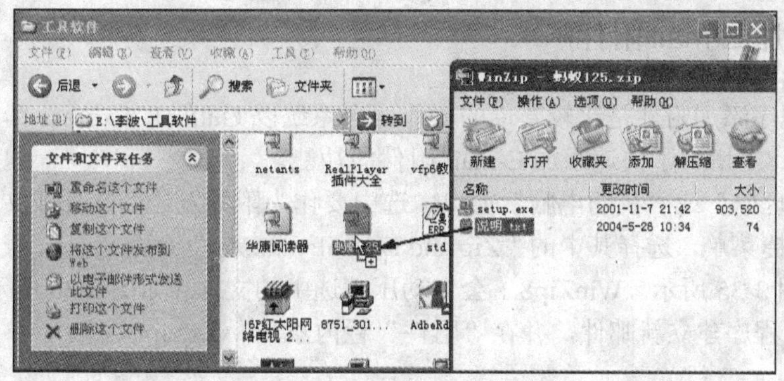

图 3-32　将压缩包中的文件拖到另一个压缩包中

3.2.3　同时打开多个文件

WinZip8.1 增加了多文件操作功能，可以在其窗口中同时打开多个文件。例如按住“Ctrl”键选择窗口中的多个文件，然后在选中的文件上单击鼠标右键，在弹出的快捷菜单中选择“打开”命令，如图 3-33 所示。WinZip 8.1 就会调用关联的程序将选定的文件全部打开。

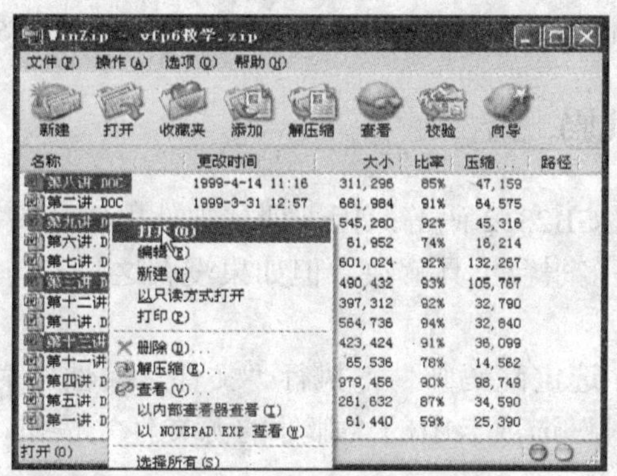

图 3-33　同时打开多个文件

3.2.4　快速修改压缩包内的文件

如果用户要对压缩包内的文件进行修改，可以将压缩包打开，直接在 WinZip8.1 窗口中单击（或双击）要修改的文件，文件的关联程序就会将其打开。

先按常规的方法对文件进行修改，完成后将应用程序关闭，就会立刻弹出一个“WinZip”对话框（如图 3-34 所示），询问用户是否用修改后的文件替换压缩包内的原文件，单击“是”按钮完成修改，单击“否”按钮放弃修改。

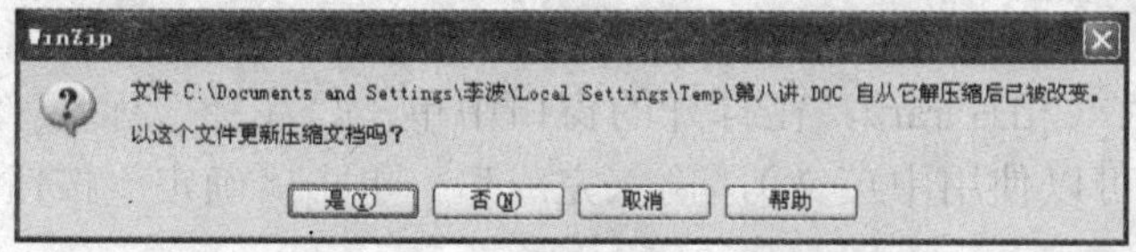

图 3-34　“WinZip”对话框

3.2.5 快速添加 E-mail 附件

给 E-mail 程序添加附件是比较繁琐的操作，当系统以 Outlook Express 为默认 E-mail 程序时，WinZip 8.1 增加了快速添加 E-mail 附件的功能。

在“资源管理器”或“我的电脑”窗口中选中要作为附件发送的文件或文件夹，单击鼠标右键打开快捷菜单，选择其中的“Zip and E-Mail xxxx.zip”命令（xxxx 表示文件或文件夹名称），如图 3-35 所示。WinZip8.1 会自动压缩选中的文件（如图 3-36 所示），然后打开默认的 E-mail 程序建立新邮件，并在“附件”栏内添加 xxxx.zip 文件。

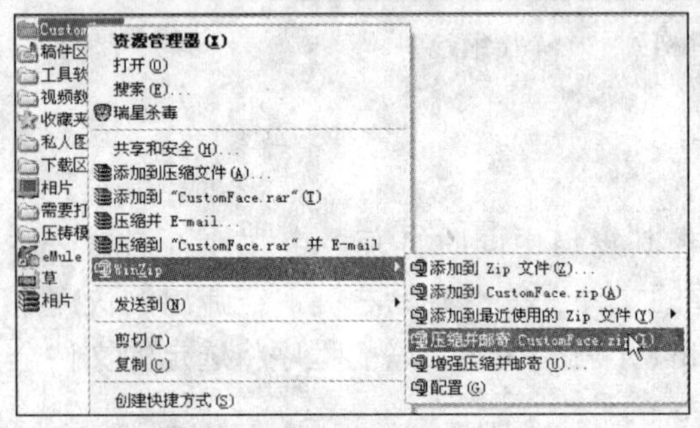

图 3-35 压缩并发送

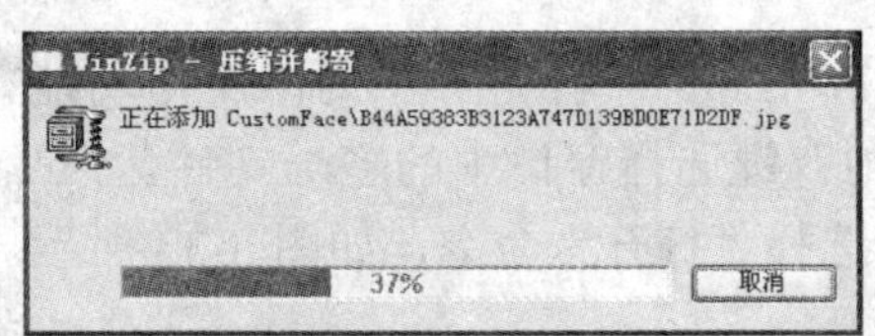

图 3-36 正在压缩

3.2.6 用 WinZip 解决乱码

由于 HZ 码、GBK 码、GB2312 码等原因，偶尔邮件出现乱码是难免的，遇到这种情况，可以通过“南极星”等多平台工具解决，但如果没有这些工具，可利用 WinZip 软件来解决。

首先通过电子邮件程序选定乱码邮件，执行“文件 / 属性”菜单命令，打开“属性”对话框，再单击“详细资料”选项卡中的“邮件的源文件”按钮，会显示邮件源文件的内容。

然后按 “Ctrl＋A”、“Ctrl＋C”和“Ctrl＋V”组合键进行选定、拷贝、粘贴源文件的内容到文字处理软件（如 NotePad），保存该文本文件，例如“A.txt”。将这个文本文件的后缀更名为“.uue”，即“A.uue”。单击“.uue”文件，即可启动 WinZip 程序显示其内容。

最后启动浏览器（IE、Netscape 等），从 WinZip 工作窗口中将“A.txt”文件拖放到浏览器窗口中，便立刻显示出乱码邮件的内容。

3.2.7 为 WinZip 添加注释

面对硬盘上的一大堆压缩文件，使用 WinZip 的注释功能（Comment）可以为每个压缩文件添加注释。

双击 WinZip 文件（相片.rar），在打开的窗口中单击“注释”标签，然后在注释列表框中输入注释信息（可以使用中英文），输入完成后，单击“确定”按钮即可，如图 3-37 所示。

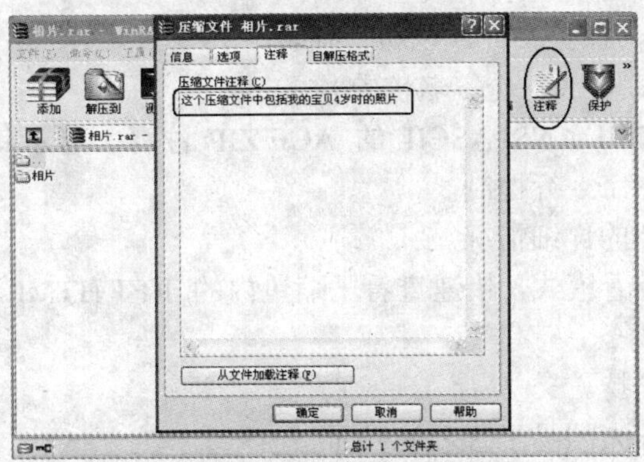

图 3-37　给压缩文件添加注释

在资源管理器中用鼠标选择 ZIP 文件时，就会显示出用户添加的注释信息，可帮助用户对压缩文件内容进行判断，如图 3-38 所示。

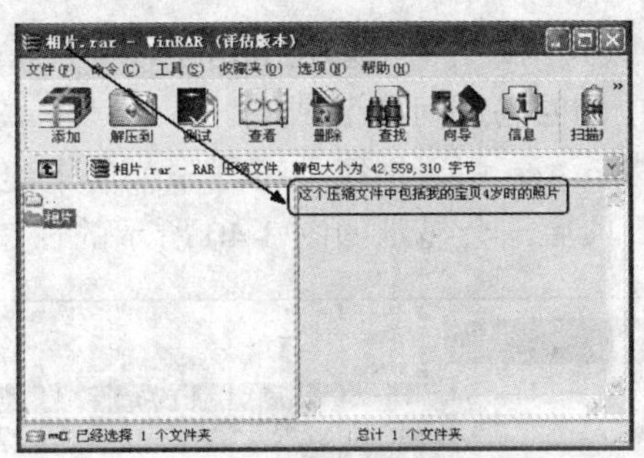

图 3-38　浏览文件时看到的注释信息

3.3　文件压缩软件 WinAce

WinAce 是一个 32 位的图形界面压缩软件，它使用新的 ACE 文件作为基础，主要为用户提供了创建、修改和解压缩不同类型的压缩文件。该软件不仅仅只局限于 ACE 文件，还对 ZIP 文件进行了完全的支持，包括 WinZip9.0 的 64 位增强压缩模式。

WinRAR 有压缩率上的优势，WinZip 有普及率上的优势。但是它们也有缺点，即 WInZip 的压缩率不算很好，但速度很快；WinRAR 的压缩率好一些，但是速度很慢。只有 WinAce 压缩速度快，又有较高的压缩率，它是取了以上两款压缩软件的长处，补了短处。

WinAce 的主要特点有以下几种形式：

（1）支持创建的压缩文件格式：ACE ZIP LHA CAB。

（2）支持解压缩文件格式：ACE ZIP LHA CAB RAR ARC ARJ GZIP TAR BZIP2 ISO ZOO。

（3）多卷压缩（分盘）格式：ACE ZIP CAB。

（4）特殊压缩方式：为专门的文件类型提供特殊的压缩方式（例如：多媒体压缩）。

（5）ACE 的增强压缩模式：提升 50% 或更高的压缩率。

（6）ACE ZIP 转化为自解压缩文件。

（7）压缩文件的加密。

（8）支持恢复记录，保护文件，以防受损。

（9）ACE 的 AV 签名（身份签名校验）。

（10）支持显示 HTML ANSI ASCII 的 ACE ZIP 注释，显示其他压缩文件的注释。

（11）完整的 DOS 命令行控制。

（12）显示档案文件的详细情况。

（13）完整的快速查看模式，快速查看压缩包内的 RFT HTML ASCII DOC 以及大多数图片文件。

（14）完全的拖放支持。

（15）友好、功能强大的易于管理的界面。

（16）完整的文件管理支持。

（17）优化存在的压缩文件。

（18）在“属性”对话框中显示 ACE ZIP 文件的目录和文件。

（19）自动运行程序和安装包。

这里以 WinAce 6.0 中文版为例，用户可以在 http://www.crsky.com/soft/4212.html 下载，在进行安装时，只需作出简单的回答即可安装成功。

当用户安装好压缩软件 WinAce 后，系统会在程序菜单中建立相应的组件，如图 3-39 所示。当单击“WinAce 2.6”项后，会显示如图 3-40 所示的窗口。

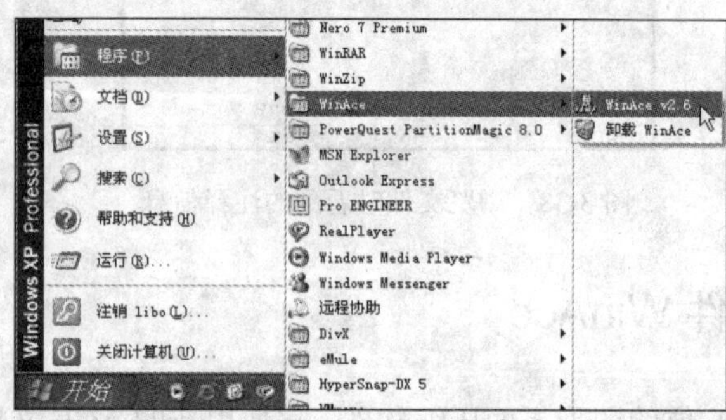

图 3-39 运行压缩软件 WinAce

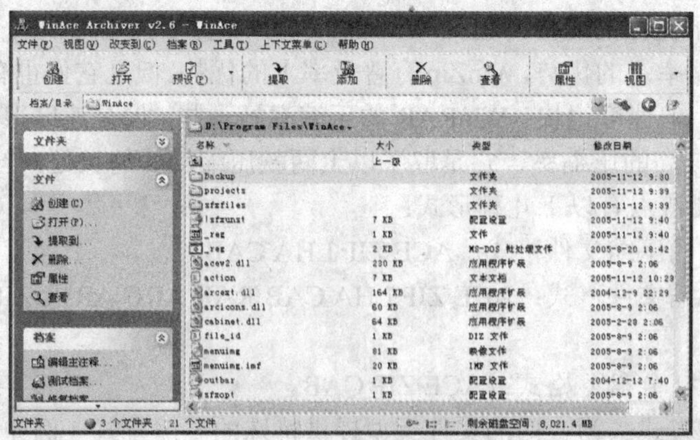

图 3-40 WinAce 界面

同样，当用户在系统中安装好 WinAce 压缩软件后，会自动创建鼠标右键的快捷菜单，如图 3-41 所示。

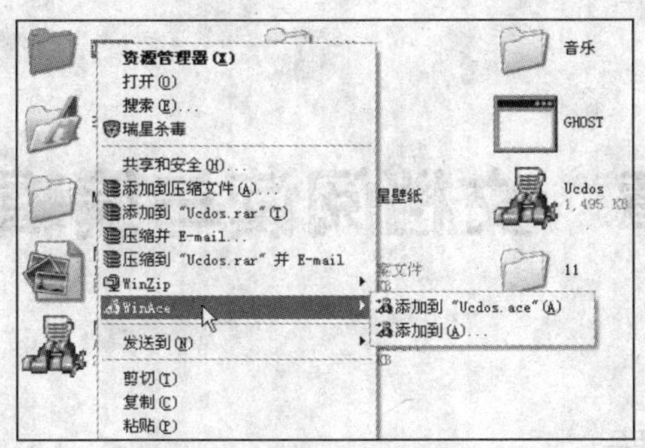

图 3-41　建立在右键中的 WinAce

由于这几款压缩软件的使用方法大致相同，所以在这里就不再作具体的介绍。

【习　题】

1. 填空题

（1）WinRAR 是目前网上非常流行和通用的压缩软件，可以创建________、________、________等多种方式，可以选择不同的压缩比例，最大程度地减少占用空间。

（2）在执行批量安装 WinRAR 时，应加上参数________。

（3）在本章介绍的常用 3 种压缩软件中，其压缩后的文件图标各有所不同，而表示________软件，表示________软件，表示________软件。

2. 简答题

（1）怎样使用 WinRAR 压缩软件对文件进行分卷压缩操作？

（2）怎样使用 WinRAR 压缩软件对文件进行加密压缩操作？

（3）怎样使用 WinZIP 压缩软件同时打开多个文件？

（4）怎样使用 WinZIP 压缩软件解决压缩后的乱码？

（5）怎样使用 WinZIP 压缩软件添加 E-mail 附件？

第 4 章 文档阅读与编辑工具

4.1 超星图书阅览器

超星图书阅览器（SSReader）是超星公司专门针对数字图书的阅览、下载、打印、版权保护和下载计费而研究开发的。

这里以超星图书阅览器（SSReader）V 3.9 中文版为例，可以在 http://www.ssreader.com 下载，和大多数工具软件一样，只需简单的操作即可安装好该软件。

4.1.1 启动方法与界面

当安装好超星图书阅览器（SSReader）后，在系统桌面上将会显示快捷方式图标，如图 4-1 所示，也会在系统的“程序”菜单中添加相应的组件，如图 4-2 所示。

图 4-1 快捷图标

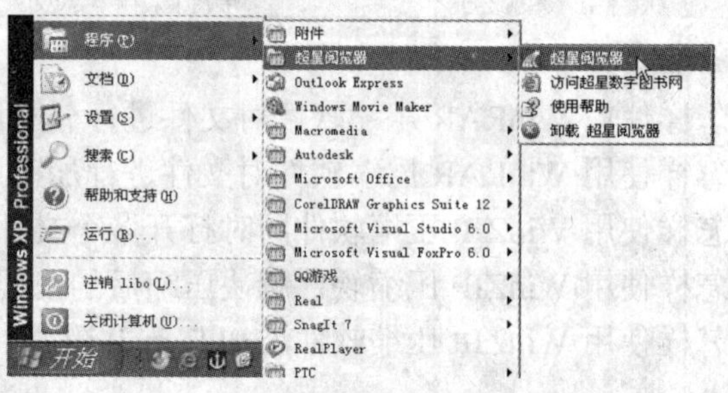

图 4-2 程序组

双击如图 4-1 所示的快捷图标，或者执行“开始\程序\超星阅览器\超星阅览器”菜单命令即可成功启动阅览器，其主界面如图 4-3 所示。

图 4-3 超星阅览器的主界面

在左侧的标签页中，单击“资源”选项并找到相关的图书，此时其窗口界面如图 4-4 所示。

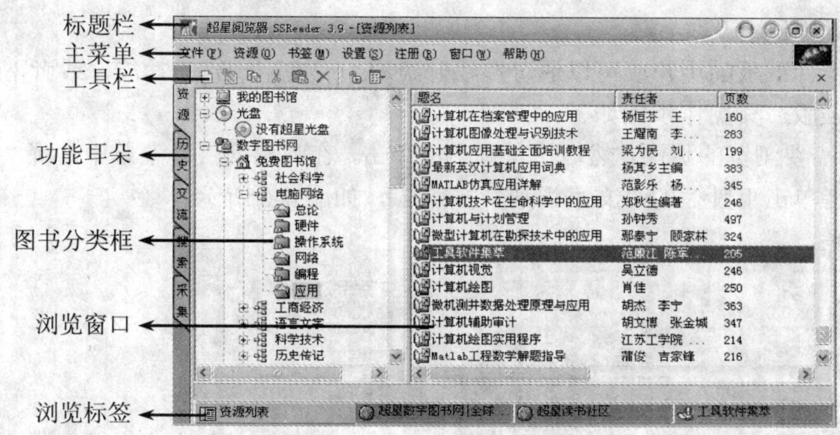

图 4-4　超星阅览器窗口

下面对该界面的各项进行简要说明：

（1）主菜单：包括超星阅览器所有功能命令，其中“注册”菜单是提供给用户注册使用的，“设置”菜单是给用户提供相关功能的设置选项。

（2）工具栏：快捷功能按钮采集图标，用户可以拖动文字图片到采集图标，方便地收集资源。

（3）功能耳朵：包括“资源”、“历史”、“交流”、“搜索”、“采集”。

①“资源”：提供给用户数字图书及互联网资源。

②“历史”：用户通过阅览器访问资源的历史记录。

③“交流”：提供给用户在线超星社区、读书交流、问题咨询、找书帮助等。

④“搜索”：提供给用户在线搜索书籍。

⑤“采集”：可以通过采集窗口来编辑制作超星 pdg 格式。

（4）图书分类框：提供给用户分类搜索的作用。

（5）浏览窗口：提供给用户在进行分类搜索时所找到的内容。

（6）浏览标签：当用户浏览多个页面时，可以快速切换到指定的页面。

4.1.2　设置代理服务器

在使用超星阅览器之前，只有正确设置网络，才能正常使用超星阅览器。在如图 4-3 所示的窗口中，执行“设置 / 选项”菜单命令，在打开的“选项”对话框中，单击“代理服务器”选项卡，如图 4-5 所示。选择“不使用代理服务器”单选按钮，然后单击“确定”按钮即可。

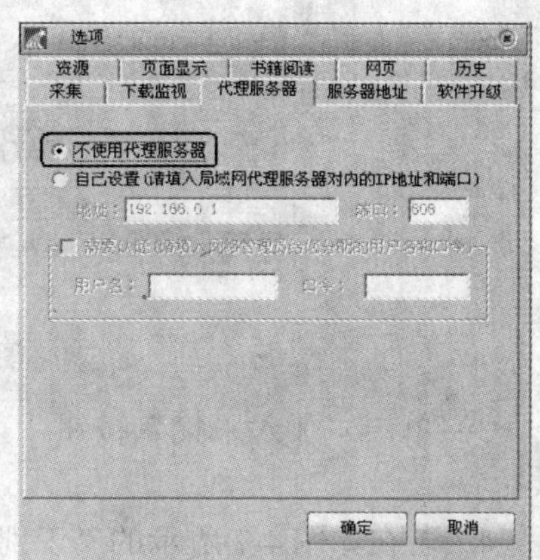

图 4-5 设置代理服务器

4.1.3 超星阅览器的使用方法

1. 文字识别（OCR）

使用超星阅览器标准版的用户，可以通过在线升级增加“文字识别”功能，或者下载使用超星阅览器增强版。其操作步骤如下：

（1）首先找到需要浏览的页面，然后用鼠标右键单击，在弹出的快捷菜单中选择“文字识别”命令，或者单击工具栏的“文字识别”按钮[T]，如图 4-6 所示。

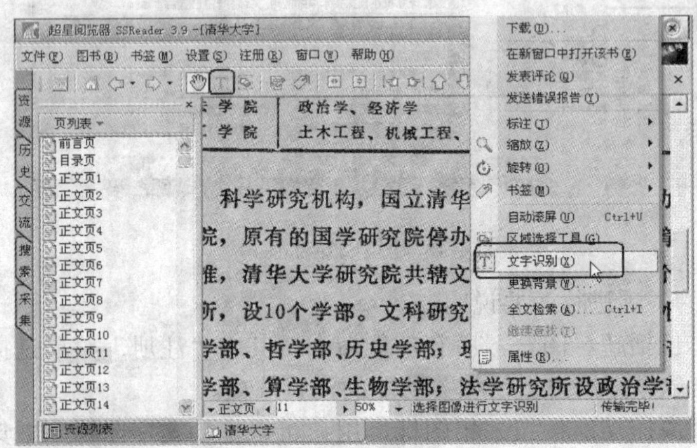

图 4-6 选择“文字识别”命令

（2）此时鼠标呈十字状态，然后用鼠标在所要识别的文字上画框，框中的文字即会被识别成文本显示在弹出的面板中，如图 4-7 所示。

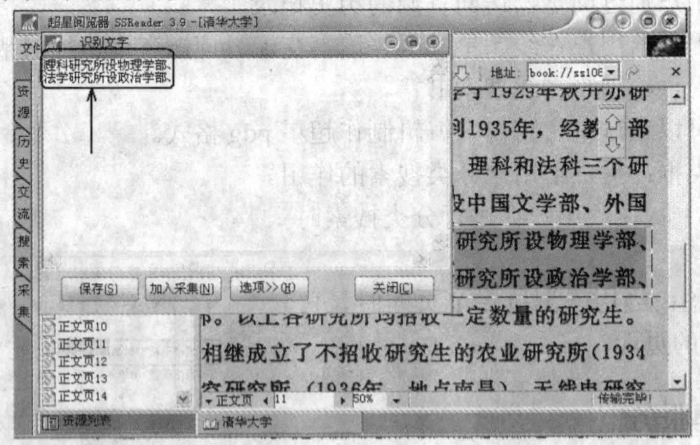

图 4-7 所识别的文字

（3）单击“加入采集”按钮，可以将识别的文字加入到“采集”窗口中，如图 4-8 所示。

（4）若在如图 4-7 所示的“识别文字”窗口中，单击“保存”按钮，即可将识别结果保存为 TXT 文本文件，如图 4-9 所示。

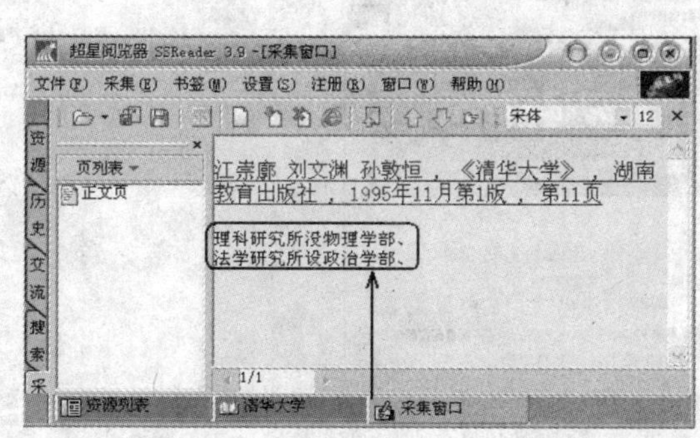

图 4-8　采集窗口

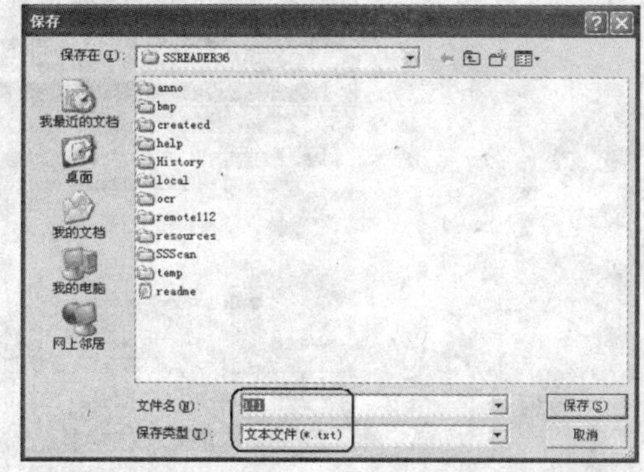

图 4-9　将识别的文字保存为 TXT 文本

2．剪切图像

有时在浏览页面时，需要将指定的图像剪切下来，其操作步骤如下：

（1）首先找到需要浏览的页面，单击工具栏上的"区域选择工具"按钮。

（2）此时鼠标呈十字状态，在所要剪切的图像上画框，当松开鼠标后，在弹出的菜单中选择"复制图像到剪贴板"命令，如图 4-10 所示。

（3）此时将框选的"图像"保存在剪贴板中，即可将该"图像"粘贴到"画图"等工具中进行修改或保存，如图 4-11 所示。

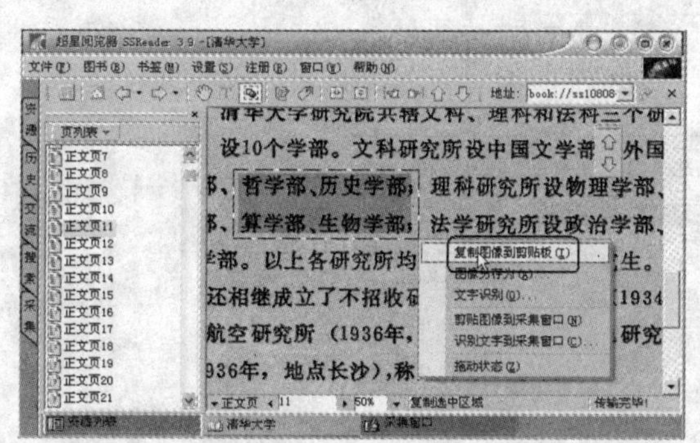

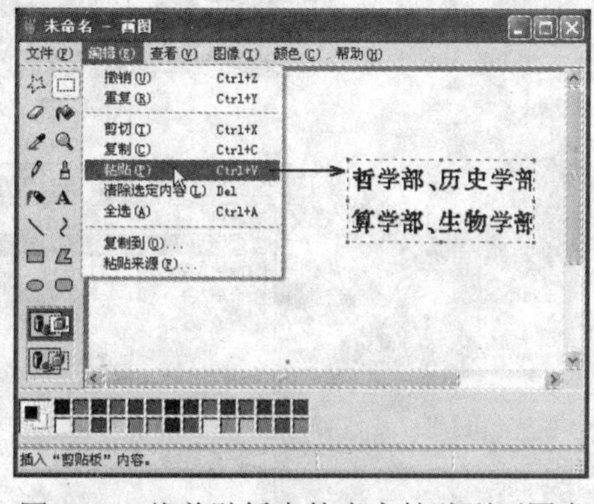

图 4-10　框选指定的内容　　图 4-11　将剪贴板中的内容粘贴到画图中

3．书签的操作

通过超星阅览器，用户可以对指定的网页进行操作，如添加网页书签、添加书籍书签、对书签进行管理等操作。

若要将指定的网页添加到书签中，首先打开指定的网页，在工具栏中单击"将该页添加到书签"按钮，将打开"添加书签"窗口，如图 4-12 所示。在该窗口中输入书签名及备注提示，然后单击"确定"按钮即可。

若要将指定的书籍添加到书签中，首先打开书籍的阅读窗口，在工具栏中单击"将该页添加到书签"按钮，同样可打开"添加书签"窗口，如图 4-13 所示。

当读者添加了网页书签和书籍书签后，可以对其进行管理。执行"书签\书签管理"菜单命令，将弹出如图 4-14 所示的"书签管理器"窗口，然后执行相应的命令即可进行相应的管理。

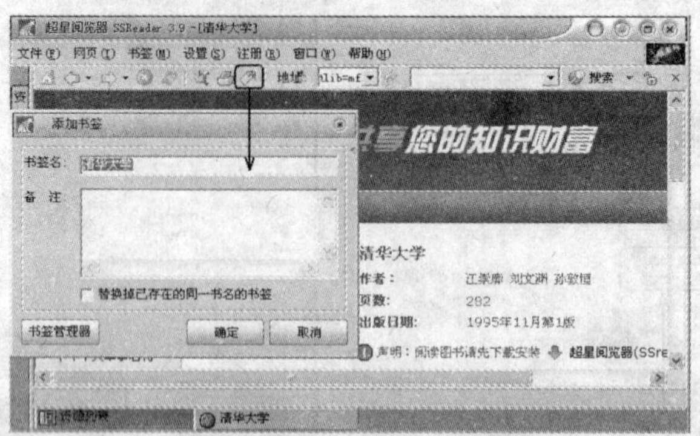

图 4-12 将网页添加到书签

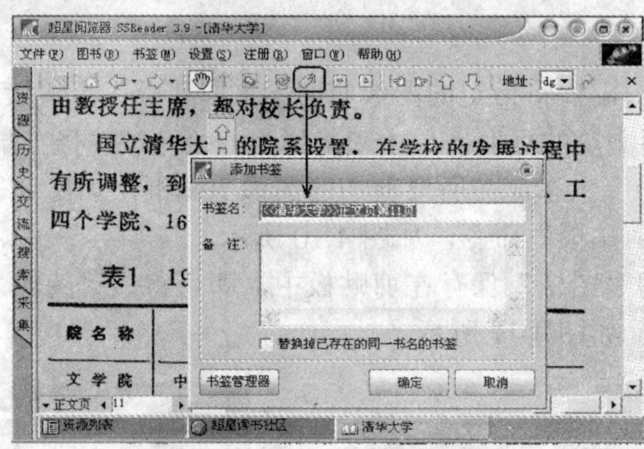

图 4-13 将指定页添加到书签

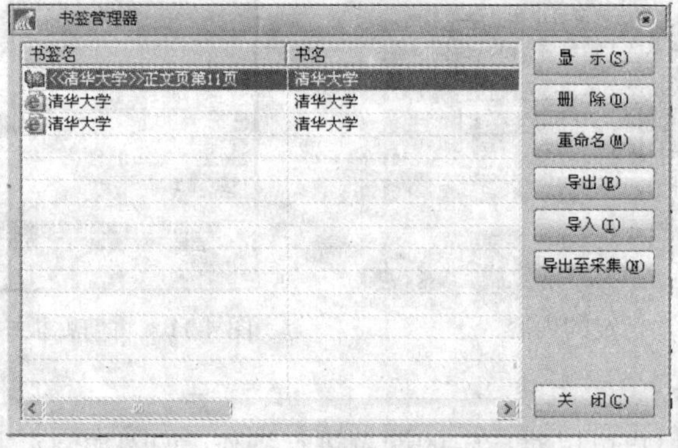

图 4-14 “书签管理器”窗口

4. 自动滚屏

在阅读书籍时，可以使用滚屏功能阅读书籍。在阅读书籍的页上，双击鼠标左键开始滚屏，单击鼠标右键停止滚屏。

如果要调整滚屏的速度，可执行“设置 / 选项”菜单命令，在弹出的“选项”对话框中单击“书籍阅读”选项卡，然后进行相应的设置即可，如图 4-15 所示。

5. 更换阅读底色

可以使用“更换阅读底色”功能来改变书籍阅读效果。

执行“设置 / 选项”菜单命令，在弹出的“选项”对话框中单击“页面显示”选项卡，然后进行相应的设置即可，如图 4-16 所示。

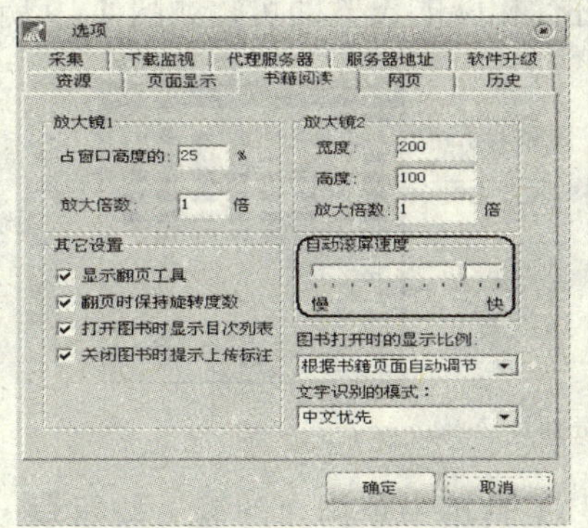

图 4-15　设置滚屏速度

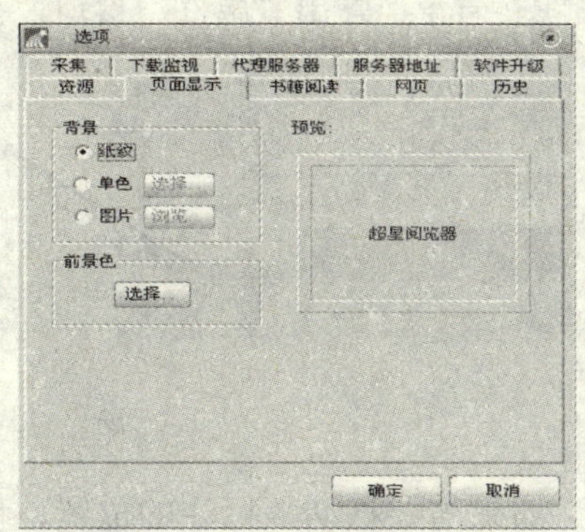

图 4-16　设置页面显示的颜色

也可在书籍阅读页面中，单击鼠标右键，在弹出的快捷菜单中选择“更换背景”命令，再在“图片”中选择要更换的颜色。

6．标注

当阅读图书时，需要对重点内容做出标记，可通过以下步骤进行：

（1）在阅读图书内容时，找到需要添加标注的页面，然后单击工具栏的“图书标注”按钮，将打开如图 4-17 所示的“标注”工具箱。

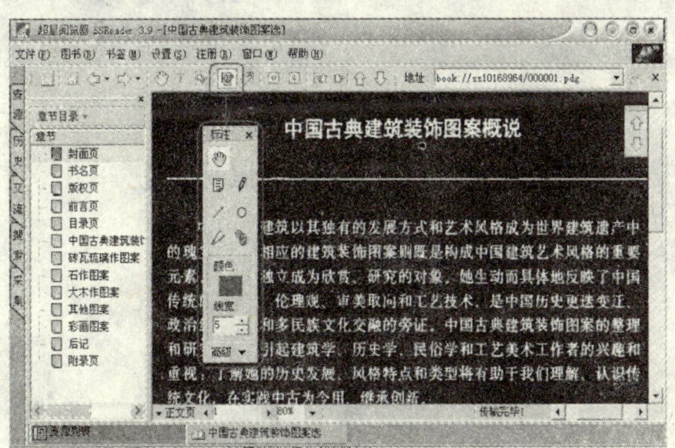

图 4-17　打开“标注”工具箱

（2）在打开的“标注”工具箱中，有 6 种工具：批注、铅笔、直线、圈、高亮、链接。可以使用相应的工具在指定的位置进行标注，如图 4-18 所示。

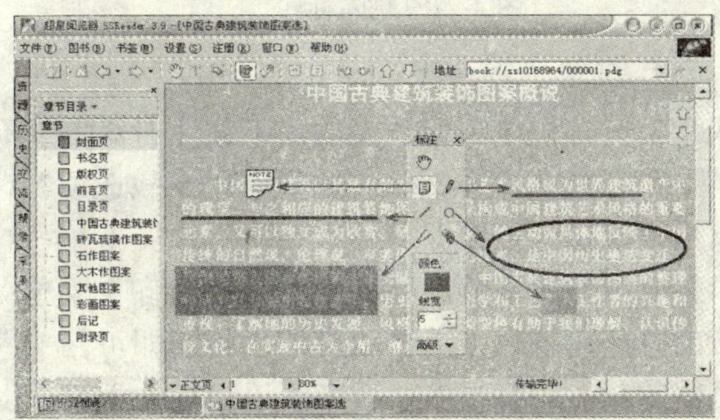

图 4-18　使用各种工具进行标注

（3）如果需要重新设置标注的属性，可用鼠标右键单击该标注，在弹出的快捷菜单中选择“属性”命令，弹出“属性”窗口，在该窗口中进行相应的设置即可，如图 4-19 所示。

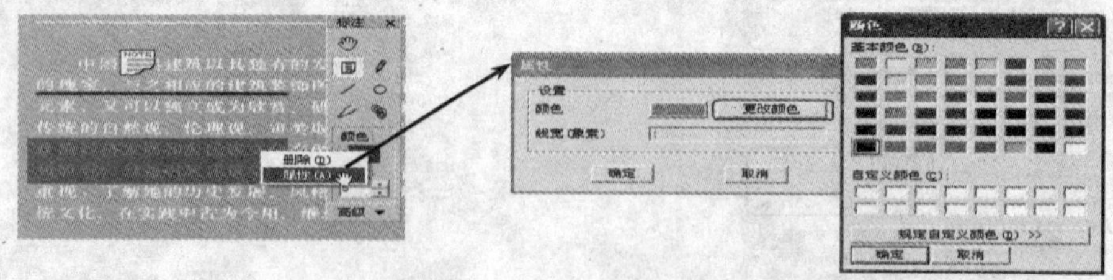

图 4-19　设置标注的属性

（4）如果需要移动该标注的位置，可在“标注”工具箱中单击“阅读”按钮，然后将鼠标指针移动到指定的标注处，此时鼠标呈状，按住鼠标左键移动即可，如图 4-20 所示。

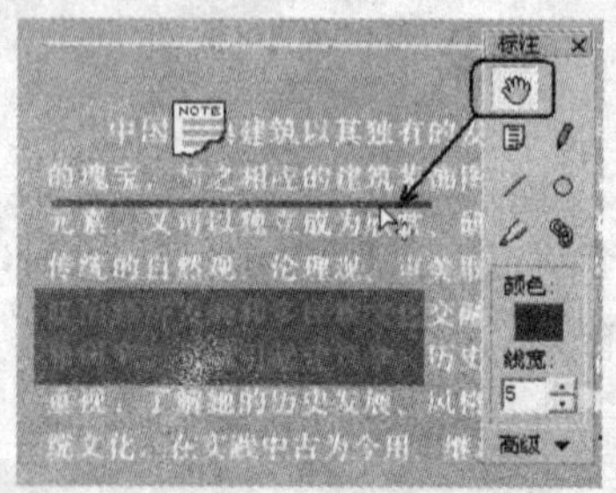

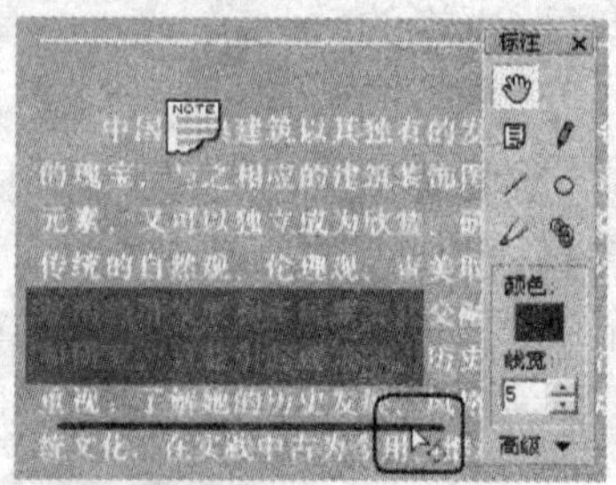

图 4-20　移动标注的位置

（5）如果需要删除指定的位置，只要在标注处鼠标右键单击，在弹出的快捷菜单中选择“删除”命令即可，如图 4-21 所示。

图 4-21　删除标注

7. 打印和保存

若要保存某册图书或章节，首先单击网页上的“下载注册器”菜单，并在运行后进行简单注册；然后再执行“图书\下载”菜单命令，将显示“下载选项”对话框，选择分类后并设定下载要求，最后单击“确定”按钮即可。

同样，如果需要打印某册图书或章节，可执行“图书\打印”菜单命令，在弹出的“打印”对话框中，进行相应的打印设置后，单击“打印”按钮即可。

当然，超星图书阅览器的功能还有很多，读者可以自行去学习，由于篇幅的原因，这里就不再作更多更细的介绍。

4.2　Adobe Reader 电子阅读工具

Adobe Reader 是一款可以用来查看和打印 Adobe 便携文档格式（PDF）文件，像 Word 一样，PDF 也可以用来保存文本格式、图形的信息。它最大的特点是在不同的操作系统之间传送时，能够保证信息的完整性和准确性。在 Internet 上有很多的信息是用 PDF 保存的，目前有很多的图书也都是用 PDF 格式来保存的，可以用 Adobe Reade 的阅读工具来阅读这些文件。

这里以 Adobe Reader 7.0 中文版为例，可以在 http://www.cncode.com/downinfo/1376.html 下载，和大多数工具软件一样，只需作出简单的回答即可安装成功。

4.2.1　启动方法与界面

当安装好 Adobe Reader 7.0 后，在系统桌面上即会显示快捷方式图标，如图 4-22 所示，也会在系统的“程序”菜单中添加相应的组件，如图 4-23 所示。

图 4-22　快捷图标

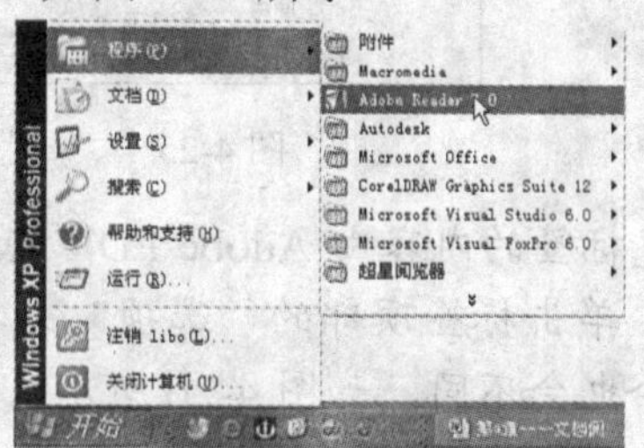

图 4-23　程序组

双击如图 4-22 所示的快捷图标，或者执行“开始 / 程序 / Adobe Reader 7.0”菜单命令即可成功启动该电子阅览器，其主界面如图 4-24 所示。

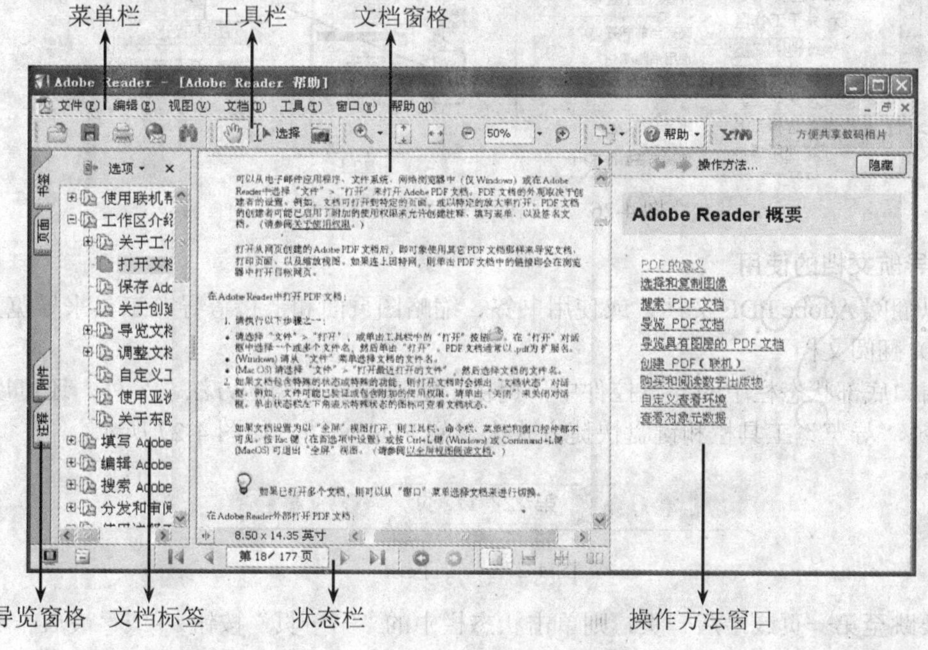

图 4-24　Adobe Reader 7.0 的主界面

4.2.2 Adobe Reader 7.0 的使用方法

1. 标签的使用

“标签”显示在工作区左边的导航窗格或浮动窗格中，包括文档的书签、页面缩略图和文章等项目。

若要在导航窗格中显示或隐藏标签，可执行“显示\导览标签”菜单，然后选择要显示或隐藏的标签（如图 4-25 所示），或者单击文档窗格左边的标签名称。

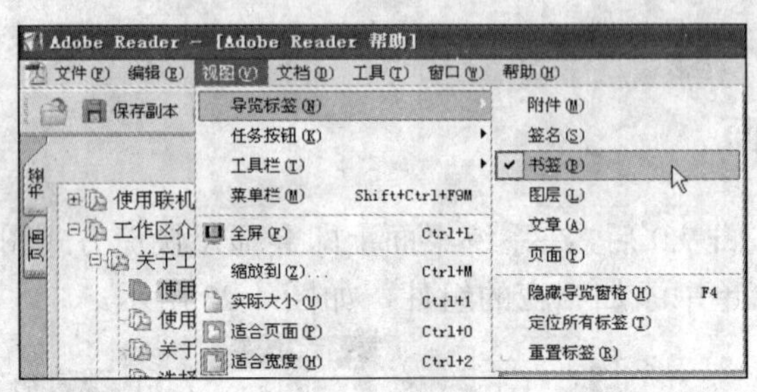

图 4-25 “导览标签”子菜单

注意 导览标签的内容由 Adobe PDF 文档的作者设置，在某些情况下，标签可能未包含任何内容。单击标签顶部的“选项”来打开菜单，再选择所需的命令。如果当前标签不同，其命令也会不同，如图 4-26 所示。若要关闭该“选项”菜单，则需要在菜单外单击即可。

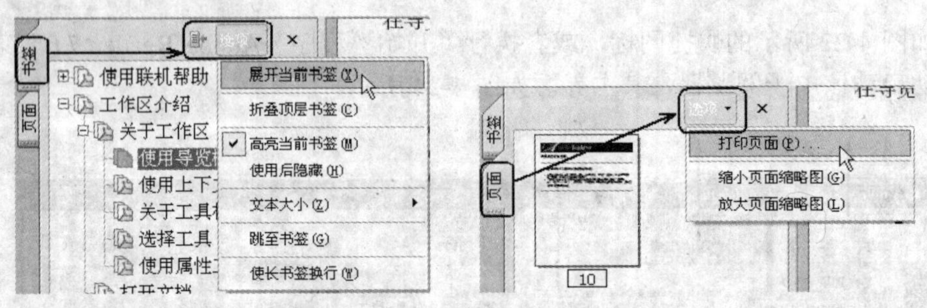

图 4-26 不同标签的“选项”命令

2. 导航文档的使用

可以翻阅 Adobe PDF 文档，或使用书签、缩略图页面和链接等导览工具来导览文档。

（1）翻阅文档

在窗口底部状态栏中的导览控件中，提供了快速导览文档的方法。另外，还可以使用菜单命令、“导览”工具栏和键盘快捷方式来翻阅 PDF 文档，如图 4-27 所示。

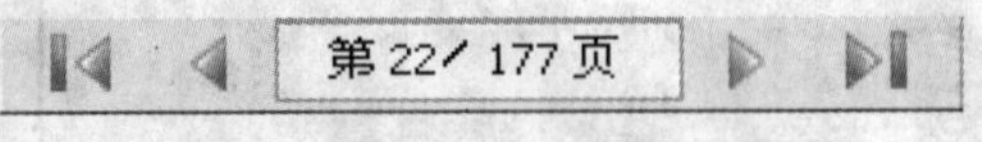

图 4-27 导航按钮

若要跳至第一页或最后一页，则单击状态栏中的“第一页”按钮或“最后一页”按钮；若要跳至下一页或上一页，则单击状态栏中的“下一页”按钮或“上一页”按钮

◀；如果正在以单页布局的“适合页面”视图方式查看文档，可在键盘上按“向上箭头”↑或“向下箭头”↓，便会向前或向后翻阅一页。

若要跳至某一页，则执行“视图\跳至\页”菜单命令，此时将会弹出“跳至页面”窗口。输入指定的页码，单击“确定”按钮即可，如图 4-28 所示。

图 4-28　“跳至页面”窗口

也可以拖动垂直滚动条，直至要跳至的页码出现为止，如图 4-29 所示；也可在状态栏中选定当前页码，输入要跳至的页码，然后按回车键即可，如图 4-30 所示。

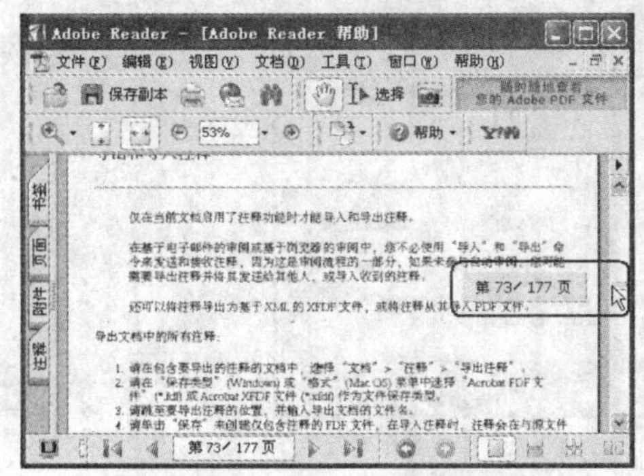

图 4-29　拖动垂直滚动条

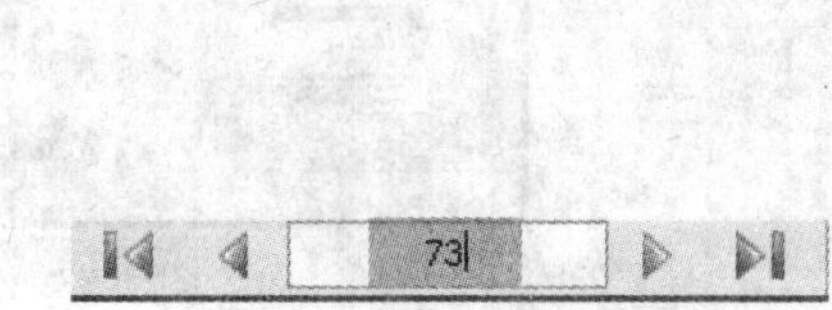

图 4-30　输入指定页码

（2）顺着查看路径返回

在翻阅文档之后，可以顺着查看的路径返回到起始位置。执行“视图\跳至\上一视图或下一视图”菜单命令。也可以在“导览”工具栏中，单击“上一视图”按钮或“下一视图”按钮，如图 4-31 所示。

（3）使用书签导览

书签显示在导览窗格中，并提供了表示文档中章节的目录。首先单击窗口左边的“书签”标签，或执行“视图 / 导览标签 / 书签”菜单命令，将其书签显示出来。然后单击书签跳至其对应的主题，单击书签旁的加号（+）可展开书签，单击书签旁的减号（-）可隐藏其子书签，如图 4-32 所示。

图 4-31　使用“导览”工具栏

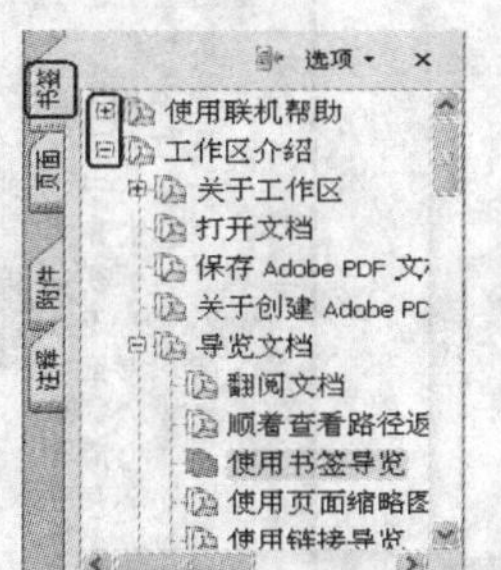

图 4-32　使用“导览”工具栏

注意 单击书签可能会执行动作，而非跳至其他位置，这取决于书签的定义。如果单击书签时书签列表消失，则请单击“书签”标签来重新显示列表。如果要“书签”标签在单击书签之后总是保持打开，就单击“书签”面板顶部的“选项”菜单，并取消选择“使用后隐藏”。

（4）使用页面缩略图导览

使用“页面”面板中的缩略图可更改页面显示以及跳至其他页面。单击窗口左边的“页面”标签，或执行“视图 / 导览标签 / 页面”菜单命令来显示“页面”面板。此时页面缩略图中的红色页面查看框表示正在显示的页面区域，调整本框可更改视图的缩放率，如图4-33所示。

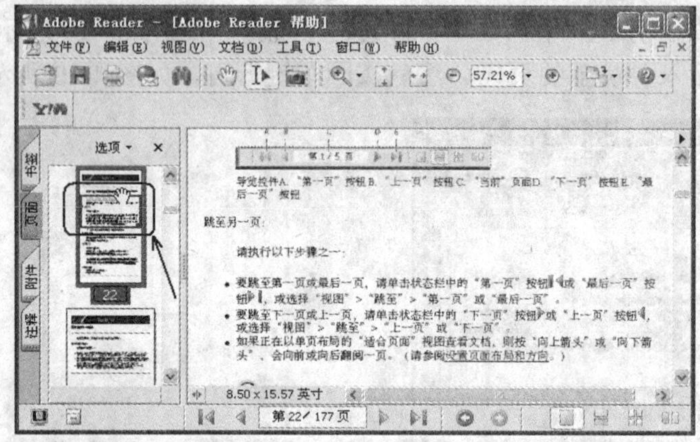

图 4-33 使用页面缩略图导览

3. 调整文档的视图

使用 Adobe Reader 提供的简单工具（例如“放大”和“缩小”工具）以及更多高级工具，可方便地调整 Adobe PDF 文档的视图，如旋转页面视图、指定单页或连续页面布局等。

（1）调整页面位置

使用“手形”工具移动页面来查看页面的所有区域。在工具栏中单击“手形工具”按钮后，此时鼠标呈“手形”状态，使用鼠标向上或向下拖动页面，从而调整页面的位置。如果页面已放大到较高的放大率，向左或向右拖动页面也可查看不同的区域，如图4-34所示。

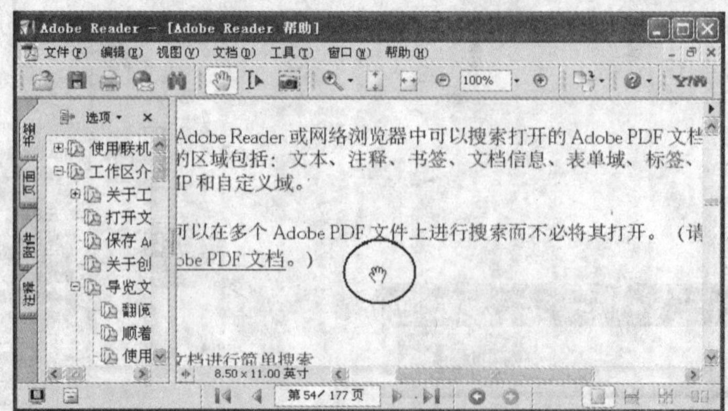

图 4-34 调整页面位置

（2）放大和缩小视图

使用如图 4-35 所示的工具，可以放大和缩小视图。使用“放大”和“缩小”工具可更改文档的放大率，也可以使用“动态缩放”工具，通过向上或向下拖动鼠标来放大或缩小视图。

图 4-35　缩放工具栏

当需要以整页方式阅读时，可以单击“适合页面”工具；若要以页面宽度方式阅读，应单击“适合宽度”工具。

（3）使用页面缩略图更改放大比例

若要使用页面缩略图方式来更改放大比例时，首先单击窗口左侧的“页面”标签来查看页面缩略图，其每一个缩略图表示一个页面。然后找到当前页面的缩略图，将鼠标指针置于红色页面查看框的右下角，直至指针变为双向箭头。最后拖动框角来缩放页面视图（就像改变窗口大小一样），如图 4-36 所示。

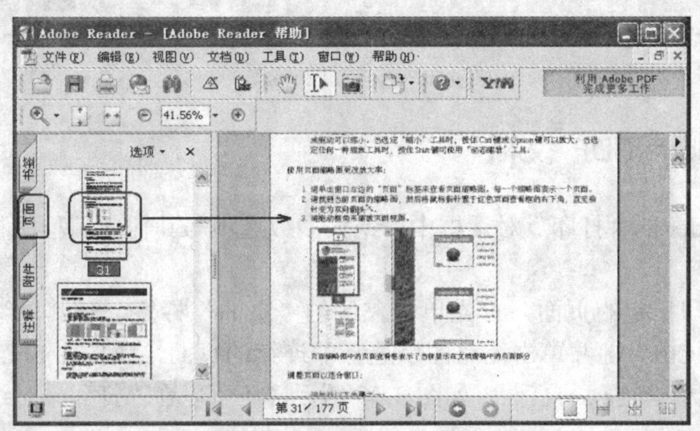

图 4-36　使用页面缩略图更改放大比例

4．设置页面布局和方向

通过更改页面布局，便于查看文档布局概貌。当查看 Adobe PDF 文档时，可以使用以下页面布局：

若要设置页面布局，可执行“视图\页面布局”菜单命令，然后从弹出的子菜单中选择“单页”、“连续”、“对开”或“连续－对开”命令，或者单击“状态栏”中的“单页”按钮、“连续”按钮、“连续－对开”按钮或“对开”按钮，即可以各种相应的视图查看页面，如图 4-37 所示。

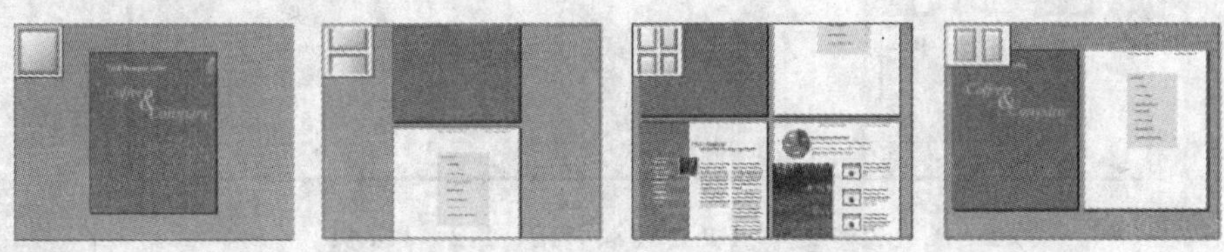

图 4-37　“单页”、“连续”、“连续－对开”和“对开”比较

注意 在“单页”布局中，当执行“编辑\全部选定”菜单命令后，可选择当前页面上的所有文本。若在其他布局中，则执行“编辑\全部选定”菜单命令后，选择 PDF 文档中的所有文本即可。

若要旋转页面视图，首先执行“视图 / 旋转视图”菜单命令，然后从弹出的子菜单中选择“顺时针”或“逆时针”命令，则以 90 度的增量更改查看页面视图角度，如图 4-38 所示。

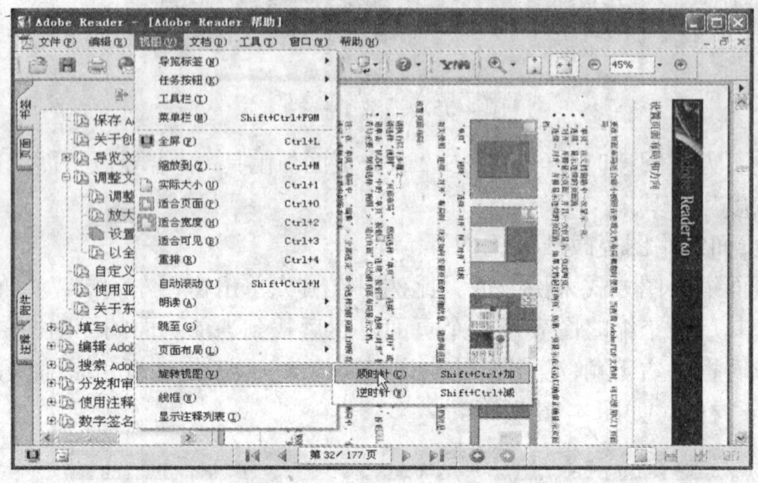

图 4-38 旋转页面视图

4.2.3 打印 Adobe PDF 文档

在 Adobe Reader 的“打印”对话框中，绝大多数选项与其他应用程序相同，其操作步骤如下：

（1）若要打印指定的页面，首先单击左侧的“页面”标签，使其以缩略图方式显示页面，然后按住“Ctrl”键并单击缩略图以选择非连续的页面，或按住 Shift 键并单击以选择连续的页面，或框选连续的页面，如图 4-39 所示（还可以在“打印”对话框中选择连续页面范围）。

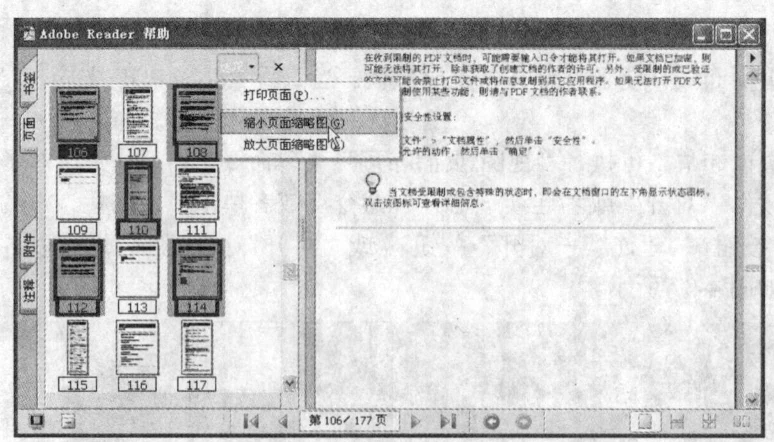

图 4-39 选择 106、108、110、112、114 页

（2）若要打印页面上的指定区域，首先单击“选择工具”按钮[选择]，然后在页面上要打印的区域周围拖动，即可选择指定的区域，如图 4-40 所示。

（3）执行“文件 / 打印设置”菜单命令，打开如图 4-41 所示的“打印设置”对话框。在该对话框中对“打印机”、“纸张”和“方向”进行设置，然后单击“确定”按钮即可。

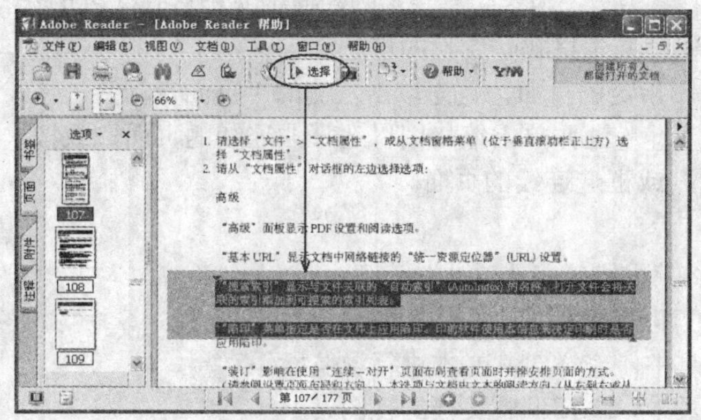

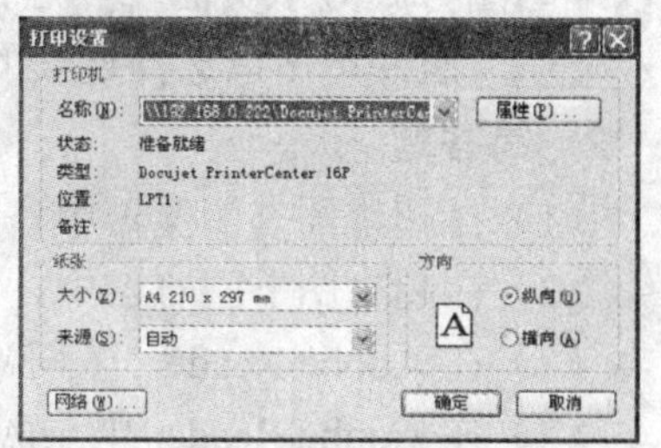

图 4-40　选择页面上的指定区域　　图 4-41　“打印设置”对话框

（4）执行“打印 / 打印”菜单命令，或单击工具栏上的“打印”按钮[打印]，打开如图 4-42 所示的“打印”对话框。对“打印范围”、“页面处理”等项进行设置后，即可在“预览”视图中看到效果，然后单击“确定”按钮进行打印。

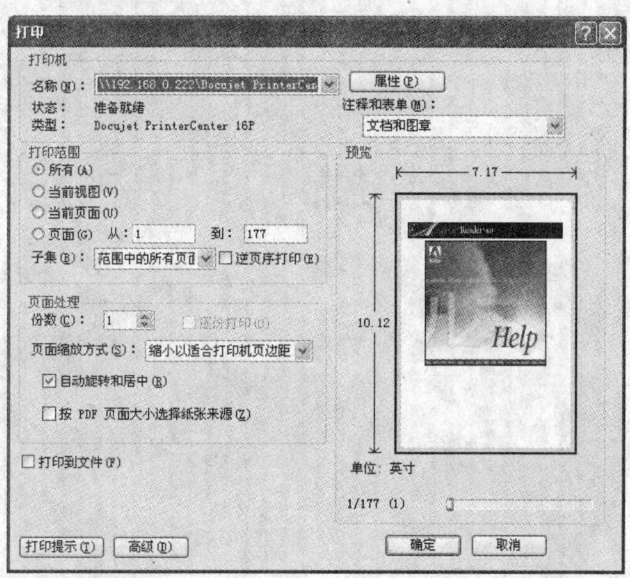

图 4-42　“打印”对话框

【习　题】

1. 填空题

（1）超星图书阅览器（SSReader）是专门针对数字图书的_____、_____、_____、版权保护和下载计费而研究开发的，可阅读其他多种格式的数字图书。

（2）在超星图书阅览器中，如果要调整滚屏的速度，可执行“设置 / 选项”菜单命令，在弹出的“选项”对话框中单击________选项卡，然后进行相应的设置即可。

（3）在超星图书阅览器中，在打开的“标注”工具箱中，有 6 种工具：即____、_____、_____、______、____、_______。

（4）Adobe Reader 是一款可以用来________和________Adobe 便携文档格式（PDF）文件，像 Word 一样，PDF 也可以用来保存文本格式、图形的信息。

（5）在 Adobe Reader 中，若要打印指定的页面，首先单击左侧的“页面”标签，使其以缩略图方式显示页面，然后按住_______键并单击缩略图以选择非连续的页面，或按住________键并单击以选择连续的页面，或框选连续的页面。

2．简答题

（1）在超星图书阅览器中，怎样将其内容转换为文本内容？

（2）在超星图书阅览器中，怎样打印和保存图书中的内容？

（3）在 Adobe Reader 电子阅读工具中，怎样对其文本进行导航操作？

（4）在 Adobe Reader 电子阅读工具中，怎样调整文档的视图？

（5）在 Adobe Reader 电子阅读工具中，怎样打印指定的页面或指定的区域？

第 5 章　杀毒防毒工具软件

5.1　金山毒霸杀毒软件 2006

5.1.1　金山毒霸 2006 简介

金山毒霸是金山公司推出的新一代反病毒产品，秉持了金山毒霸“以客户为中心，全面面向互联网”的一贯风格，在软件的易用性方面进行了精心的改进，采用独创的流行病毒查杀模式，4 分钟查杀 40GB 硬盘。把查毒目标设成快捷方式，随时应用，效率更高。随时利用电脑空闲时间，毒霸屏保启动后自动查杀病毒。

目前最新版的金山毒霸是《金山毒霸 2006 杀毒套装》，它含防杀病毒、防杀间谍软件、隐私保护、防黑客和木马入侵、防网络钓鱼、文件粉碎器、抢先加载、垃圾邮件过滤、主动漏洞修复、安全助手等功能，配合主动实时升级技术、按月更新功能以及每周至少 17 次升级病毒库（包括非工作日），全面防护电脑安全。

可以在 Http://db.kingsoft.com 下载金山毒霸最新版本《金山毒霸 2006 杀毒套装》，在进行安装时，只需作出简单的回答即可安装成功。当安装成功后，在系统的“程序”菜单中将自动添加程序组，如图 5-1 所示，并且在系统的桌面上显示各个相应的组件，如图 5-2 所示。

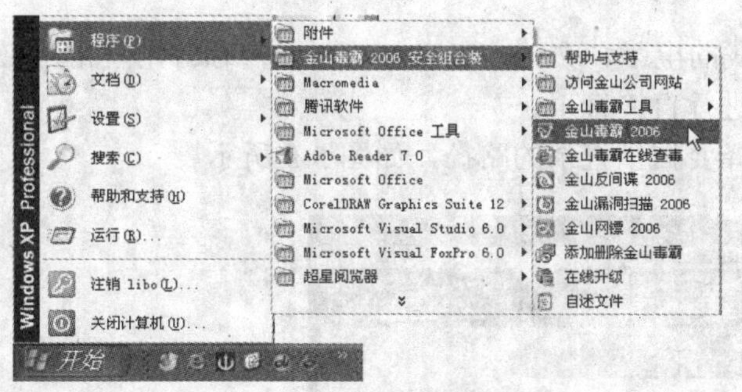

图 5-1　添加的程序组

图 5-2　添加的快捷图标

5.1.2　启动方法与界面

若要启动金山毒霸 2006，执行以下任一项操作：

（1）在桌面双击金山毒霸 2006 的图标。

（2）在系统任务栏的状态区双击金山毒霸的小图标，或用鼠标右键单击该图标，在弹出的菜单中选择“打开金山毒霸主程序”，如图 5-3 所示。

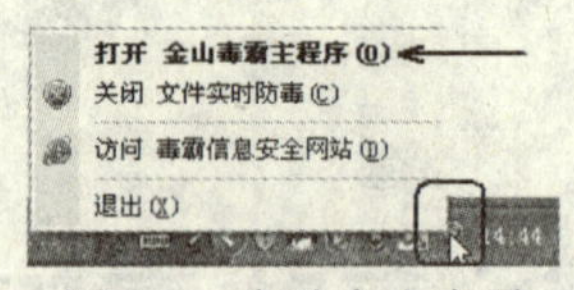

图 5-3 启动金山毒霸

（3）在系统中，执行“开始\程序\金山毒霸 2006 安全组合装\金山毒霸 2006”菜单命令，如图 5-1 所示。

当启动好金山毒霸 2006 后，其界面窗口如图 5-4 所示。它由菜单栏、标签栏、活动页面和任务栏 4 个部分组成。

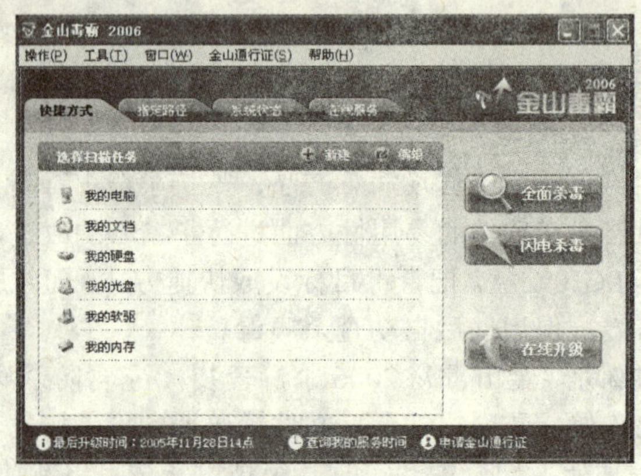

图 5-4 金山毒霸 2006 主界面

（1）菜单栏：采用 Windows 标准风格，单击其中任何一项菜单，即可弹出详细的下拉菜单，可以方便、快捷地选定所需的功能菜单。

（2）标签栏：包括 4 个活动标签“快捷方式”、“指定路径”、“系统状态”和“在线服务”。默认激活“快捷方式”，可以根据自身需要切换活动标签，同一时间只有一个活动标签。

◆快捷方式。金山毒霸 2006 将我的电脑、文档、光盘、软驱及内存等用户常用操作设为快捷方式，方便用户对这些项目进行直接查杀。

◆指定路径。用户可在此页面选择要扫描查杀的路径，如图 5-5 所示。

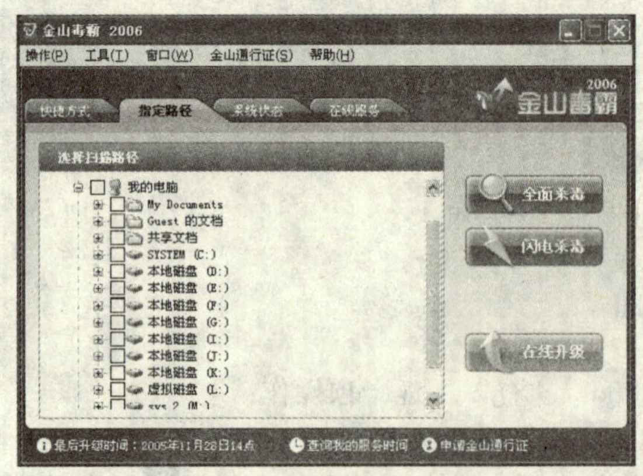

图 5-5 “指定路径”标签

◆系统状态。该页面包括安全状态和升级信息，用户可以查阅文件实时防毒、邮件监控和网页安全扫描的状态以及升级状态和服务时间信息，如图 5-6 所示。

图 5-6　“系统状态”标签

◆在线服务。此页面可以帮助用户了解毒霸的服务和怎样参与毒霸的活动，可在此参加服务、联系客户、访问毒霸首页及对金山通行证进行充值，如图 5-7 所示。

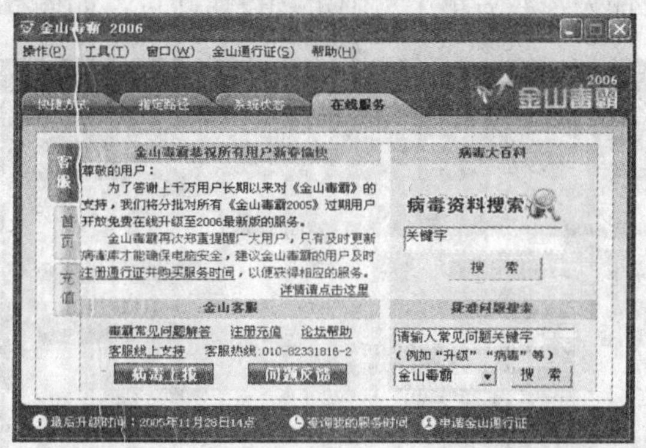

图 5-7　“在线服务”标签

（3）活动页面：随标签的变化而不时更换的模块则为活动页面，它是金山毒霸最常用功能的操作平台，在页面中可以进行各项功能的细则操作和设置。

（4）任务栏：显示最后升级时间（单击还可弹出组件信息），查阅用户的服务时间以及当前使用的通行证用户名，如图 5-8 所示。

图 5-8　“在线服务”标签

若开机自动加载金山毒霸 2006 安装后，系统启动时自动加载文件实时防毒和邮件监控两项功能，从而对计算机进行全方位的整体监控，实现对用户从头开始的全程防护。

5.1.3 扫描病毒

1. 扫描范围

可根据需要，选择不同的扫描范围进行扫描，包括扫描整个计算机，或者特定的文件夹或文件，或者用户自定的扫描范围。

（1）扫描整个计算机。在金山毒霸 2006 主界面的“快捷方式”页面下，默认扫描范围为“我的电脑”，只需要单击或按钮即可。

（2）扫描文件夹。金山毒霸 2006 提供 3 种选择扫描文件夹的方式：

◆在金山毒霸 2006 主界面的“指定路径”页面下，选择要扫描的文件夹，在选中的文件夹前打钩，如图 5-9 所示。

◆在金山毒霸 2006 主界面中，执行“操作 / 扫描文件夹”菜单命令，在弹出的对话框中，选择需要扫描的文件夹，然后单击“确定”按钮即可，如图 5-10 所示。

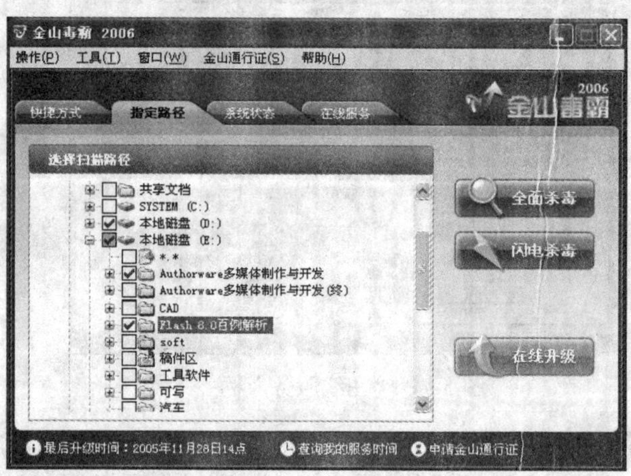

图 5-9 勾选扫描的文件夹

◆直接将要扫描的文件夹拖放到金山毒霸 2006 的主界面，在弹出的询问操作对话框里选择“对拖放的文件夹进行查杀病毒”单选按钮，然后单击“确定”按钮，如图 5-11 所示。

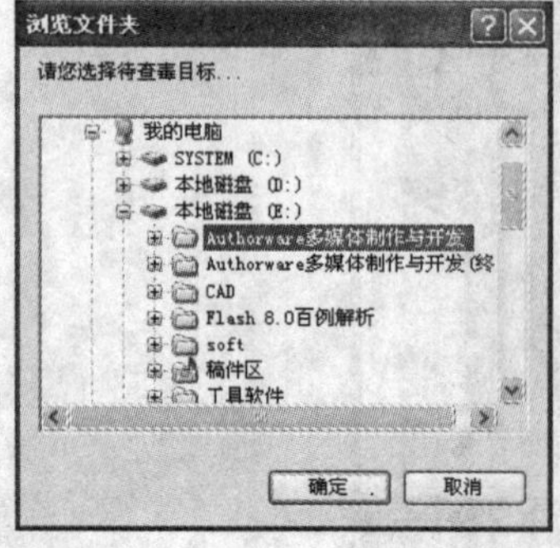

图 5-10 选择扫描的文件夹

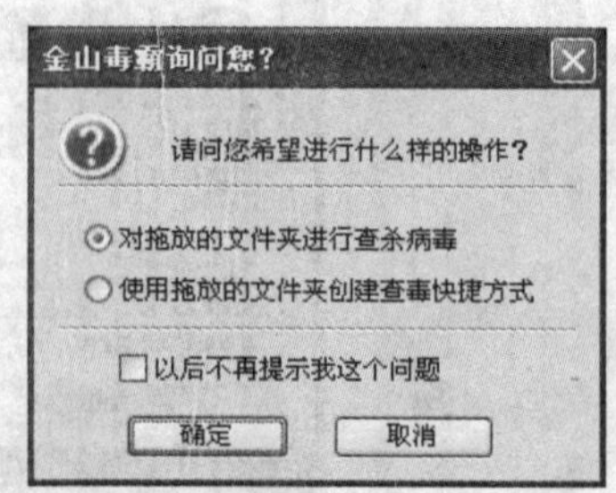

图 5-11 拖放扫描的文件夹

（3）扫描单个文件。与扫描文件夹类似，金山毒霸 2006 提供了三种扫描文件的方式：

◆在金山毒霸 2006 主界面的“指定路径”页面下，选择要扫描的文件，在选中的文件前打钩。

◆在金山毒霸 2006 主界面中，执行“操作 / 扫描文件”菜单命令，在弹出的对话框中，选择需要扫描的文件。

◆直接将扫描的文件拖放到金山毒霸 2006 的主界面。

（4）预定制扫描范围。金山毒霸 2006 帮助用户定制了几种扫描的快捷方式，可以在主界面的快捷方式页面中进行选择。还可以自己定制扫描范围。

若要新建扫描范围，其操作步骤如下：

① 单击主界面快捷方式页面的 新建 按钮，然后在弹出的页面中选择查杀目标，如图 5-12 所示。

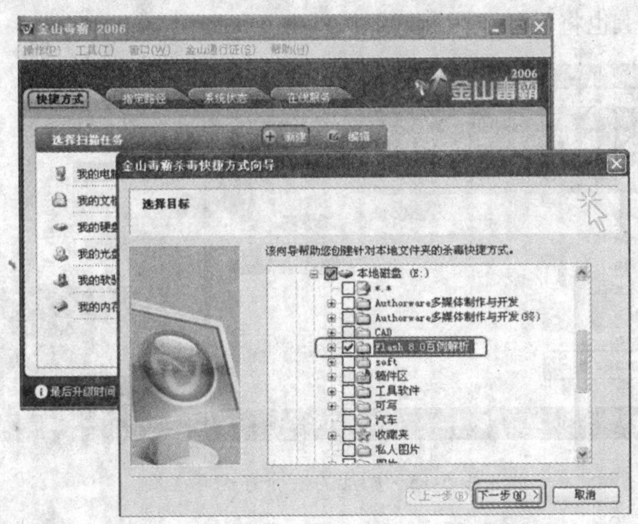

图 5-12　选择扫描的文件夹

② 单击“下一步”按钮，在弹出的对话框中，输入该杀毒快捷方式的名称并为其选择图标，如图 5-13 所示。

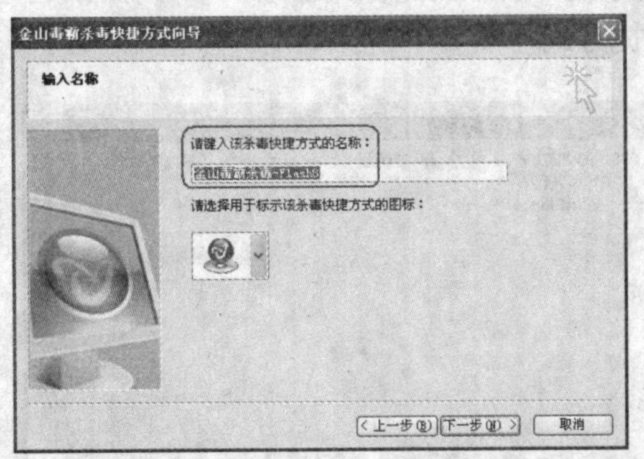

图 5-13　输入杀毒快捷方式的名称

③ 单击“下一步”按钮后，可以选择将此快捷方式放入主界面、桌面以及开始菜单中，如图 5-14 所示。

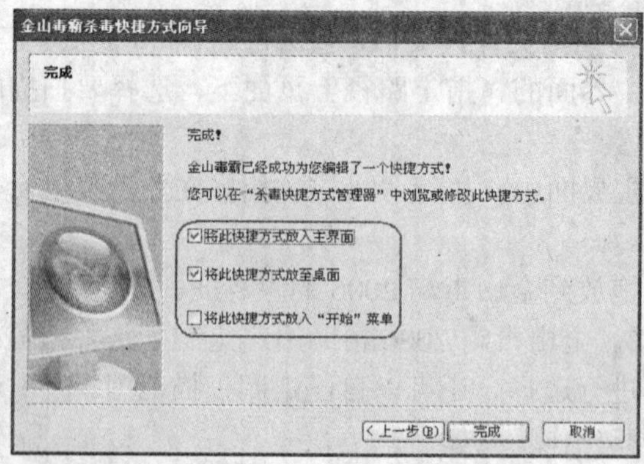

图 5-14 设置快捷方式的位置

④ 最后单击“完成”按钮即可。此时在“快捷方式”页面下将显示新建的扫描快捷方式，在系统的桌面上也将显示该图标，如图 5-15 所示。

图 5-15 添加的快捷方式

注意 将文件夹拖放到金山毒霸 2006 的主界面中，在弹出的对话框中选择“使用拖放的文件夹创建查毒快捷方式”单选按钮，也可创建杀毒快捷方式。

同样，若要编辑该快捷方式，则在主界面的“快捷方式”页面下，单击编辑按钮，此时将会弹出如图 5-16 所示的“杀毒快捷方式管理器”对话框，可以修改已建立的杀毒快捷方式，也可以删除此快捷方式，然后单击“确定”按钮即可。

图 5-16 “杀毒快捷方式管理器”对话框

2．常见扫描方式及其设置

常见的扫描方式及其设置，包括全面查杀、闪电查杀、右键查杀和屏保查杀。

（1）全面查杀。在金山毒霸 2006 的主界面右面板中单击“全面杀毒”按钮，此时将显示查杀信息，如图 5-17 所示。当扫描完成或单击“停止扫描”按钮，将会弹出查毒报告，如图 5-18 所示。

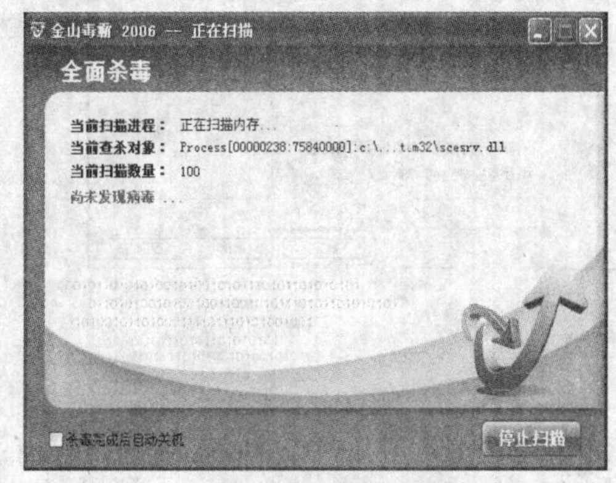

图 5-17　正在杀毒

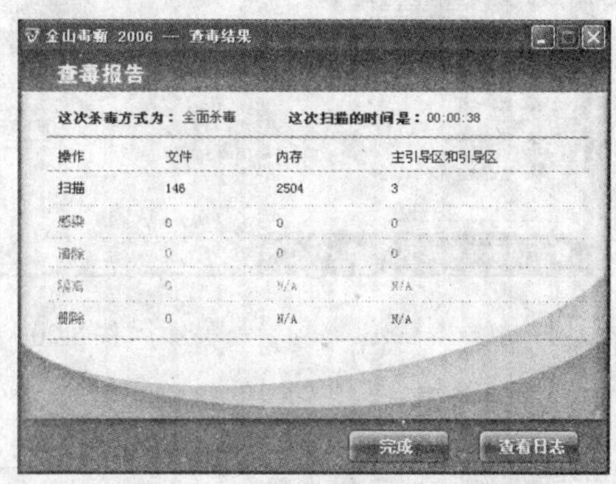

图 5-18　查毒报告

（2）闪电查杀。在金山毒霸 2006 的主界面右面板中单击“闪电杀毒”按钮，同样将显示查杀信息。当扫描完成或单击“停止扫描”按钮，将会弹出查毒报告。

（3）右键查杀。“右键方式杀毒”是金山毒霸一直使用的传统杀毒功能，首先选中一个文件或文件夹并用鼠标右键单击它，然后从弹出的菜单中选择“使用金山毒霸进行扫描”命令，如图 5-19 所示。

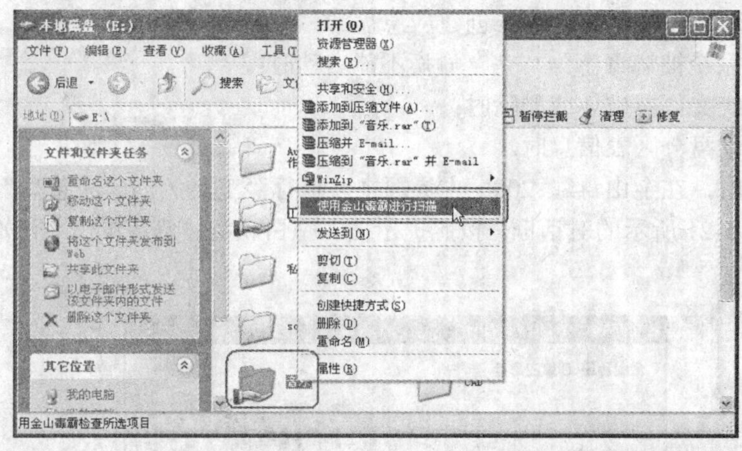

图 5-19　右键查杀

（4）屏保查杀。屏保杀毒充分利用电脑空闲时间，在不影响用户工作的情况下，确保用户电脑免受病毒之害。程序一直运行在后台，一旦金山毒霸屏保被激活，便自动启动病毒扫描程序对当前硬盘所有分区进行随机病毒扫描。屏保结束时中止查毒，并弹出杀毒结果的对话框。

在金山毒霸 2006 主界面中，执行“工具\综合设置\杀毒设置\用户自定义\屏保杀毒”菜单命令，勾选“将毒霸专用屏保作为系统当前屏保”复选框，如图 5-20 所示。

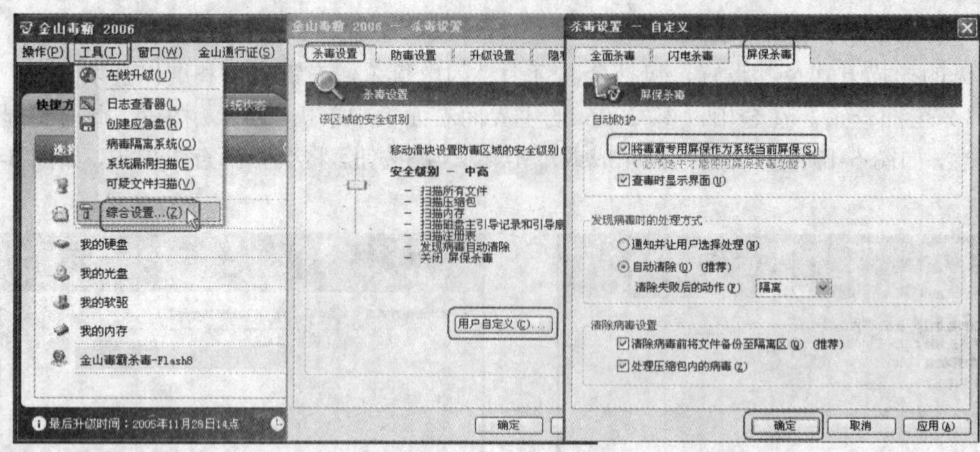

图 5-20 屏保查杀

3．在线杀毒

金山毒霸还提供了在线查毒的功能。在金山毒霸 2006 主界面中，执行“操作\金山毒霸在线查毒”菜单命令，此时将会链接到金山检疫站，并弹出控件安装框，单击“是”按钮，将安装控件并下载升级服务器。当安装完成后，单击“开始扫描”即可进行在线杀毒。

5.1.4 应急处理

1．创建应急盘

当计算机出现以下情况时，需要创建应急盘：

◆Windows 系统被病毒感染，完全瘫痪不能启动时；

◆计算机系统文件被破坏或删除时；

◆需要修复硬盘分区表信息时。

创建应急盘时，在金山毒霸 2006 主界面中，执行“工具 / 创建应急盘”菜单命令，此时将弹出如图 5-21 所示的对话框。按照提示插入空白软盘，然后单击“开始”按钮即可开始创建应急盘。

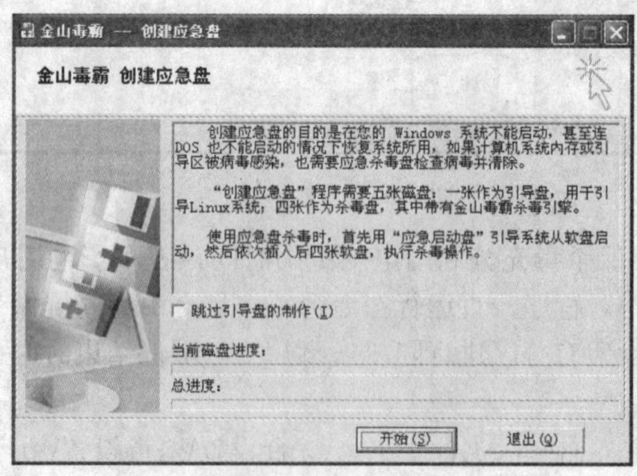

图 5-21 创建应急盘

注意　在创建应急盘之前，要准备好5张空白干净的软盘。如果软盘不为空，则原有内容将被清除。在创作第一步时，若已经备有一张Windows启动盘，可以选择“跳过引导盘的制作”复选框，但此时不支持NTFS格式的查杀。

2. 使用应急杀毒盘

当创建好应急盘后，可以按照以下步骤使用应急杀毒盘：

（1）插入第一张应急启动盘，重新启动计算机（从软盘启动），当屏幕提示“Insert Kingsoft Antivirus Rescue floppy disk-2,then press ENTER”时，取出第一张盘。

（2）按照屏幕提示，插入第二张杀毒程序盘。

（3）依次插入第三、四、五张病毒库盘后，系统将文件从软盘拷入内存中，屏幕会出现要求输入命令的提示：

◆输入S并按回车键，将进行全盘查杀（建议普通用户执行此操作）。

◆输入X并按回车键，进入命令行界面。在命令行界面，高级用户可以进行Linux命令操作，并使用KAVScan程序进行杀毒。

◆输入R并按回车键，将重新启动计算机。

注意　在杀毒过程中，随时可以按下“Ctrl+C”组合键停止杀毒。当出现Please press Enter to activate this console提示后，按“Enter”(回车)键进入命令行界面，从而执行其他功能或取出软盘，若输入reboot命令，将重新启动计算机。强烈建议不要使用reset重启计算机。

5.1.5　病毒及预防

1. 病毒特征

（1）可执行性。与其他合法程序一样，病毒是一段可执行程序，但不是一个完整的程序，而是寄生在其他可执行程序上。当病毒运行时，便与合法程序争夺系统的控制权，这往往会造成系统崩溃，导致计算机瘫痪。

（2）传染性。通过各种渠道（磁盘、共享目录、邮件等）从已被感染的计算机扩散到其他计算机上。

（3）潜伏性。一些编制精巧的病毒程序，进入系统之后不立即发作，而是隐藏在合法文件中，对其他系统进行秘密感染。一旦时机成熟，就四处繁殖、扩散。有的则会进行格式化磁盘、删除磁盘文件、对数据文件进行加密等使系统锁死的操作。

（4）可触发性。病毒具有预定的触发条件，可能是时间、日期、文件类型或某些特定数据等。一旦满足触发条件，便自我启动进而感染或破坏；如不满足预定的触发条件，将继续潜伏。

（5）针对性。有些病毒只针对特定的操作系统或特定的计算机。

（6）隐蔽性。大部分病毒代码非常短小，都是为了隐蔽。而且它们一般都隐藏于正常程序之中，难以发现，一旦发作，则已经给计算机带来了不同程度的破坏。

2. 病毒的分类

根据不同的规则，对病毒有不同的分类。这里根据病毒存在的媒介、破坏性及特有算法的不同分为：

（1）根据存在的媒介分类

◆网络病毒：通过计算机网络传播。

◆文件病毒：感染计算机中的文件（如：COM、EXE、DOC 等）。

◆引导型病毒：感染启动扇区（Boot）和硬盘的系统引导扇区（MBR）。

◆这 3 种情况的混合型。

（2）根据破坏性分类

◆无害型：除了传染时减少磁盘的可用空间外，对系统没有其他影响。

◆无危险型：这类病毒仅仅是减少内存、显示图像、发出声音及同类影响。

◆危险型：这类病毒会在计算机系统操作中造成严重的影响。

◆非常危险型：这类病毒会删除程序、破坏数据、清除系统内存区和操作系统中重要的信息，造成灾难性后果。

（3）根据特有算法分类

◆伴随型病毒：此类病毒不改变文件本身，它们根据算法产生 EXE 文件的伴随体，具有同样的名字和不同的扩展名。

◆“蠕虫”型病毒：通过计算机网络传播，不改变文件和资料信息，利用网络从一台计算机的内存传播到其他计算机的内存，通过计算机网络地址，将自身的病毒通过网络发送。有时它们在系统是存在，一般除了内存不占用其他资源。

◆寄生型病毒：除了伴随型和“蠕虫”型，其他病毒均可称为寄生型病毒，它们依附在系统的引导扇区或文件中，通过系统的功能进行传播。

◆练习型病毒：病毒自身包含错误，不能进行很好的传播，例如一些病毒在调试阶段。

◆诡秘型病毒：它们一般不直接修改 DOS 中断和扇区数据，而是通过设备技术和文件缓冲区等对 DOS 内部修改，不易看到资源，利用了比较高级的技术。

◆变型病毒（又称幽灵病毒）：这一类病毒使用一个复杂的算法，使自己每传播一份都具有不同的内容和长度。它们是由一段混有无关指令的解码算法和被变化过的病毒体组成。

3. 防范病毒的措施

（1）预防第一。利用 Windows Update 确保操作系统的及时更新，防止利用系统漏洞传播的病毒有机可乘；确定系统登录密码已设定为强密码；关闭不必要的共享或将共享资源设为“只读”状态。留意病毒和安全警告信息，做好相应的预防措施。

（2）选择优秀的反病毒软件。建议安装优秀的反病毒软件，推荐选择金山毒霸系列杀毒软件产品。

（3）定期扫描系统。如果是第一次启动反病毒软件，最好让它扫描整个系统。通常，反病毒程序都能够设置成在计算机每次启动时扫描系统或者在定期计划的基础上运行。

（4）定期更新反病毒软件。既然安装了病毒防护软件，就应该确保它是最新的。优秀的反病毒程序带有自动连接到互联网上，并且只要软件厂商发现了一种新的威胁就会添加新的病毒探测代码的功能，而目前金山毒霸的主动实时升级正是这种技术的代表。

（5）不轻易执行附件中的 EXE 和 COM 等可执行程序。这些附件极有可能带有计算机病毒或是黑客程序，轻易运行，很可能带来不可预测的结果。对于认识的朋友和陌生人发过来的电子邮件中的可执行程序附件都必须检查，确定无异后才可使用。

（6）不轻易打开附件中的文档文件。对方发送过来的电子邮件及相关附件的文档，首先要用“另存为…”命令（“Save As…”）保存到本地硬盘，待查杀计算机病毒软件检查无毒后才可以打开使用。如果用鼠标直接单击两次 DOC、XLS 等附件文档，会自动启用

Word 或 Excel，如附件中有计算机病毒则会立刻传染；如有“是否启用宏”的提示，不要轻易打开，否则极有可能传染上宏病毒。

（7）不直接运行附件。对于文件扩展名比较特殊的附件，或者是带有脚本文件如*.VBS、*.SHS 等的附件，不要直接打开，一般可以删除包含这些附件的电子邮件，以保证计算机系统不受计算机病毒的侵害。

（8）慎用预览功能。如果使用 Outlook Express 作为收发电子邮件软件，也要进行设置。选择“工具”菜单中的“选项”命令，在“阅读”中不选中“在预览窗格中自动显示新闻邮件”和“自动显示新闻邮件中的图片附件”。这样可以防止有些电子邮件计算机病毒利用 Outlook Express 的默认设置自动运行，破坏系统。

（9）卸载 Scripting Host。对于使用 Windows 98 操作系统的计算机，在“控制面板”中的“添加/删除程序”中选择检查一下是否安装了 Windows Scripting Host。如果已经安装，则卸载，并且检查 Windows 的安装目录下是否存在 Wscript.exe 文件，如果存在也要删除。因为有些电子邮件计算机病毒就是利用 Windows Scripting Host 来进行破坏。

（10）警惕发送出去的邮件。对于本机往外传送的邮件，也一定要仔细检查，确定无毒后才可发送，否则将给接受邮件的计算机用户带来病毒危害。

5.1.6 金山网镖 2006 介绍

1．主要功能

金山网镖 2006 是一款功能强大、方便易用的个人及家庭首选防毒产品。它能保护计算机免受病毒、黑客、垃圾邮件、木马和间谍软件等等网络危害。

（1）主动漏洞修复。可扫描操作系统及各种应用软件的漏洞，当新的安全漏洞出现时，金山网镖会下载漏洞信息和补丁，经扫描程序检查后自动帮助用户修补。此功能可确保用户的操作系统随时保持最安全状态，避免利用该漏洞的病毒侵入系统。另外还会扫描系统中存在的诸如简单密码、完全共享文件夹等安全隐患。

（2）全面安全防护。专业的个人网络防火墙，提供对黑客程序、木马和间谍软件以及其他恶意程序的拦截查杀，对网络进行全方位攻击防护。并且还提供了网络访问监控、共享目录管理、不良网站过滤等多种网络安全实用功能。

（3）木马防火墙。通过多种技术，实现对木马进程的查杀。系统中一旦有木马、黑客或间谍程序访问网络，会及时拦截该程序对外的通信访问，然后对内存中的进程进行自动查杀，保护用户网络通信的安全。这对防御盗取用户信息的木马、黑客程序特别有效。

2．启动方法与界面

执行以下任一项操作，都可以启动金山网镖 2006：

◆在系统桌面上双击金山网镖 2006 的图标。

◆在 Windows 任务栏的状态区（任务栏右边的区域）双击金山网镖的小图标“”，或用鼠标右键单击该图标，在弹出的菜单中选择“打开金山网镖”命令。

◆在系统中，执行“开始\程序\金山毒霸 2006 安全组合装\金山网镖 2006”菜单命令，如图 5-1 所示。

当启动好金山网镖 2006 后，其主界面如图 5-22 所示，它是由菜单栏、标签栏、活动页面和任务栏 4 个部分组成。其操作方法与金山毒霸大致相同，这里就不再介绍。

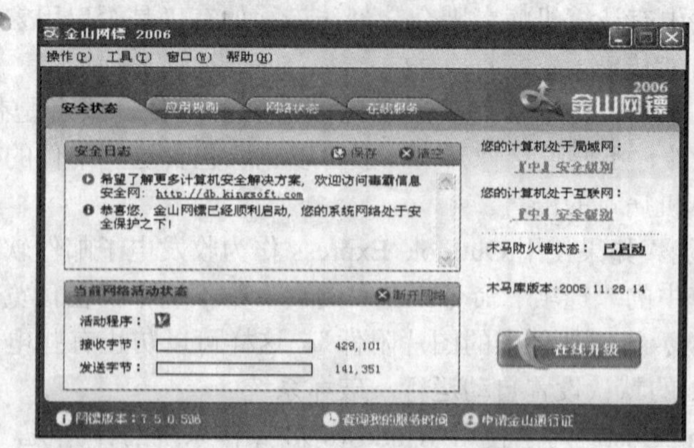

图 5-22 金山网镖 2006 主界面

5.1.7 金山反间谍 2006 介绍

1．主要功能

（1）全方位扫描。提供快捷、全面和自定 3 种扫描形式进行漏洞修复、间谍软件扫描及对系统目录进行的木马扫描，扫描结果分为自动和高级处理两种方式。

（2）IE 修复功能。不仅帮助用户解决 IE 相关问题，还能及时帮助用户检查并修复系统设置方面的问题。

（3）历史痕迹清理。帮助用户预览并清理软件使用的痕迹。

（4）文件粉碎器。彻底删除用户不想被任何软件恢复的文件。

（5）启动项清理。可以查看并删除当前已登记的随机启动项目。

2．启动方法与界面

执行以下任一项操作，都可以启动金山反间谍 2006：

◆在系统桌面上双击金山反间谍 2006 的图标。

◆在系统中，执行“开始\程序\金山毒霸 2006 安全组合装\金山反间谍 2006”菜单命令，如图 5-1 所示。

当启动好金山反间谍 2006 后，其主界面如图 5-23 所示，它是由菜单栏、标签栏和活动页面 3 个部分组成。其操作方法与金山毒霸大致相同，这里就不再介绍。

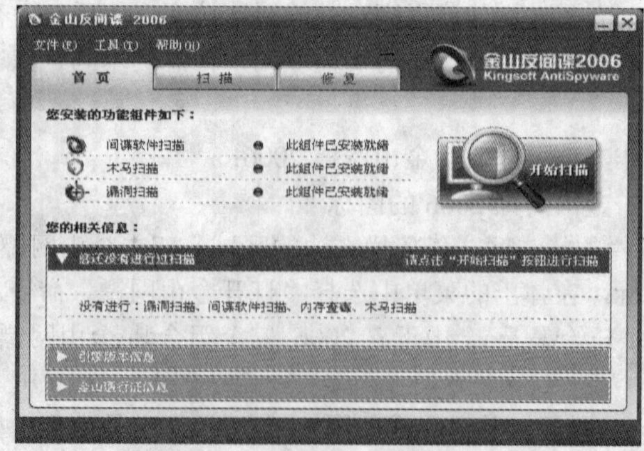

图 5-23 金山反间谍 2006 主界面

5.1.8　金山漏洞修复 2006 介绍

1．主要功能

系统漏洞修复是针对用户系统进行常规漏洞修复和检查，为用户提出修正建议和办法的安全工具。作为金山毒霸提供的全面安全解决方案的一部分，系统漏洞修复将详细解释每个被扫描出的漏洞，并提供完整的修补解决方案，帮助用户防止由于未修补或防范系统漏洞造成的各种损失。

2．启动方法与界面

在启动金山毒霸 2006 主界面后，执行“工具\系统漏洞修复”菜单命令，将启动金山漏洞修复 2006 的界面，如图 5-24 所示。其主界面由菜单栏、标签栏、活动页面和任务栏 4 个部分组成。其操作方法与金山毒霸大致相同，这里就不再介绍。

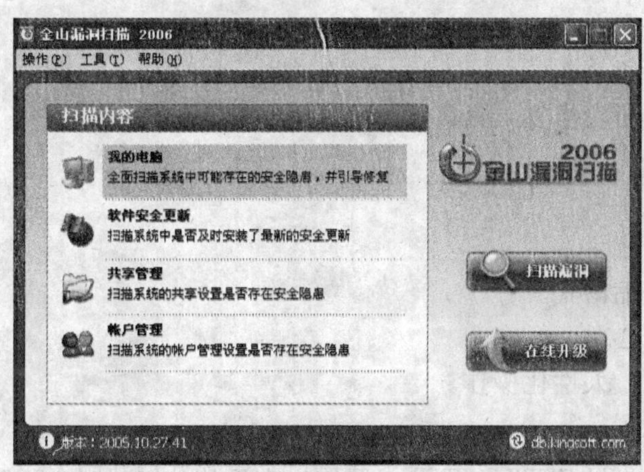

图 5-24　金山漏洞修复 2006 主界面

5.2　瑞星杀毒软件 2006

5.2.1　瑞星杀毒 2006 简介

瑞星杀毒软件 2006 是瑞星公司最新研制的 OOT 引擎，其占用资源更少，查杀速度更快。瑞星通过独有的行为模式分析（BMAT）和脚本判定（SVM）两项查杀病毒技术实现对未知病毒进行检测，该技术已经获得国家专利。OOT 引擎，采用面向对象的高稳定性设计，构成了性能优异的真模块结构，是达到了国际领先水平的高应变型智能引擎。瑞星杀毒软件 2006 的主要功能与特色如下：

（1）第七代极速引擎，查杀病毒速度提升 30%。

（2）内嵌“木马墙”技术，彻底解决账号、密码丢失问题。

（3）未知病毒查杀（已获国家专利，专利号：ZL 01 1 17726.8）。

（4）在线专家门诊。

（5）卡卡上网安全助手。

（6）八大监控系统。
（7）可疑文件定位。
（8）主动漏洞扫描、修补。
（9）IP 攻击追踪。
（10）网络游戏账号保护功能。
（11）网络可信区域设置。
（12）全自动无缝升级。
（13）家长保护。
（14）迷你杀毒。
（15）数据修复（已获国家专利，专利号：ZL 01 1 17730.6）。
（16）抢先启动杀毒。
（17）垃圾邮件双重过滤引擎。
（18）快捷方式杀毒。
（19）光盘启动应急杀毒。
（20）全新瑞星注册表修复工具。
（21）嵌入式杀毒。
（22）屏保杀毒。
（23）日志管理系统。
（24）支持多种压缩格式。
（25）内嵌信息中心。
（26）个性化界面，人性化操作。
（27）自动语言配置。

用户可以在 Http://www.rising.com.cn 下载瑞星杀毒软件最新版本——瑞星杀毒 2006，在进行安装时，只需作出简单的回答即可安装成功。当安装成功后，在系统的“程序”菜单中将自动添加程序组，如图 5-25 所示，并且在系统的桌面上显示其快捷图标，如图 5-26 所示。

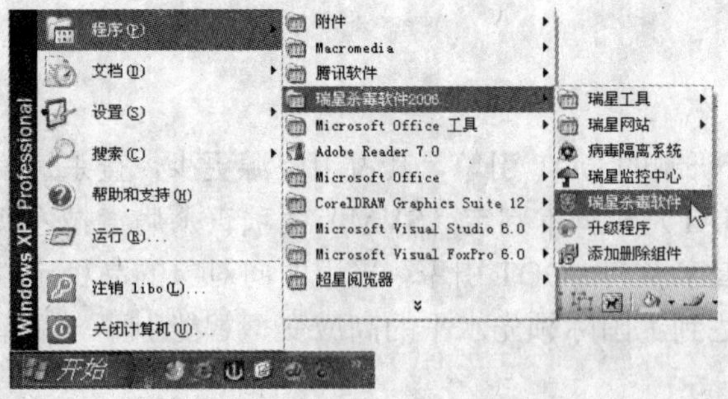

图 5-25 添加的程序组

图 5-26 添加的快捷图标

5.2.2 启动方法与界面

若要启动瑞星杀毒软件 2006，执行以下任一项操作，都可以快速启动瑞星杀毒软件主程序：

◆双击系统桌面上的瑞星杀毒软件快捷方式图标。

◆双击系统任务栏中瑞星杀毒软件的图标。

◆单击系统快速启动栏中的瑞星杀毒软件图标。

◆在系统中，执行“开始 / 程序 / 瑞星杀毒软件 2006 / 瑞星杀毒软件”菜单命令，如图 5-25 所示。

当启动好瑞星杀毒软件 2006 后，其主界面窗口如图 5-27 所示。

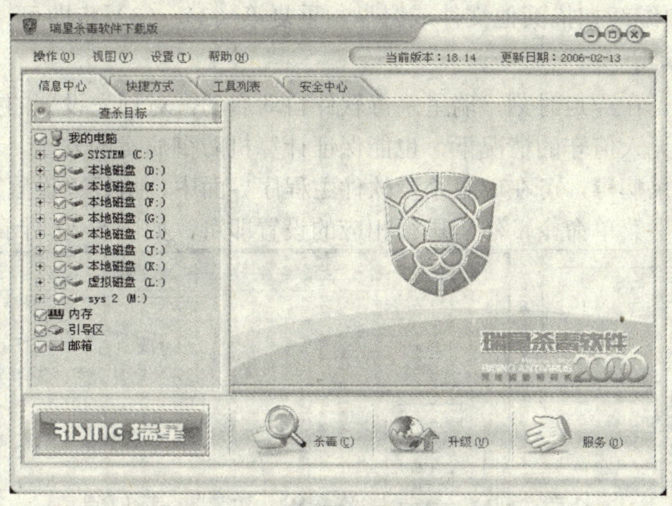

图 5-27　瑞星杀毒软件 2006 主界面

5.2.3　瑞星杀毒软件的使用

1．手动查杀病毒

若要使用手动查杀病毒，其操作步骤如下：

（1）启动瑞星杀毒软件，进入主界面窗口。

（2）确定要扫描的文件夹或者其他目标，在“查杀目标”中被勾选的目录即是当前选定的查杀目标。如图 5-28 所示。

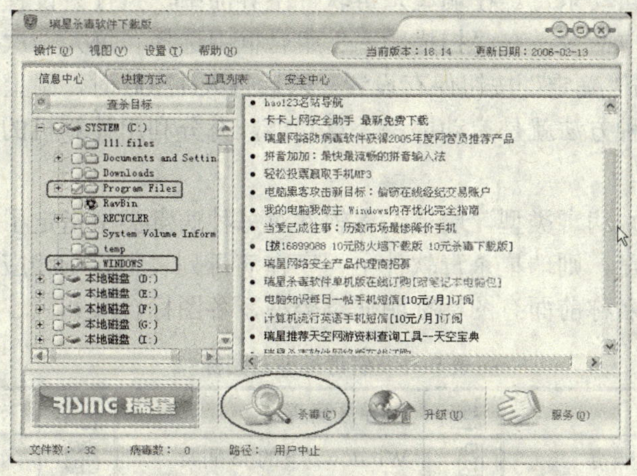

图 5-28　选择需要查杀病毒的目标位置

（3）单击按钮，则开始扫描相应目标，发现病毒立即清除；扫描过程中可随时单击按钮来暂时停止扫描，单击按钮则继续扫描，或单击按钮停止扫描。扫描中，带毒文件或系统的名称、所在文件夹、病毒名称将显示在查毒结果栏内，可以使用右键菜单对染毒文件进行处理。

（4）扫描结束后，扫描结果将自动保存到杀毒软件工作目录的指定文件中，可以通过历史记录来查看以前的扫描结果。

（5）如果需要继续扫描其他文件或磁盘，重复第（2）、（3）步即可。

2．定时查杀病毒

定时扫描功能是在一定时刻，瑞星杀毒软件自动启动，对预先设置的扫描目标进行扫描。该功能即使在无人值守的情况下，也能保证计算机防御病毒的安全。

要使用定时查杀病毒，可在瑞星杀毒软件主程序界面中，执行“设置 / 详细设置 / 定制任务 / 定时扫描”菜单命令，然后进行相应的设置即可，如图 5-29 所示。

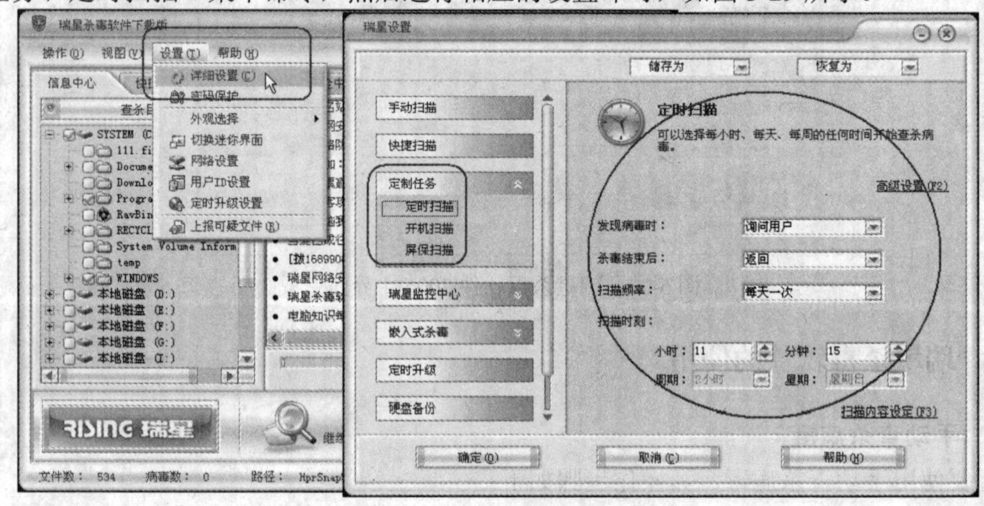

图 5-29　设置定时查杀病毒

定时杀毒为用户提供了自动化的、个性化的杀毒方式。例如，对上班族而言，可利用午餐时间对系统进行自动杀毒。在瑞星杀毒软件主界面中，执行“设置 / 详细设置 / 定制任务 / 定时扫描”菜单命令，在“扫描频率”组合框中选择“每天一次”，将“扫描时间”设为 12:00，然后单击“确定”按钮保存设置。以后每天 12:00 时，瑞星杀毒软件即可自动查杀病毒了。另外一种方法就是启动屏保杀毒功能，充分利用计算机的空闲时间。

3．识别病毒类型

为了便于用户识别病毒类型，瑞星杀毒软件对每种病毒类型指定了不同的图标，在查杀病毒时若发现了病毒，则瑞星杀毒软件主程序在病毒列表中显示相应病毒类型的图标。

在每个染毒文件名称前面有图标标明病毒类型，各图标含义如表 5-1 所示。

表 5-1　病毒类型及图标

图标	病毒类型	图标	病毒类型	图标	病毒类型
	未知病毒		引导区病毒		未知宏病毒
	Dos 下的 com 病毒		Windows 下的 le 病毒		未知脚本病毒
	Dos 下的 exe 病毒		普通型病毒		未知邮件病毒

[续]

	Windows 下的 pe 病毒		Unix 下的 elf 文件病毒		未知 Windows 病毒
	Windows 下的 ne 病毒		邮件病毒		未知 Dos 病毒
	内存病毒		软盘引导区病毒		未知引导区病毒
	宏病毒		硬盘主引导记录病毒		
	脚本病毒		硬盘系统引导区病毒		

5.2.4　瑞星监控中心

瑞星监控中心包括文件监控、内存监控、邮件监控、网页监控、引导区监控、注册表监控和漏洞攻击监控，拥有这些功能，瑞星杀毒软件能在用户打开陌生文件、收发电子邮件和浏览网页时，查杀和截获病毒，全面保护计算机不受病毒侵害。

1．启动和后台处理

若要启动瑞星监控中心，可以通过以下两种方法：

（1）在系统中，执行“开始 / 程序 / 瑞星杀毒软件 2006 / 瑞星监控中心”菜单命令，即可启动瑞星监控中心。

提示　启动瑞星监控中心后，立即在系统托盘区（位于桌面任务栏右侧显示时钟的区域）出现小雨伞图标。呈“绿色”状态时，代表所有监控均处于有效状态；呈“黄色”状态时，代表部分监控处于有效状态；呈“红色收起”状态时，代表所有监控均处于关闭状态，如图 5-30 所示。

图 5-30　瑞星监控中心的不同状态

（2）在瑞星杀毒软件主界面中，执行“设置 / 详细设置 / 瑞星监控中心”菜单命令，勾选“启动计算机时，启动瑞星监控中心”复选框，然后单击“确定”按钮保存设置，即可在以后开机时同时启动瑞星监控中心了，如图 5-31 所示。

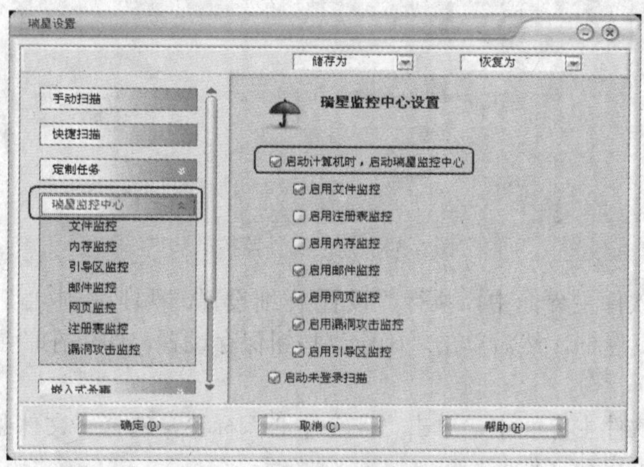

图 5-31　自动启动瑞星监控中心

提示　若勾选“启动未登录扫描”复选框，则可以在未登录系统时开启所选择的监控。

杀毒软件将在计算机开启但未登录的状态下，其屏幕左上角会显示瑞星杀毒软件的图标（表明瑞星杀毒软件正在保护该计算机）。当鼠标移到图片上面时会显示提示信息，说明当前计算机中各个监控的运行状态，如图 5-32 所示。

若要转入后台自动处理，应在系统托盘区中右击瑞星杀毒软件图标，在弹出的右键菜单中选择“转入后台自动处理”命令，如图 5-33 所示。此时即可进入监控自动处理模式，不再弹出对话框提示用户，监控按照默认的处理方式执行操作。

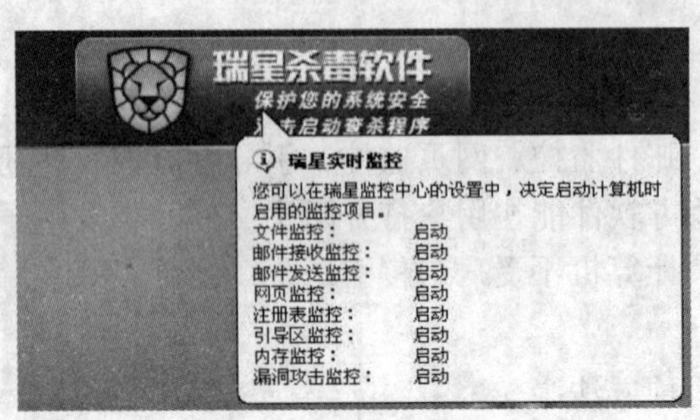

图 5-32 瑞星杀毒软件监控的运行状态

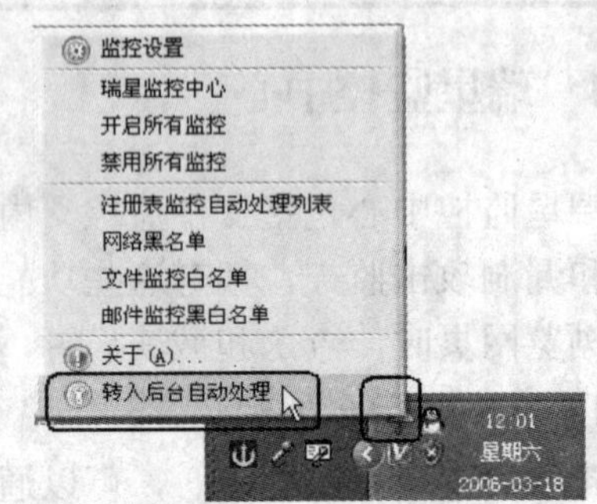

图 5-33 转入后台自动处理

2. 文件监控

文件监控用于实时地监控系统文件操作，在操作系统对文件操作之前对文件查杀毒，从而阻止病毒运行，保护系统安全。

（1）启动文件监控。若要启动文件监控，可以通过以下任意一种方法：

◆在系统托盘区中，用鼠标右键单击瑞星杀毒软件图标，在弹出的快捷菜单中选择“瑞星监控中心”命令。然后在打开的“瑞星监控中心”对话框中，选择“文件监控”项，再单击开启监控(E)按钮，即可启动文件监控，如图 5-34 所示。

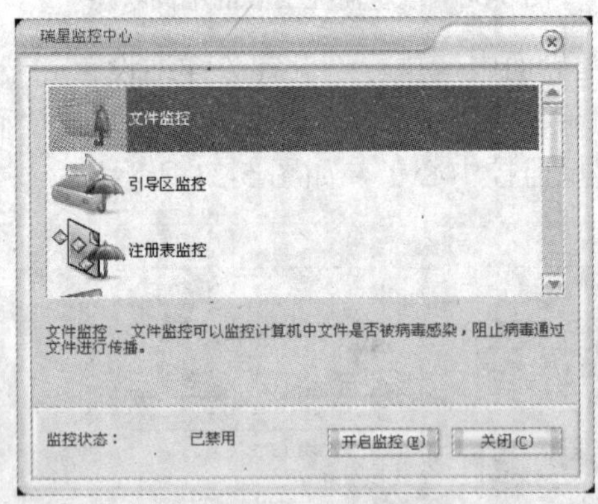

图 5-34 启动文件监控

◆在瑞星杀毒软件主界面中，执行“设置\详细设置\瑞星监控中心”菜单命令，勾选“启用文件监控”复选框，然后单击“确定”按钮保存设置，即可在瑞星监控中心启动时打开文件监控功能。

◆在瑞星杀毒软件主界面中，单击“安全中心”标签，选择“文件监控”项，然后单击“开启”按钮即可启动文件监控。

（2）文件监控的设置。若要对文件监控进行设置，在瑞星杀毒软件主界面中，执行

“设置 / 详细设置”菜单命令，依次单击“文件监控中心”命令下的“文件监控”项，此时在右侧的窗口中即可进行相应的设置，如图 5-35 所示。

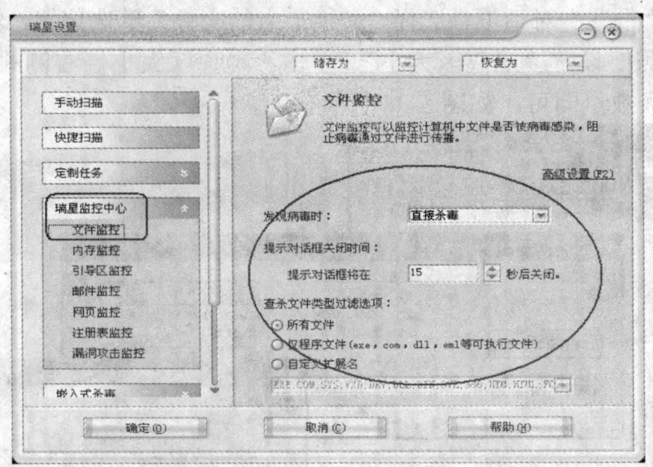

图 5-35　文件监控的设置

（3）文件监控在工作中的提示。当文件监控发现病毒时，会弹出提示对话框，可以单击“杀毒”、“取消”或“删除”按钮进行相应的操作。如果不选择，文件监控会在一定时间后自动清除该病毒。

提示　其内存监控、邮件监控、引导区监控、注册表监控等的启动与设置方法，与文件监控的启动与设置方法基本相同，这里就不再介绍。

5.2.5　瑞星杀毒工具

1．病毒隔离系统

（1）启动病毒隔离系统。若要启动病毒隔离系统，可以通过以下任意一种方法：

◆在瑞星杀毒软件主界面中，单击“工具列表”标签，选择“病毒隔离系统”项，然后单击“运行”按钮。

◆在系统中，执行“开始\程序\瑞星杀毒软件 2006\病毒隔离系统”菜单命令，如图 5-25 所示。

◆双击瑞星病毒隔离系统目录（在 C 盘的 RavBin 目录下），可以像启动系统回收站一样直接启动瑞星病毒隔离系统。

当启动好病毒隔离系统后，弹出如图 5-36 所示的“瑞星病毒隔离系统”窗口。

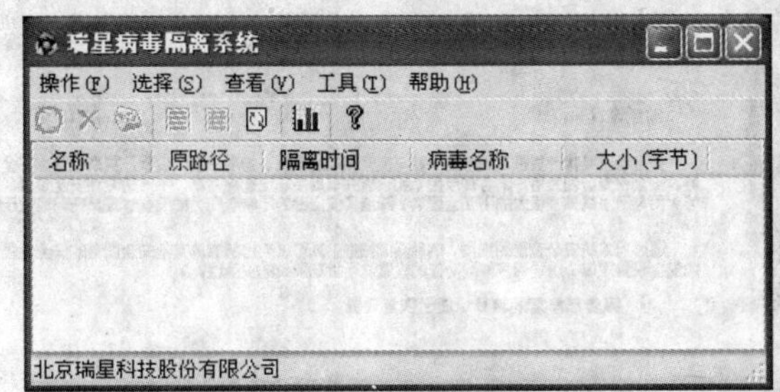

图 5-36　“瑞星病毒隔离系统”窗口

（2）设置隔离区存储空间。为避免由于备份文件过多而占用大量磁盘空间，病毒隔离系统还可以设置隔离区存储空间。在如图 5-36 所示的窗口中，执行“工具\设置空间”菜单命令，将弹出“设置”对话框，选择“替换最老的文件”单选按钮，然后单击“确定”按钮保存设置。若需要设置“隔离区大小”，单击“隔离区大小”右侧的“修改”按钮，然后输入相应的空间数量即可，如图 5-37 所示。

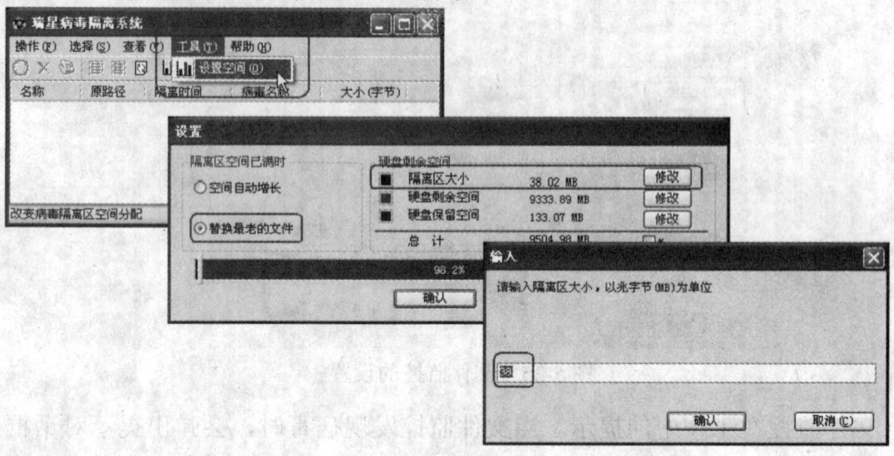

图 5-37 设置隔离区存储空间

2. 瑞星漏洞扫描工具

瑞星漏洞扫描工具是对 Windows 系统存在的“系统漏洞”和“安全设置缺陷”进行检查，并提供相应的补丁下载和安全设置缺陷修补的工具。

（1）启动漏洞扫描。可以通过以下任何一种方法来启动漏洞扫描工具：

◆在瑞星杀毒软件主界面中，单击“工具列表”标签，然后选择“漏洞扫描”项，再单击“运行”按钮。

◆在系统中，执行“开始\程序\瑞星杀毒软件 2006\瑞星工具\漏洞扫描”菜单命令。

（2）使用漏洞扫描。当通过以上的方法启动瑞星漏洞扫描后，将打开如图 5-38 所示的窗口。

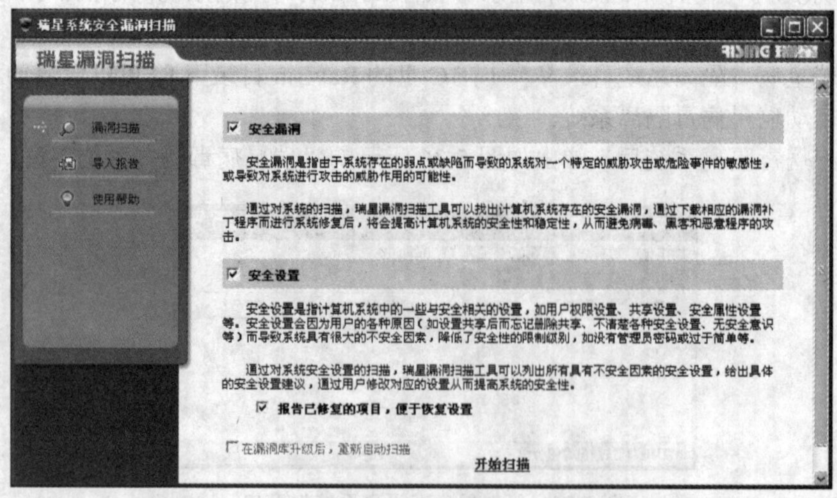

图 5-38 “瑞星系统安全漏洞扫描”窗口

勾选“安全漏洞”和“安全设置”复选框，然后单击“开始扫描”按钮即可开始对系统漏洞进行扫描。当扫描结束后，弹出如图 5-39 所示的“扫描报告”窗口。

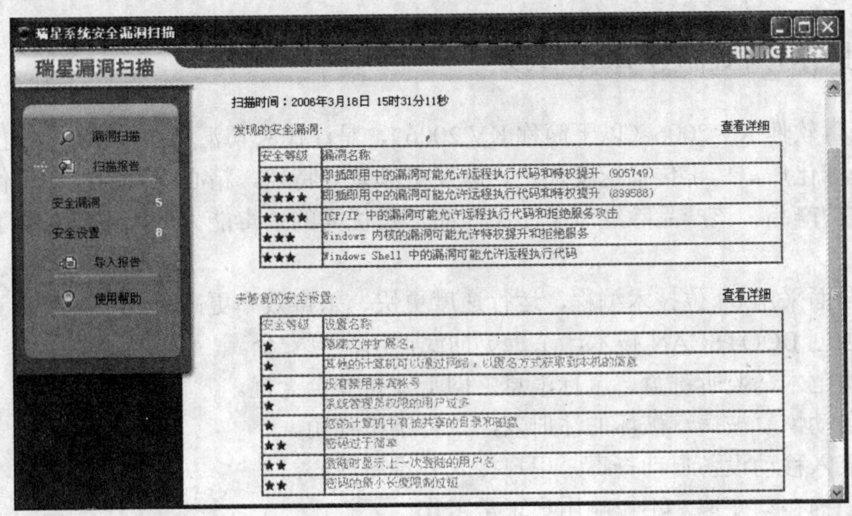

图 5-39　“扫描报告”窗口

5.2.6　网络黑名单列表

针对泛滥成灾的网络病毒，瑞星杀毒软件 2006 版提供了全面、高效的反病毒解决方案——网络黑名单。此功能属于瑞星监控中心系统的一个功能模块，它一旦发现其他计算机正在通过网络向本机释放病毒，便截获此病毒，并将发送病毒的计算机名称和 IP 地址记录到黑名单中，阻止其通过网络向您的计算机继续传播病毒。

注意　一旦该计算机被加入到黑名单后，该计算机就不能对本机的共享目录进行复制或改写操作，只有从黑名单中删除之后，该计算机才能够继续访问本机的共享文件夹。

若要打开网络黑名单列表，在系统托盘任务栏的右侧（显示系统时钟的区域中），用鼠标右键单击瑞星杀毒软件图标（形状如小雨伞），在弹出的快捷菜单中选择“网络黑名单”命令，即可打开“网络黑名单”对话框，如图 5-40 所示。

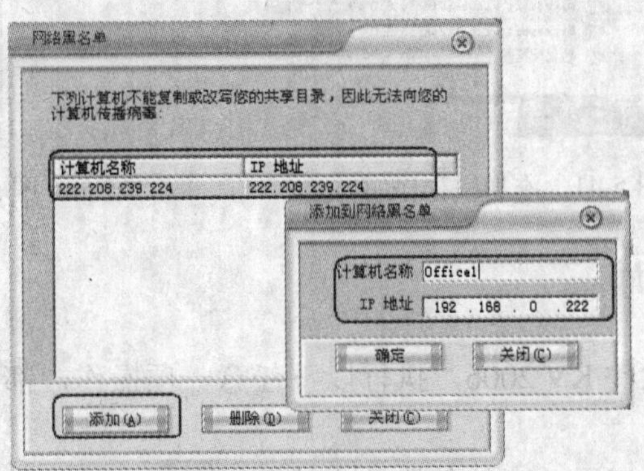

图 5-40　网络黑名单

如要手动添加黑名单，单击“添加”按钮，在弹出的窗口中输入“计算机名称”和“IP 地址”，然后单击“确定”按钮；如要删除网络黑名单，选择后单击“删除”按钮即可。

5.3 江民杀毒软件 KV 2006

5.3.1 江民杀毒软件 KV 2006 简介

江民杀毒软件 KV 2006（以下简称 KV 2006），是江民公司汇集国内诸多反病毒专家，针对网络全球化后，病毒传播速度加快、爆发更频繁等特点，精心研发的最新一代个人计算机安全防护产品。该产品除继承了江民产品一贯优秀的杀毒能力外，还具有以下新鲜亮点：

（1）全面采用 64 位技术编程，运行速度更快、杀毒效率更高。

（2）独创 BOOTSCAN 技术，杀毒更彻底，用户更安全。

（3）防范木马监听键盘、鼠标消息，网上支付安全无忧。

（4）自动恢复被病毒破坏的注册表，杀毒不留死角。

（5）接入移动设备自动查毒，用户接入外设更放心。

（6）扫描自动变速，不影响用户正常工作。

（7）系统漏洞检查，增强系统安全性。

（8）垃圾邮件识别，用户接受邮件更放心。

（9）恶意网址过滤，上网更安全。

可以在 Http://www.Jiangmin.com 下载江民杀毒软件最新版本——江民杀毒 KV 2006，在进行安装时，只需作出简单的回答即可安装成功。当安装成功后，在系统的“程序”菜单中将自动添加程序组，如图 5-41 所示，并且在系统的桌面上显示其快捷图标，如图 5-42 所示。

图 5-41 添加的程序组

图 5-42 添加的快捷图标

5.3.2 启动方法与界面

若要启动江民杀毒软件 KV 2006，执行以下任意一项操作，都可以快速启动江民杀毒软件主程序：

◆双击系统桌面上的江民杀毒软件快捷方式图标。

◆双击系统任务栏中江民杀毒软件的图标。

◆在系统中，执行“开始\程序\江民杀毒软件\KV 2006”菜单命令，如图 5-41 所示。

KV 2006 提供了两种不同模式的操作台供用户使用：即简洁操作台和普通操作台。

（1）简洁操作台

简洁操作台仅包含 KV 2006 最常用的 4 项功能，其操作方式简单易学，最适合初级用户使用。简洁操作台仅由两部分构成：操作区和信息提示区，如图 5-43 所示。单击简洁操作台右上角的按钮，可切换到普通操作台。

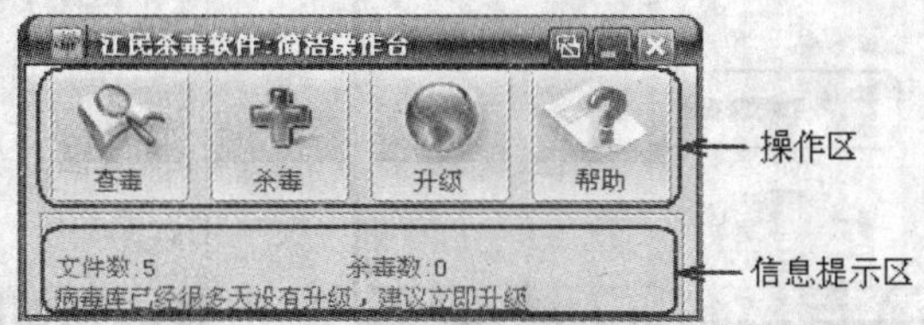

图 5-43　简洁操作台

其中，信息提示区显示与用户当前操作相关的信息。当鼠标停留在某个按钮上时，信息提示区将显示单击该按钮后 KV 2006 将进行的操作；在进行查、杀病毒操作时，信息提示区将显示扫描的文件数和发现的病毒数。

（2）普通操作台

普通操作台是适合中、高级用户使用的操作平台，用户在普通操作台中可以完成更多、更复杂的操作。KV 2006 的普通操作台界面如图 5-44 所示，其中：①为菜单栏，②为扫描目标，③为扫描结果，④为控制中心，⑤为信息显示区，⑥为信息提示区。

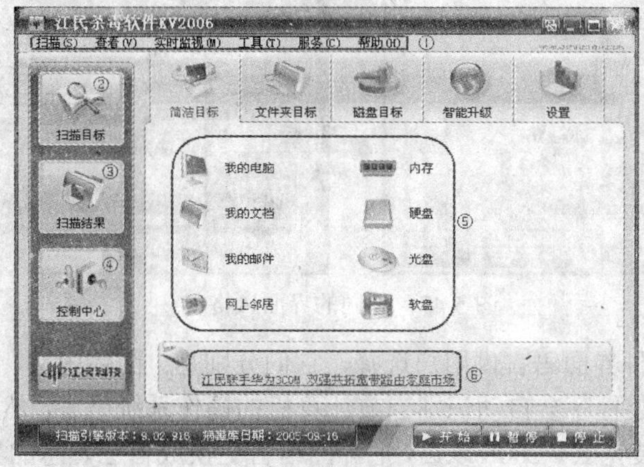

图 5-44　普通操作台

5.3.3　江民杀毒软件的使用

1．杀毒与查毒

若在简洁操作台中，直接单击“查毒/杀毒”按钮，即开始对计算机中的所有文件进行查毒 / 杀毒操作。若在普通操作台中，直接单击扫描的目标图标即可查毒 / 杀毒。

另外，当安装好江民杀毒软件后，在系统的资源管理器窗口或文件夹窗口中，将会自动添加江民杀毒工具栏。若怀疑某个文件夹中隐藏有病毒，则直接单击工具栏中的“查毒”查毒或“杀毒”杀毒按钮，如图 5-45 所示。或右击该文件夹，在弹出的快捷菜单中选择“江民杀毒”命令即可，如图 5-46 所示

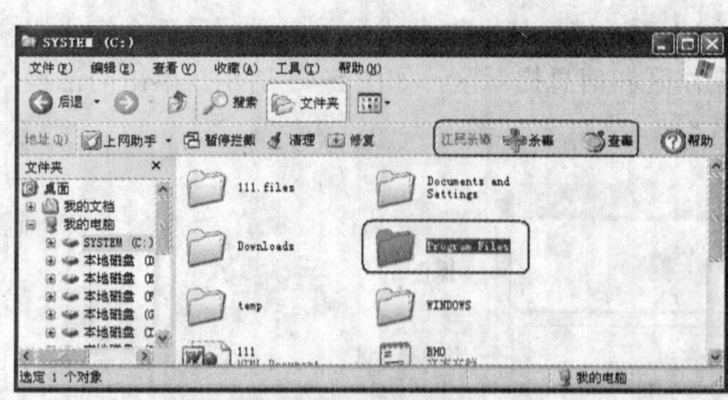
图 5-45　使用按钮查杀

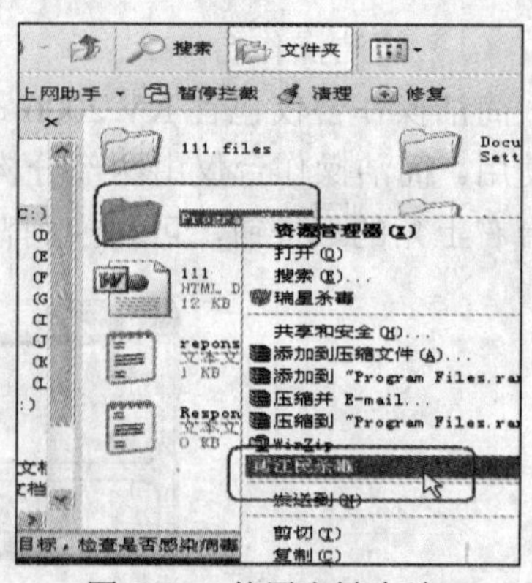
图 5-46　使用右键查杀

2．更改界面风格和界面语言

KV 2006 提供了多种不同风格的界面供用户选择，在每种风格的界面中，按钮的位置可能有所改变。在江民杀毒软件 KV 2006 的普通操作台中，执行“查看\界面风格”菜单，在弹出的菜单中选择喜欢的界面风格即可，如图 5-47 所示。

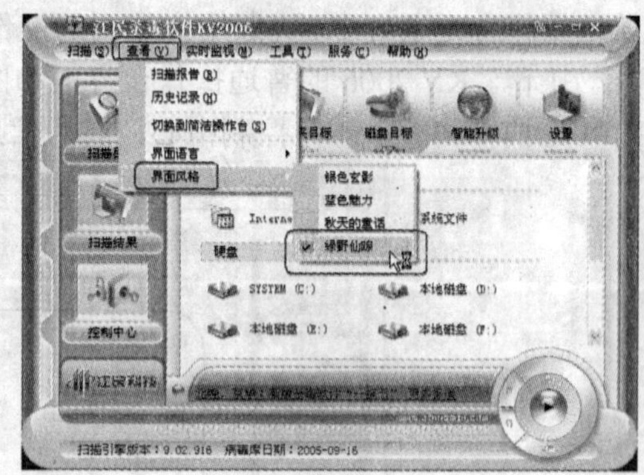
图 5-47　不同的界面风格

KV 2006 提供了 4 种界面语言供用户选择，它们分别是：简体中文、日本语、英语、繁体中文。KV 2006 的安装程序会自动识别当前计算机的操作系统语言，然后采用对应的界面语言。用户也可以在安装完 KV 2006 以后，把界面语言更换成自己熟悉的界面语言，执行“查看\界面语言”菜单命令，在弹出的菜单中选择需要的界面语言即可，如图 5-48 所示。

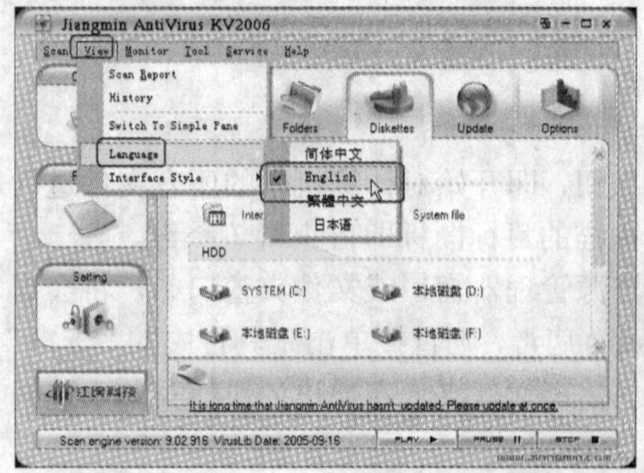

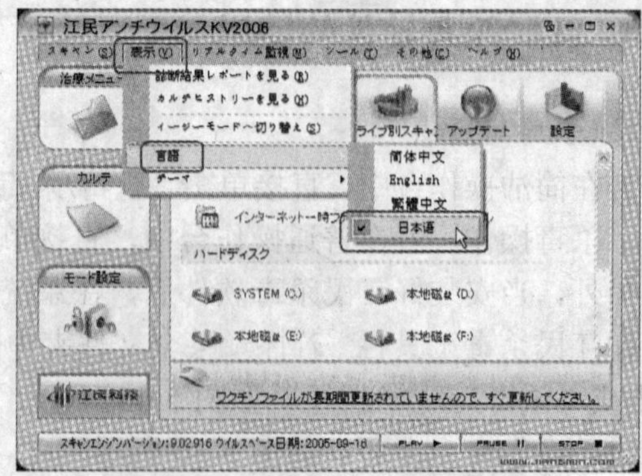
图 5-48　不同的界面语言

3．创建快捷杀毒方式

KV 2006 允许创建快捷杀毒方式，可以将常用目标创建成桌面快捷方式。在 KV 2006 的普通操作台中，右键单击选择的扫描目标，在弹出的快捷菜单中选择“发送到桌面快捷方式”，如图 5-49 所示。此时即在桌面创建该目标的快捷杀毒方式，双击该图标即可快速对该目标进行病毒扫描，如图 5-50 所示。

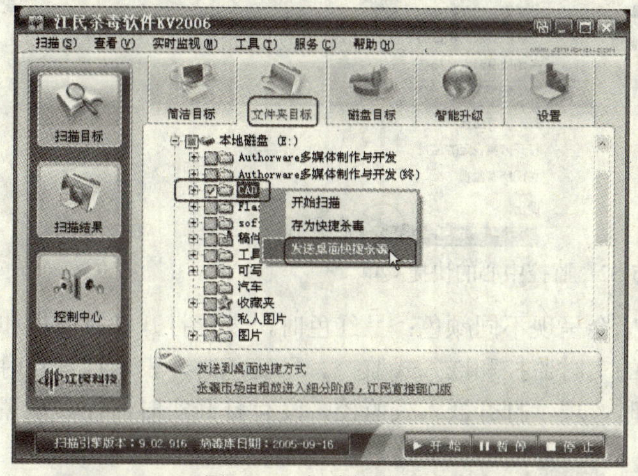

图 5-49　创建快捷杀毒方式

图 5-50　快捷杀毒方式的图标

4．初始化扫描引擎

KV 2006 扫描引擎在工作的同时，会针对本地计算机的文件分布情况进行智能优化，由此来加快扫描速度。如果使用了初始化扫描引擎功能，扫描引擎就会恢复到 KV 2006 安装时的初始状态。

当用户计算机中的文件位置发生较大的改变后，可进行初始化扫描引擎操作，这样有利于提高今后病毒扫描的速度。在 KV 2006 的普通操作台中，执行“扫描 / 初始化查毒引擎”菜单命令，在弹出的“警告”对话框中单击“是”按钮即可，如图 5-51 所示。

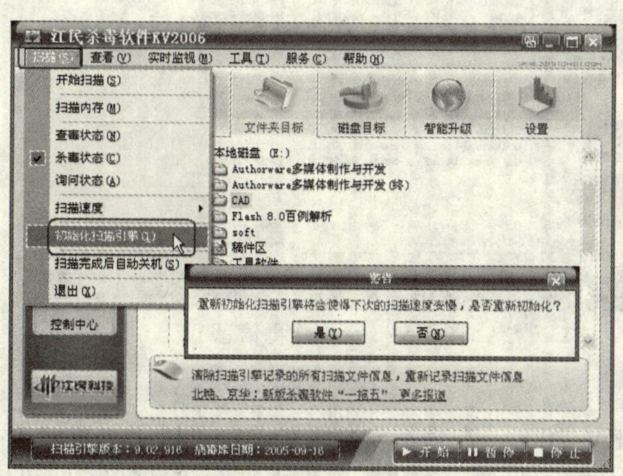

图 5-51　初始化扫描引擎

5．识别监控的状态

在系统中，执行“开始\程序\江民杀毒软件\监控中心”菜单命令启动 KV 2006 的实时监控程序后，在系统桌面右下角的系统托盘区会出现图标，表示监控程序已经启动。用鼠标右键单击该图标，会弹出快捷菜单，如图 5-52 所示。

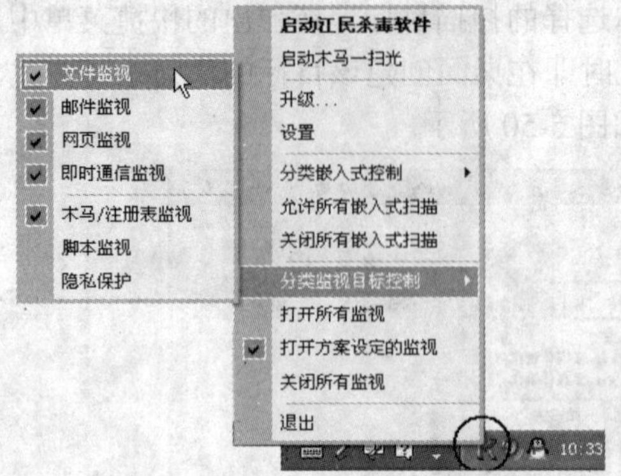

图 5-52　监控中心的快捷菜单

根据所打开监控的不同，此图标会呈现不同颜色：呈红色时，表示打开实时监控和嵌入式监控，但不一定是打开了所有的实时监控和嵌入式监控。呈蓝色时，表示打开实时监控，没有打开嵌入式监控。呈紫色时，表示打开嵌入式监控，没有打开实时监控。呈黑色时，没有打开任何监控。

6．查询病毒信息

在使用 KV 2006 查杀病毒的同时，如果想进一步了解发现病毒的信息，只需在 KV 2006 的普通操作台的扫描结果中，用鼠标右键单击病毒扫描结果，再从弹出的快捷菜单中选中查看病毒信息菜单，如图 5-53 所示，即可通过江民公司的网站查看该病毒的详细信息。

图 5-53　查询病毒信息

7．备份与恢复

（1）备份与恢复 KV 2006。在重新安装系统前，可以用“重装机备份”将 KV 2006 进行备份，系统安装完成后，只要运行“新装机恢复”，KV 2006 即可恢复。

若要重装机备份，在普通操作台中执行“工具 / 备份恢复 / 重装机备份”菜单命令，在打开的“另存为”对话框中，选择保存文件的路径和文件名，然后单击“保存”按钮即可，如图 5-54 所示。

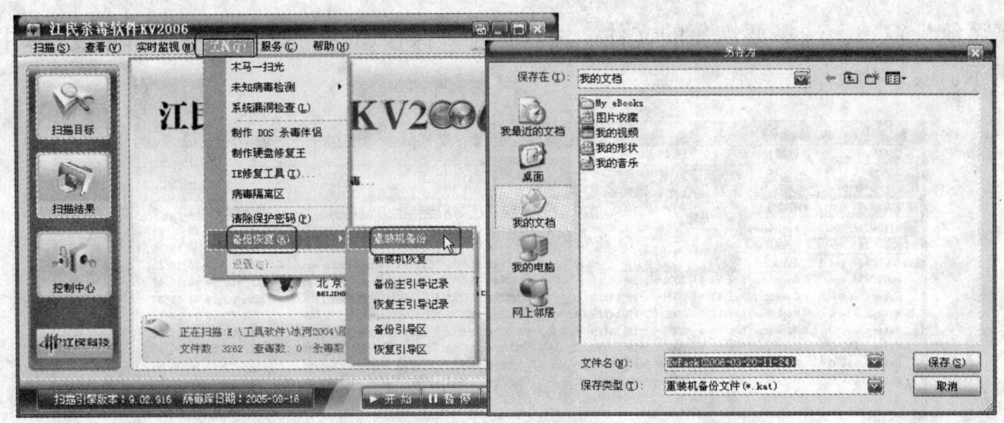

图 5-54　重装机备份

若要新装机恢复，安装完系统后重新安装 KV 2006，在普通操作台中执行“工具\备份恢复\新装机恢复”菜单命令，在“打开”对话框中，选择需要恢复的备份文件，然后单击“打开”按钮即可将 KV 2006 恢复到重装系统前的状态。

（2）备份主引导区。建议用户使用 KV 2006 的备份主引导区功能来备份磁盘的主引导区信息，这样，当磁盘的主引导区信息被意外修改后，KV 2006 可以帮助恢复磁盘主引导区。

若要备份磁盘主引导区，在普通操作台中执行“工具\备份与恢复\备份主引导区”菜单命令，在打开的“另存为”对话框中，选择保存文件的路径和文件名，然后单击“保存”按钮即可将磁盘主引导区的信息备份下来，如图 5-55 所示。

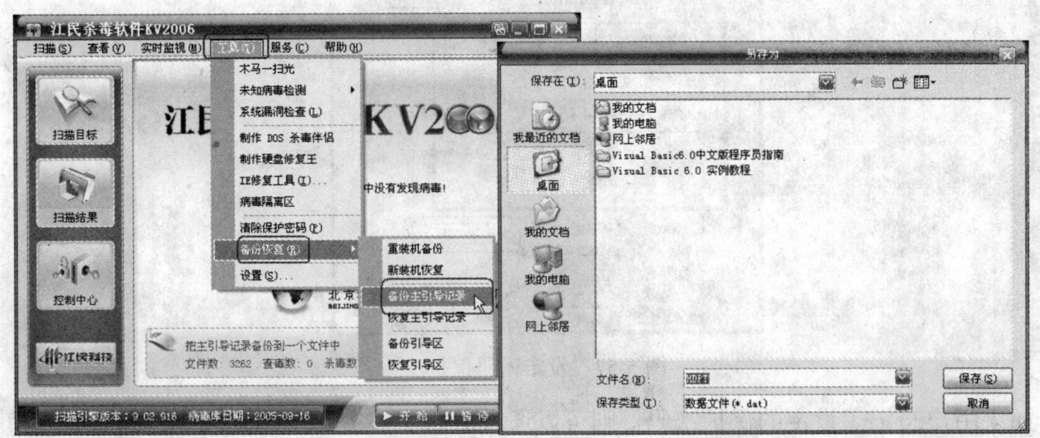

图 5-55　备份主引导区

8．恢复染毒文件

在默认的情况下，KV 2006 在清除病毒前，会先将染毒文件改名为“染毒文件名.vir”，然后将改名后的染毒文件备份到病毒隔离文件夹中（病毒隔离文件夹的位置在安装 KV 2006 程序的逻辑盘的根目录下，是一个名为“KV-Back.vir”的隐藏文件夹，该文件夹的大小将视硬盘剩余空间容量而定）。这样，病毒就不会再发作了，而且，当清除病毒后的染毒文件不能正常使用时，它至少还可以被恢复到感染病毒时的状态。

若要恢复染毒的文件，在普通操作台中执行“工具\病毒隔离区”菜单命令，弹出“病毒隔离系统”窗口。选择要恢复的文件，然后执行“操作\恢复”菜单命令即可恢复，如图 5-56 所示。

图 5-56 恢复染毒的文件

9. 密码保护

KV 2006 提供了密码保护功能，使用密码保护功能可以防止未经用户授权随意卸载 KV 2006、未经用户授权随意修改监控选项、未经用户授权随意导出授权文件、未经用户授权随意更改隐私信息。

若要设定密码保护，在普通操作台中执行“工具\设置”菜单命令，然后单击“实时监控”标签，再单击“修改用户密码”按钮，打开设置密码对话框。如图 5-57 所示。

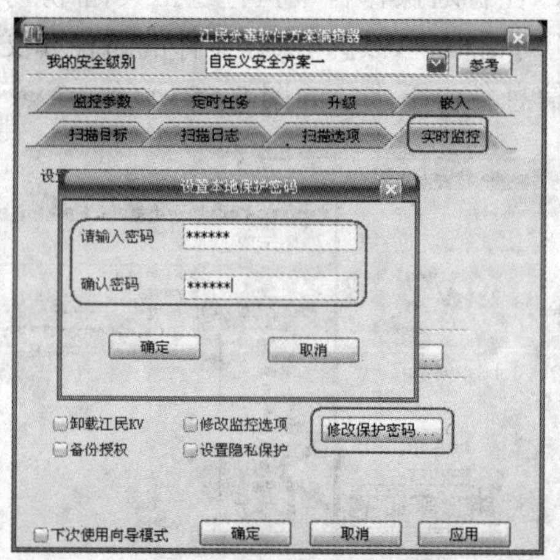

图 5-57 设定密码保护

如果用户忘记了设定的保护密码，则可以通过清除保护密码功能来清除密码。在普通操作台中执行“工具\清除保护密码”菜单命令，打开“清除保护密码”对话框。如果用户使用序列号授权，则“清除保护密码”对话框如图 5-58 所示。

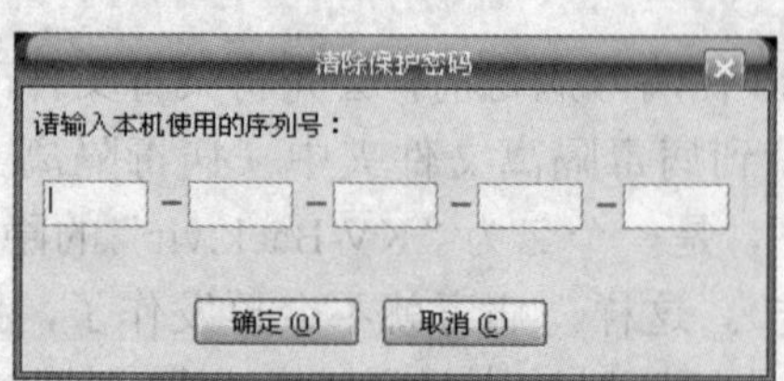

图 5-58 清除保护密码

10．制作硬盘修复王

在装好计算机或者重新改变了硬盘分区后，建议利用 KV 2006 制作一张硬盘修复王的工具软盘，这样，当硬盘数据无法正常读取时（硬盘物理损伤除外），可使用硬盘修复王来修复硬盘、找回数据，最大程度地减少损失。

若要制作硬盘修复王工具软盘，首先准备好空白软盘 1 张，在普通操作台中执行“工具\制作硬盘修复王”菜单命令，打开如图 5-59 所示的对话框。选择正确的写入目标，然后单击“开始”按钮，按照提示完成硬盘修复王的制作。

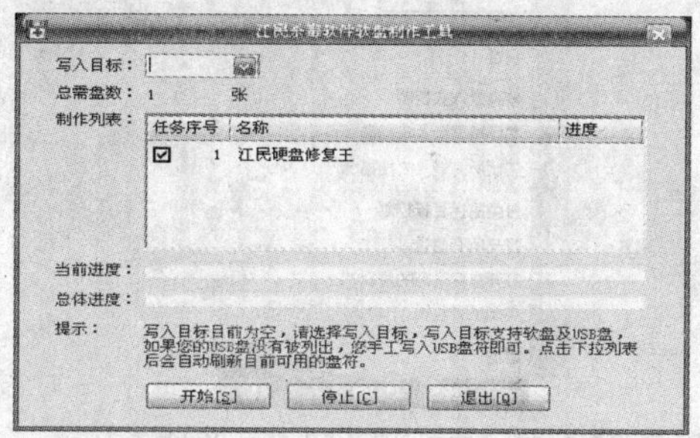

图 5-59　制作硬盘修复王工具软盘

若要使用硬盘修复王来修改硬盘、找回数据时，用制作好的江民硬盘修复王软盘引导系统进入纯 DOS，执行 A：\>KVFIX 命令后，将弹出如图 5-60 所示的窗口，然后按照相应的提示进行操作即可。

图 5-60　执行的硬盘修复王

11．修复浏览器

KV 2006 提供了修复浏览器的工具，能帮助用户快速修复 IE 浏览器。在普通操作台中执行“工具\IE 修复工具”菜单命令，打开“IE 修复”对话框，如图 5-61 所示。勾选要修复的问题，然后单击“进行修复”按钮即可开始修复。

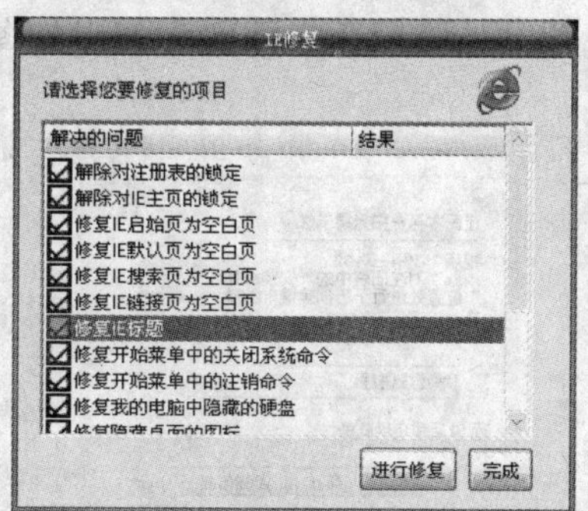

图 5-61　修复浏览器

5.3.4 木马一扫光工具介绍

1. 快速启动、关闭木马监控

右击系统任务栏中江民杀毒软件的图标，然后在弹出的快捷菜单中启动、关闭木马监控，如图 5-62 所示。

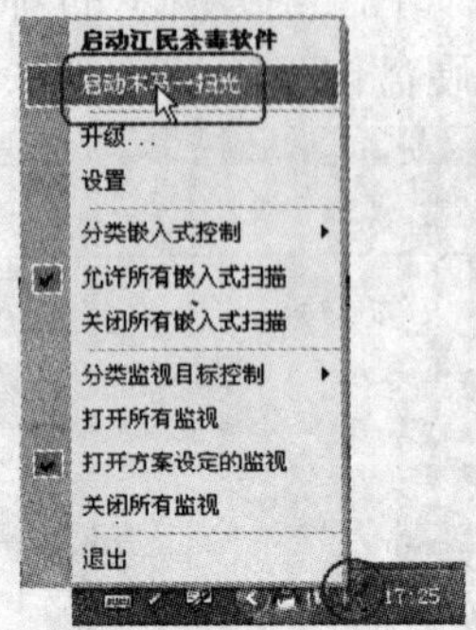

图 5-62 启动、关闭木马监控

在普通操作台中，执行“工具\木马一扫光”菜单命令可启动该监控，如图 5-63 所示。

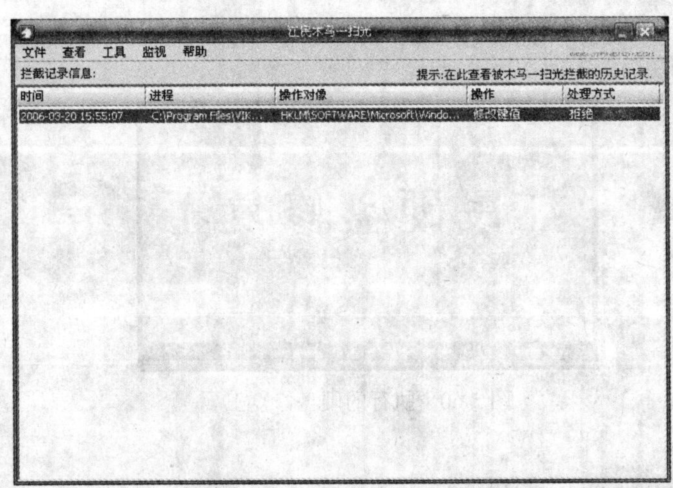

图 5-63 江民木马一扫光监控

2. 查看记录信息

当启动好木马监控程序后，其木马监控在拦截前会弹出如图 5-64 所示的对话框，提醒用户进行相应的操作。

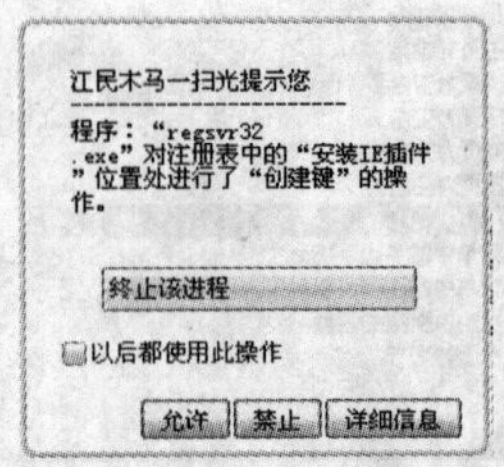

图 5-64 木马一扫光的监控提示

如果选择总是允许，则该应用程序将被加入白名单列表，以后木马监控将不对该程序进行审核；如果选择总是禁止，则该应用程序将被加入黑名单列表，以后木马监控一旦发现黑名单上所列的程序时，将直接阻止其运行，并给出提示信息。用户通过木马一扫光的查看菜单，可以很方便地看到此前的拦截记录以及黑、白名单列表。

（1）拦截记录。记录了在木马监控运行的过程中，所拦截的木马程序或者不明程序的详细信息，仅对当前运行有效。

（2）黑名单程序。记录了在经过用户审核后，被用户列入黑名单的程序名称及所写键值。此后，当发现黑名单上所列的程序时，将直接阻止其运行，并给出提示信息。

（3）白名单程序。记录了在经过用户审核后，被用户列入白名单的程序名称及所写键值。此后，凡是在白名单上所列的程序运行时，木马监控均予以放行。

3. 管理工具

木马一扫光同时还提供了一些其他的实用工具，使用户能更加方便地管理计算机，清除计算机病毒。这些工具都放置在通过木马一扫光的“工具”菜单中，可以直接调用，如图 5-65 所示。

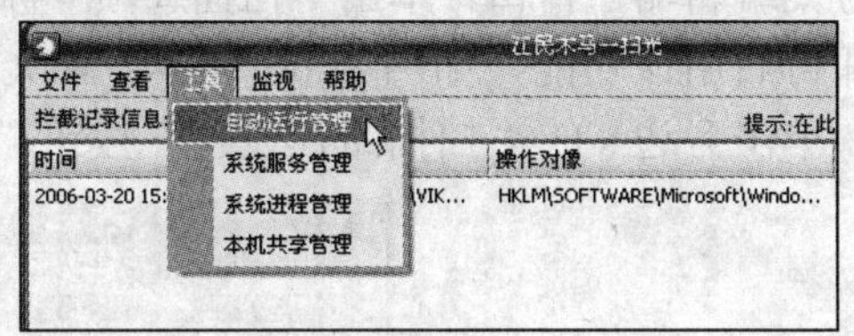

图 5-65　木马一扫光的管理工具

（1）自动运行管理。自动运行管理用来查看计算机上所有随计算机启动、IE 启动或其他程序启动而自动加载的文件。一般情况下，病毒会在多处自启动项里面加载，通过查看启动项，可以找到可疑的自启动文件，从而找出病毒的藏身之处。

因为删除启动项存在一定的风险，所以木马一扫光的自动运行管理工具只提供对“随机自动运行、随机自运行程序（只随机启动一次）、随机自启动服务（只启动一次）、随桌面（Explorer.Exe）启动、随机自运行程序（NT 特有）、开始/启动（菜单启动项）”项的删除功能。

注意　江民公司强烈建议在删除启动项前，应进行再三确认。

（2）系统服务管理。服务程序是随计算机一同启动，并且在用户还没有登录之前就已经加载并运行了的程序。系统服务管理可以查看计算机上所有的服务程序，用户可以通过系统服务管理中显示的服务路径来确定某个服务在磁盘的真实位置。

系统服务管理支持的操作包括：停止此服务（停止被选中的服务）、开启此服务（启动被选中的服务）、刷新（更新服务列表中的数据）。

提示　某些病毒会伪装成一个任务随同计算机一起启动，此时，病毒文件是无法被清除的，可以利用系统服务管理工具先停止病毒依赖的服务，再清除病毒。

（3）系统进程管理。系统进程管理可以集中查看计算机上当前运行的进程和进程所加载的 DLL 文件，可以利用它来分析该计算机上的哪些进程是可疑进程。

（4）本机共享管理。共享管理也是病毒传播的一个重要途径，本机共享管理可以集中查看计算机上打开的共享目录，并查看有多少个用户连接了自己的共享目录。

本机共享管理支持的操作有：删除此共享（将关闭此文件夹的共享状态）、刷新（刷新列表中的数据）。

注意 C$ D$ 这些共享会在下次启动电脑时自动打开，如果看到这些共享文件夹的连接数是非 0 的，将很有可能被黑客连接了。IPC$共享根据计算机的不同版本将无法关闭。

5.3.5 江民杀毒软件的实用工具

为了适应病毒传播的多样性和提高杀毒的效率，江民公司在 KV 2006 中新增加了多种实用工具，来帮助用户干净彻底地查杀病毒。

1．系统启动前杀毒

在进入 Windows 操作系统后，一些病毒会将自身和系统进程进行绑定，此时病毒将不能被清除。为了彻底拒绝这类情况的发生，江民公司特别研发了一项称之为 BOOTSCAN 的新技术，可以在 Windows 启动前，抢先扫描系统文件，清除病毒。

若要设置此项功能，在普通操作台中执行“工具 / 设置”菜单命令，打开“江民杀毒软件方案编辑器”窗口，单击“扫描选项”标签，勾选其他复选框和“BOOTSCAN”复选框，即可启用该功能，如图 5-66 所示。BOOTSCAN 默认的扫描目录是系统的 Windows 目录，单击旁边 s 的“扫描路径设置”按钮，可以设置扫描其他的文件夹。

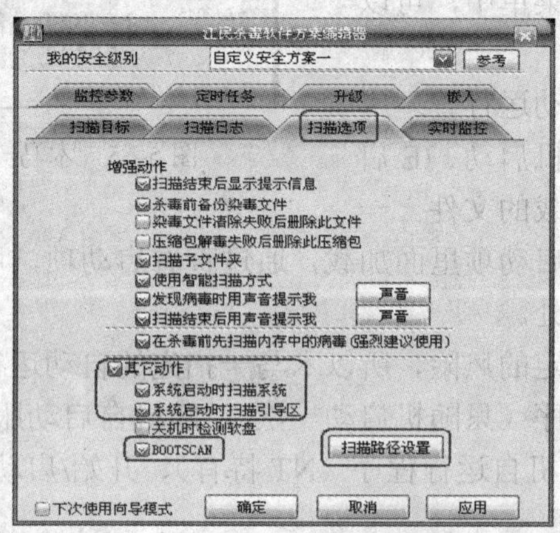

图 5-66 设置系统启动前杀毒

此时，当系统启动时，将弹出如图 5-67 所示的 BOOTSCAN 运行界面。如果要中途退出扫描，只需依次按“Esc”键和“Y”键，就可以结束扫描。扫描结束后，屏幕上会显示本次扫描的结果，其中包括发现的病毒数和清除的病毒数，随后，计算机会继续启动 Windows 系统。

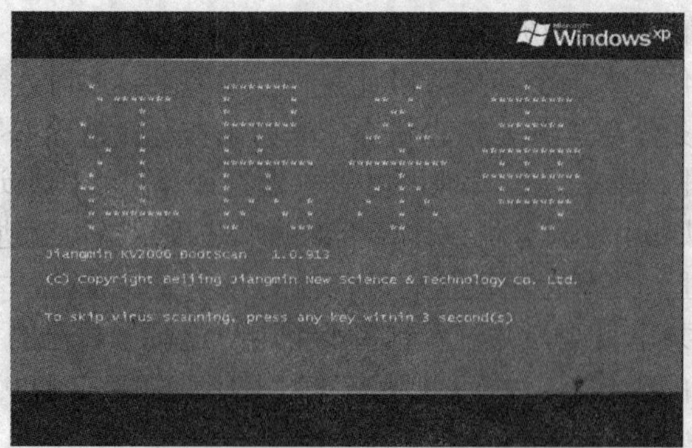

图 5-67 BOOTSCAN 的运行界面

2. 移动设备自动查毒

目前，移动存储设备（U 盘、移动硬盘、MP3 等）使用越来越广泛，逐渐成为病毒的一大传播渠道，为了从入口处阻止病毒传播，KV 2006 特别增加了移动设备自动查毒功能来解决这一问题。当有移动设备连接到计算机后，KV 2006 会自动提示用户对移动设备进行扫描，以降低计算机中毒的风险，只需单击一次鼠标即可完成检查操作，如图 5-68 所示。

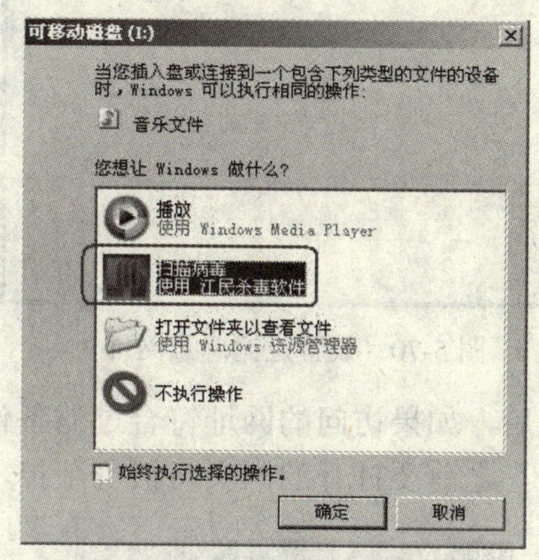

图 5-68　移动设备自动查毒

3. 过滤恶意网址

在日常浏览网页的过程中，会遇到一些带有恶意脚本或者病毒的网页，从而给计算机带来安全隐患。江民公司特意在 KV 2006 中加入了恶意网址过滤功能，帮助屏蔽恶意网页，提高系统的安全性。

要设置过滤恶意网址，在普通操作台中执行“工具\设置”菜单命令，打开“江民杀毒软件方案编辑器”窗口。单击“监控参数”标签，选择网址过滤条件为中、高，即开启了恶意网址过滤功能，如图 5-69 所示。

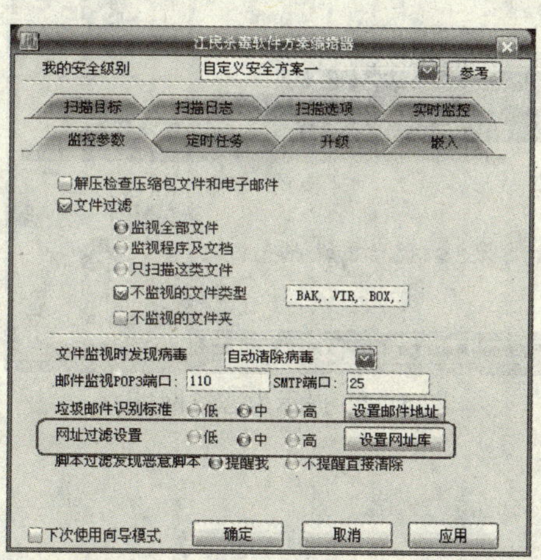

图 5-69　设置过滤恶意网址

若要设置网址库，单击右侧的“设置网址库”按钮，将弹出如图 5-70 所示的窗口，从而可对以上网址库进行设置和管理（例如将 Http://www.163.com 网址设置为恶意过滤网址库）。

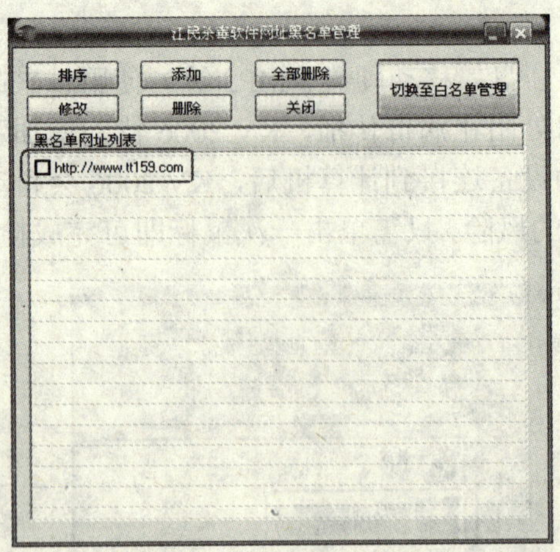

图 5-70 设置过滤恶意网址

当启用恶意网址过滤功能后，如果访问的网址符合过滤条件，KV 2006 就会弹出警告对话框，单击“确定”按钮后，之前要打开的网页将被屏蔽掉，如图 5-71 所示。

图 5-71 提示窗口

当有其他用户通过 MSN、QQ 等即时通信软件向用户发送网址时，如果该网址符合过滤条件，KV 2006 就会在该网址下边进行标注，提醒用户注意，如图 5-72 所示。

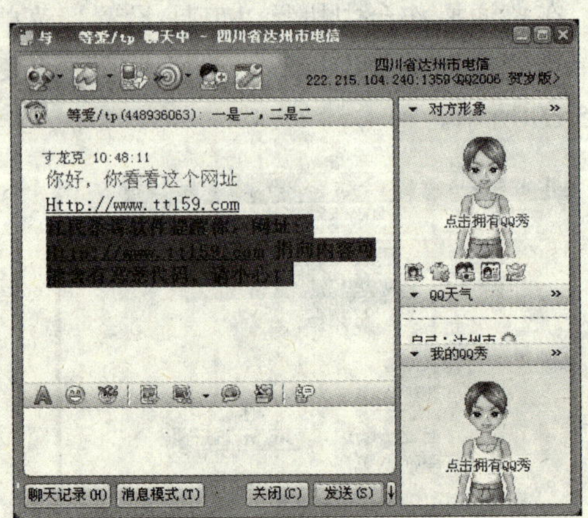

图 5-72 提示为恶意网址

【习 题】

1．填空题

（1）金山毒霸 2006 杀毒套装，它含防杀病毒、________、隐私保护、防黑客和木马入侵、防网络钓鱼、________、抢先加载、__________、主动漏洞修复、安全助手等功能。

（2）金山毒霸 2006 软件的界面中，包括 4 个活动标签，即快捷方式、___________、___________和在线服务。

（3）瑞星杀毒软件 2006，它是瑞星通过独有的行为模式分析（BMAT）和____________两项查杀病毒技术实现对未知病毒进行检测，该技术已经获得国家专利。

（4）启动瑞星监控中心后，立即在系统托盘区（位于桌面任务栏右侧显示时钟的区域）出现小雨伞图标。呈_______状态时，代表所有监控均处于有效状态；呈______状态时，代表部分监控处于有效状态；呈__________状态时，代表所有监控均处于关闭状态。

（5）江民杀毒软件 KV 2006 提供了 2 种不同的操作平台，即简洁操作台和_________。

（6）启动江民杀毒软件 KV 2006 的监控中心后，此图标会呈现不同颜色：呈______时，表示打开实时监控和嵌入式监控，但不一定是打开了所有的实时监控和嵌入式监控。呈________时，表示打开实时监控，没有打开嵌入式监控。呈_______时，表示打开嵌入式监控，没有打开实时监控。呈_______时，没有打开任何监控。

2．简答题

（1）怎样使用金山毒霸杀毒软件 2006 来设置扫描的范围？

（2）怎样使用金山毒霸杀毒软件 2006 来执行在线杀毒操作？

（3）怎样使用金山毒霸杀毒软件 2006 来创建应急盘？

（4）怎样使用瑞星杀毒软件 2006 来执行手动查杀病毒操作？

（5）怎样设置瑞星监控中心的后台处理？

（6）怎样使用江民杀毒软件 KV 2006 创建快捷杀毒方式？

（7）怎样设置在系统启动前进行杀毒操作？

第 6 章　多媒体播放工具

6.1　Windows Media Player 10 播放器

6.1.1　Windows Media Player 10 播放器的简介

使用 Windows Media Player 10，可以收听世界范围内的广播电台、播放和复制 CD、寻找 Internet 上提供的电影以及创建计算机上所有媒体的自定义列表。此外，可以使用播放机播放、翻录和刻录 CD，播放 DVD 和 VCD，将音乐、视频和所录制的电视节目同步到便携设备（如便携式数字音频播放机、Pocket PC 和便携媒体中心）中。

由于 Windows Media Player 播放器是 Windows 98/Me/2000/XP 系统自带的播放器，在系统的“程序”菜单中将自动添加程序项，如图 6-1 所示，并且在桌面上显示相应的快捷图标，如图 6-2 所示。

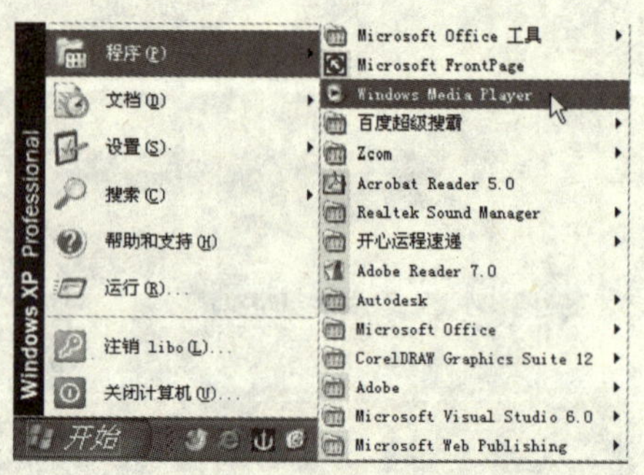

图 6-1　添加的程序项

图 6-2　添加的快捷图标

6.1.2　启动方法与界面

若要启动 Windows Media Player 10 播放器，可以执行以下任一项操作：

（1）在桌面双击 Windows Media Player 10 的图标。

（2）在系统的快速启动区中（ ）单击按钮。

（3）在系统中，执行“开始 / 程序 / Windows Media Player”菜单命令，如图 6-1 所示。

当启动好 Windows Media Player 10 播放器后，其界面窗口如图 6-3 所示。单击该窗口右下侧的按钮，可以切换窗口的外观模式，如图 6-4 所示。

Windows Media Player 包含许多区域，某些区域还包含一些控件，可以使用这些控件执行某项操作（例如播放 CD 或调整图形均衡器级别），其他区域显示视频、可视化效果或信息。

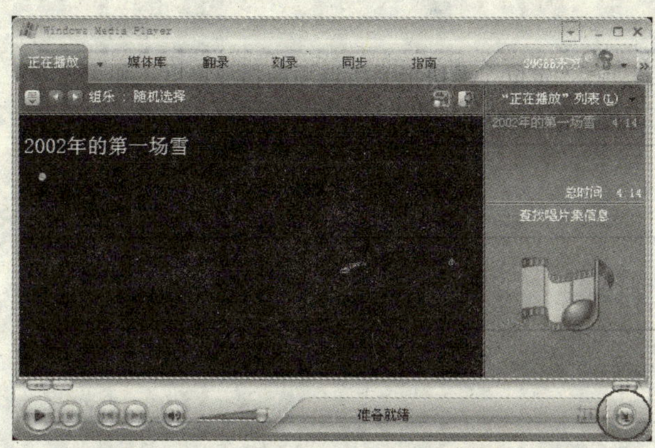

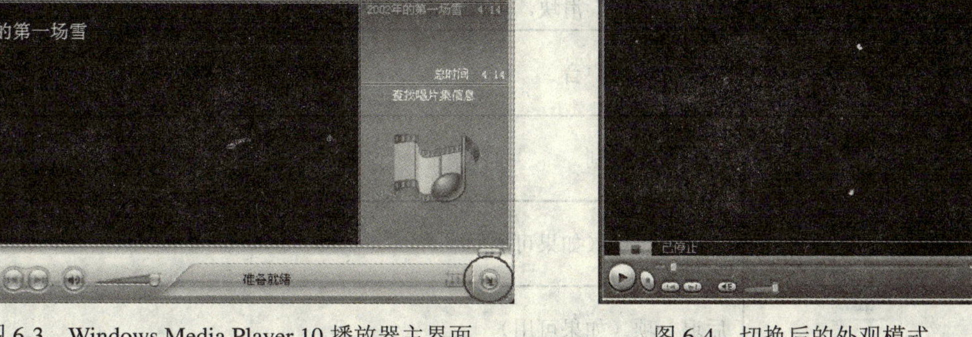

图 6-3 Windows Media Player 10 播放器主界面　　图 6-4 切换后的外观模式

下面针对主要的区域和按钮进行介绍。

1．功能任务栏

功能任务栏包含可以链接到播放机主要功能的若干按钮以及一个区域（区域中有若干链接到在线商店的按钮）。

如表 6-1 所示给出了功能任务栏上各个按钮的功能。

表 6-1 功能任务栏上各个按钮的功能

正在播放	观看视频、可视化效果或有关正在播放的内容的信息 快速选择要播放的 CD、DVD、VCD、唱片集、艺术家、流派或播放列表，可以单击“快速访问面板”按钮
媒体库	组织计算机上的数字媒体文件以及指向 Internet 上内容的链接，或创建一个播放列表，让其包含所喜爱的音频和视频内容
翻录	播放 CD 或将 CD 上的特定曲目翻录到计算机上的媒体库中
刻录	将计算机上存储的曲目刻录到自己的 CD 上
同步	将音乐、视频和录制的电视节目同步到便携设备（如便携式数字音频播放机、Pocket PC 和便携媒体中心）中
指南	在 Internet 上查找数字媒体

2．播放控件

播放控件显示在 Windows Media Player 的底部，使用这些控件，可以调节音量以及控制基本的播放任务（如对音频和视频文件执行播放、暂停、停止、后退以及快进等操作）。

如表 6-2 所示列出了播放控件的功能。

表 6-2 播放控件的功能

“播放”按钮	播放所选项。正在播放某一项时，“播放”按钮将变成“暂停”按钮（播放正在进行流式处理的实况事件除外）
“暂停”按钮	暂停播放所选项。要继续播放，则单击“播放”按钮。未播放（即已暂停或停止播放）某一项时，“暂停”按钮将变成“播放”按钮
“停止”按钮	停止播放所选项

[续]

“定位”滑块	从特定点开始播放某一项。“定位”滑块指明所选项的播放进度。如果显示有“定位”滑块，可以将滑块移到所选项中希望开始播放的位置
“静音”按钮	打开或关闭声音
“音量”滑块	控制音量级别
“上一个”按钮	播放上一项（如果可用）
“后退”按钮	后退一项（如果可用）
“快进”按钮	快进一项（如果可用）
“下一个”按钮	播放下一项（如果可用）
“无序播放”按钮/“重复”按钮	启用或禁用无序播放和/或重复播放。启用无序播放后，播放列表中的项目或 CD 上的曲目将以随机顺序播放。启用重复播放后，播放列表、CD 或所选的 DVD 标题可重复播放

6.1.3 Windows Media Player 10 播放器的使用

1．播放文件

可以使用 Windows Media Player 来播放计算机、Intranet 或 Internet 上的音频和视频文件。与 CD 播放机和 VCD 一样，使用此播放机也可以控制要播放的内容以及播放方式。

若要播放文件，其操作步骤如下：

（1）在如图 6-4 所示的窗口中，执行“文件 / 打开”菜单命令，或按“Ctrl+K”组合键，将打开如图 6-5 所示的“打开”对话框。

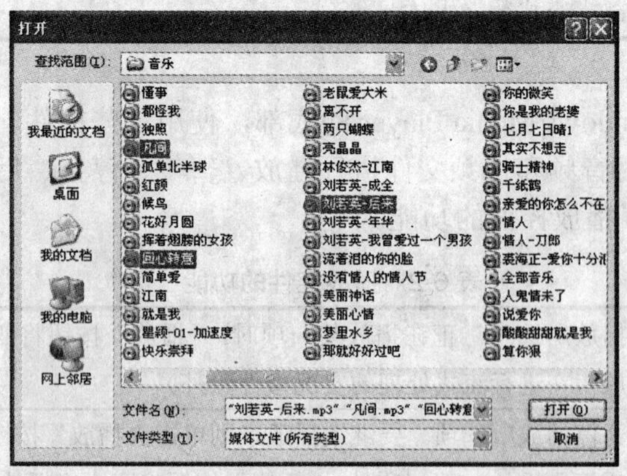

图 6-5 “打开”对话框

（2）在该对话框中选择要播放的媒体文件后，单击“确定”按钮，媒体文件便添加到播放列表中。

（3）如果无法按希望的顺序播放项目，将打开无序播放功能。要关闭无序播放功能，在如图 6-4 所示的窗口中，执行“播放\无序播放”菜单命令，或按“Ctrl+H”组合键（命令旁的复选标记被删除）。

（4）如果要改变播放的速度，执行“查看\增强功能\播放速度设置”菜单命令，此时在窗口的下侧将显示“播放速度设置”区，如图 6-6 所示。

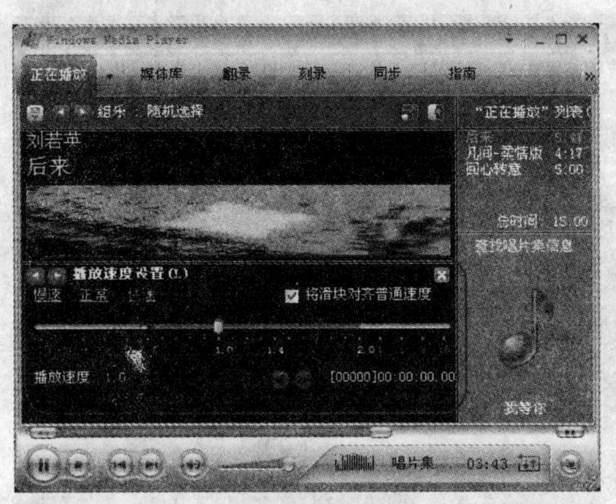

图 6-6　播放速度设置

（5）在增强功能窗格中，拖动“播放速度”滑块，或单击“慢速”、“快速”链接，即可改变播放的速度。

（6）在增强功能窗格中，如果播放的是视频，可以单击“上一帧”按钮，将视频向后移动一帧；单击“下一帧”按钮，将视频向前移动一帧。

（7）要设置所有视频的默认字幕语言，执行“播放 / 字幕 / 默认设置”菜单命令。在“字幕”中，单击要用于显示字幕的语言，如图 6-7 所示。

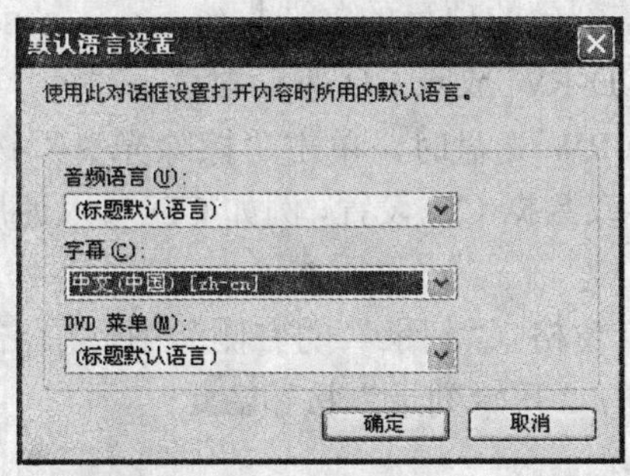

图 6-7　“默认语言设置”对话框

2．播放 CD

将音频 CD 或包含音乐文件的数据 CD（又称为媒体 CD）插入 CD-ROM 驱动器时，Windows Media Player 会自动播放该 CD，除非 Windows Media Player 正被使用或不是默认的 CD 播放机。

若要播放 CD，首先将 CD 插入 CD-ROM 驱动器，单击“播放”菜单中的“CD 音频”、“VCD 或 CD 音频”或“DVD、VCD 或 CD 音频”（显示哪个命令取决于计算机上运行的 Windows 版本），然后单击包含 CD 的驱动器。

注意 如果安装了 DVD 解码器，“DVD、VCD 或 CD 音频”菜单命令就会显示在“播放”菜单上。也可以单击“快速访问面板”按钮，然后在列表中单击 CD。要重复播放 CD，执行“播放／重复”菜单命令。

还可以使用此播放机来复制（翻录）和创建（刻录）CD，其操作步骤如下：

（1）在如图 6-4 所示的窗口中，执行“文件\CD 和设备\刻录音频 CD”菜单命令，此时屏幕上即会显示“刻录”功能，如图 6-8 所示。

图 6-8　显示“刻录”功能

（2）在“要刻录的项目”窗格（“刻录”的左侧）中，选择媒体库中包含所要刻录的数字媒体文件的播放列表。

（3）要将数字媒体文件从媒体库中的其他播放列表或类别添加到要刻录的项目播放列表，或者要从该播放列表中删除项目，应单击“编辑播放列表”按钮。选择项目的数目和总时间，将显示在“要刻录的项目”窗格的底部。

（4）如有必要，取消无需刻录的项目的复选框。

（5）将空白的 CD-R 或 CD-RW 放入 CD 驱动器。

（6）如有必要，使用 CD-RW 光盘时，单击“擦除光盘”按钮以擦除该 CD。

（7）如果要更改录制设置或数据 CD 设置，例如 CD 写入速度或质量级别，应单击“显示属性和设置”按钮。

（8）在“设备中的项目”窗格（“刻录”的右侧）中，单击“音频 CD”、“数据 CD”和“HighMAT 音频”，然后单击“开始刻录”按钮。

3．播放 DVD

若要播放 DVD，其操作步骤如下：

（1）如果要播放 DVD，计算机上必须安装有 DVD-ROM 驱动器、DVD 解码器软件或硬件。

（2）在 Media Player 10 的界面中，执行“播放\DVD、VCD 或 CD 音频”菜单命令，然后单击包含 DVD 的驱动器。

（3）在播放列表窗格中单击适当的 DVD 标题或章节名。

（4）若要重复播放 DVD 中所选择的标题，执行“播放\重复”菜单命令，该命令旁将显示一个复选标记，表示该功能已启用。

4．播放 VCD

若要播放 VCD，其操作步骤如下：

（1）执行"播放 / DVD、VCD 或 CD 音频"菜单命令，然后单击包含 VCD 的驱动器。

（2）如果可用，在播放列表窗格中双击适当的 VCD 段落。

注意　若要弹出光盘，执行"播放 / 弹出"菜单命令；如果在多个驱动器中有光盘，单击"弹出"后，然后选择要弹出的光盘名称。如果在"播放"菜单上未显示"DVD、VCD 或 CD 音频"命令，就说明 Windows 版本不支持自动播放 VCD。

5．创建播放列表

若要创建播放列表，其操作步骤如下：

（1）单击"媒体库"，再单击"播放列表"按钮，然后单击"新建播放列表"，如图 6-9 所示。

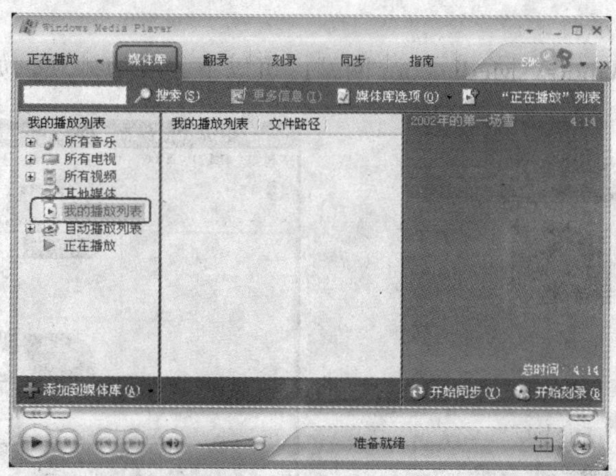

图 6-9　新建播放列表

（2）在"媒体库查看方式"列表中，单击希望用来排序媒体库中的内容的类别。

（3）单击"媒体库"列表中的项目，展开后找到要添加的每个文件。

（4）单击要添加的每个文件，将其添加到播放列表中。

（5）在"播放列表名称"框中，键入播放列表的名称。

（6）新播放列表将被添加到"我的播放列表"类别中，如图 6-10 所示。

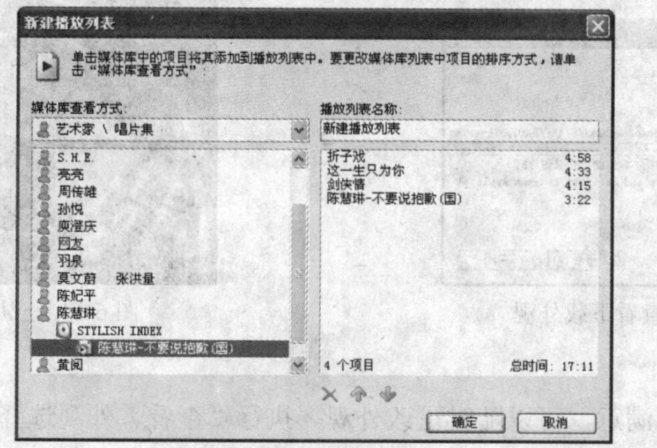

图 6-10　"新建播放列表"对话框

6.1.4 播放机的外观

通过外观可以更改 Windows Media Player 的外观显示，每个外观均有独特的外观显示，而且一般都继承了播放机的基本功能（如播放、上一个曲目、下一个曲目、停止以及调整音量功能），还可以播放特定的音频文件、观看可视化效果或执行其他各种操作，这取决于所应用的外观。

1．从 Internet 下载外观

除播放机包含的几种外观之外，还可以从 Internet 下载外观，当应用某个外观之后，从完整模式更改到外观模式时，都会显示该外观。

若要从 Internet 下载外观，其操作步骤如下：

（1）在如图 6-4 所示的窗口中，执行“查看 / 外观选择器”菜单命令，单击“更多外观”按钮，如图 6-11 所示。

（2）此时将打开 WindowsMedia.com 网站，可以下载其他外观，如图 6-12 所示。

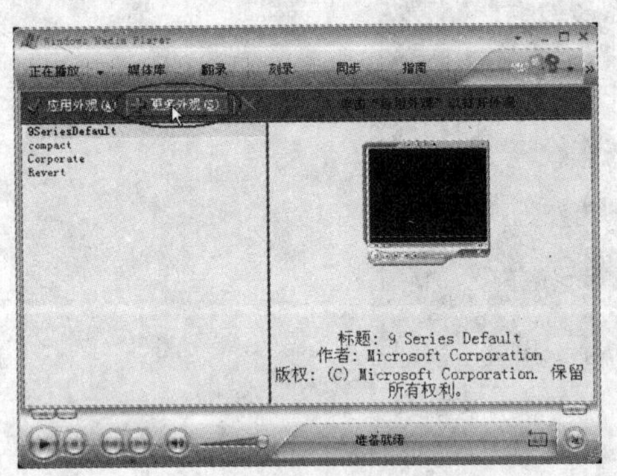

图 6-11　从 Internet 下载外观

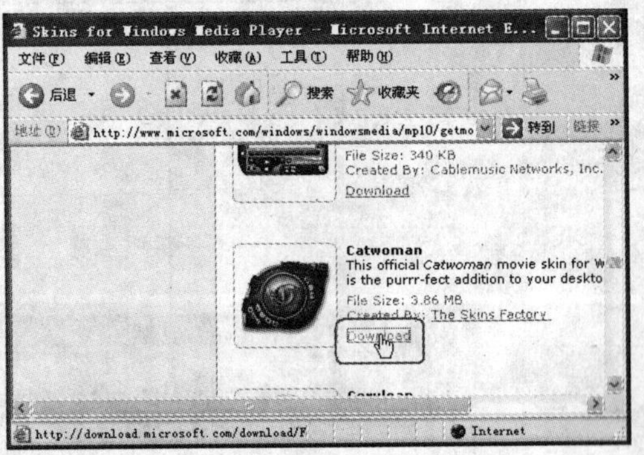

图 6-12　外观网站

（3）单击要下载外观的链接，然后按照网页上的说明执行操作，将下载的外观添加到外观列表中，如图 6-13 所示。

（4）单击“立即查看”按钮将外观应用到播放机，播放机将显示为外观模式，并采用选中的外观，如图 6-14 所示。

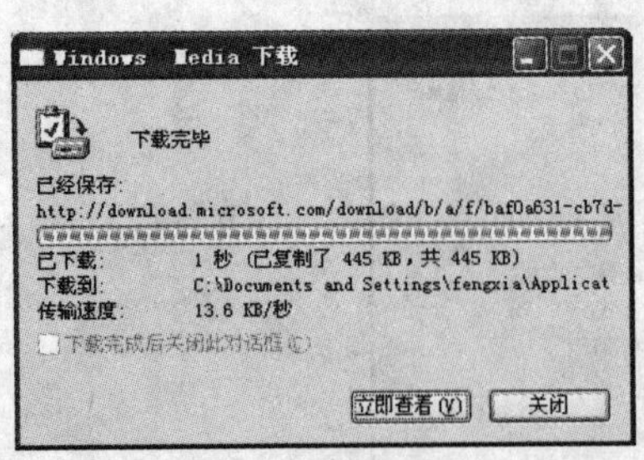

图 6-13　查看下载外观

图 6-14　应用下载外观

2．应用外观

如对当前外观不满意，可以随时更改外观。执行“查看 / 外观选择器”菜单命令，在外观列表中选择要应用的外观，此时在右侧将显示该外观的预览图形，然后单击“应用外

观”按钮即可将播放机切换到指定的外观模式，如图 6-15 所示。

图 6-15　应用外观

注意　可以根据自己的喜好随时更改外观，但必须在完整模式下进行，要返回到完整模式，应单击“切换到完整模式”按钮。

6.2　豪杰超级解霸 V9

6.2.1　豪杰超级解霸 V9 简介

豪杰超级解霸 V9 是豪杰公司为 IPTV 领域服务而精心打造的一款集 IPTV 娱乐、媒体文件制作、多种格式相互转换、媒体资源下载与媒体搜索、IP 通信、电子商务等于一体的多功能 IPTV 服务系统。它主要包含了纵横宽频、视频解霸、音频解霸、DAB/DVB 即时播放、豪杰 DAC 提取、制作、专辑、辅助工具、音视频转换工具等部分，并提供全方位的 IPTV 娱乐解决方案，使“生活从此更精彩”。可以通过豪杰解霸播放器直接登录豪杰宽频服务平台，享受高品质的 IPTV 节目。

用户可以在 http://www.herosoft.com/下载“豪杰超级解霸 V9”，在进行安装时，只需作出简单的回答即可安装成功。当安装成功后，在系统的菜单中将自动添加程序组，如图 6-16 所示，并且在系统的桌面上显示其快捷图标，如图 6-17 所示。

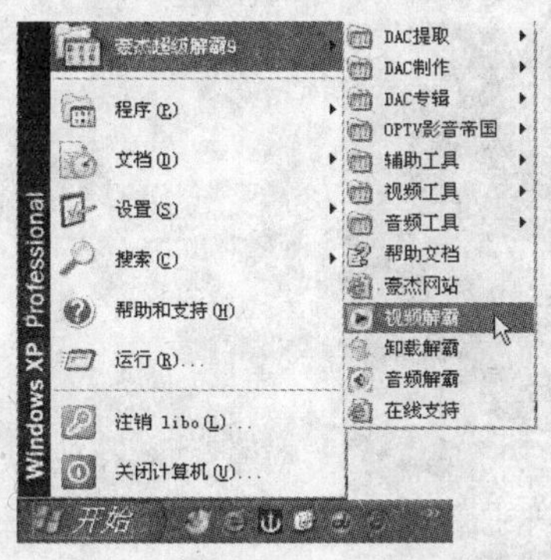

图 6-16　添加的程序组

图 6-17　添加的快捷图标

6.2.2 视频解霸的介绍

安装完豪杰超级解霸 V9 之后，系统将自动安装视频解霸和音频解霸，下面分别对其使用方法进行介绍。

1．主控界面

在系统中，分别按如图 6-16、图 6-17 所示的方法启动视频解霸后，便弹出视频解霸的主控菜单，如图 6-18 所示。

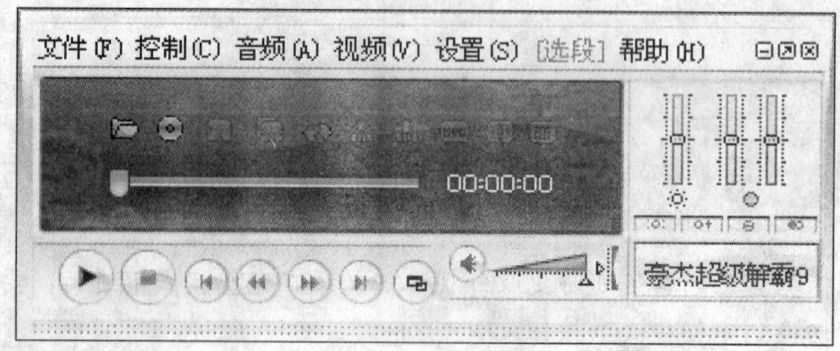

图 6-18　视频解霸的主控界面

视频解霸的主控界面上有很多按钮，下面分别介绍：

界面左上角按钮从左至右依次是：打开文件、播放 VCD/DVD 、单张抓图、连续抓图、循环播放、选择开始点、选择结束点、保存 MPG 、全屏和使模糊变清晰。

界面左下角按钮从左至右依次是：播放/暂停、关闭一切、上一段、后退、前进、下一段和高级。

界面右上角按钮从上至下依次是：最小化、最大化、关闭。

界面右中部按钮从左至右依次是：亮度调节、色彩调节（黄蓝、红绿）

界面右下方按钮从左至右依次是：高亮色彩（白色按钮）、标准色彩（蓝色按钮）、柔和色彩（橙色按钮）、黑白色彩（黑色按钮）。

2．视频播放窗口

打开视频播放后，除了有一个主控窗口，还有一个视频播放窗口叫“纵横宽频”，如图 6-19 所示。

图 6-19　视频播放窗口

纵横宽频中提供的内容可谓丰富多彩。

（1）手机娱乐：炫彩动画，缤纷屏保，动听铃音，个性短信，精彩任你发！

（2）豪杰网话：打长途，方便时尚更便宜，想聊多久就多久！

（3）影视剧场：荟萃正版精品，轻松享受宽带电影！

（4）畅听在线：新歌快递，音乐无极限，引领时尚前沿！评剧相声，精彩任你听！

（5）网上商城：安全便捷的购物新方式，让您足不出户，享受购物乐趣！

（6）豪杰娱乐圈：网上虚拟社区，娱乐资讯大家评，释放真我个性！

（7）生活频道：日常信息，息息相关，资讯信息，应有尽有。

（8）特惠专区：活动多多，优惠多多，超值放送，尽情享受。

3．播放 DVD、VCD

播放 DVD（需 DVD 光驱支持）、VCD 可以使用常用的两种播放模式，即光盘模式和文件模式。

若要在光盘模式下播放，首先将 VCD 或 DVD 放到光驱里，在主控界面下执行“文件\自动搜索播放光盘”菜单命令，如图 6-20 所示。如果有多个光驱，应选择“播放光盘”子菜单，然后在弹出的菜单中选择光盘所在的光驱进行播放，如图 6-21 所示。

若要在文件模式下播放，则在主控界面下执行“文件\打开媒体文件”命令，或选择“打开播放列表”项进行播放。

提示　另外还有一种方法，直接把要播放的文件拖到超级解霸的控制界面上进行播放即可。

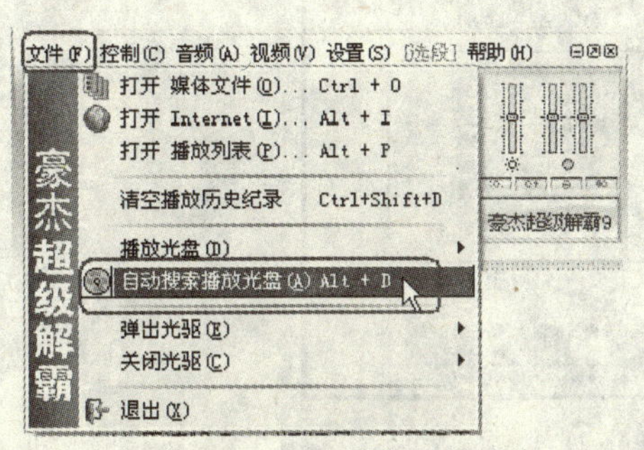

图 6-20　自动搜索播放光盘

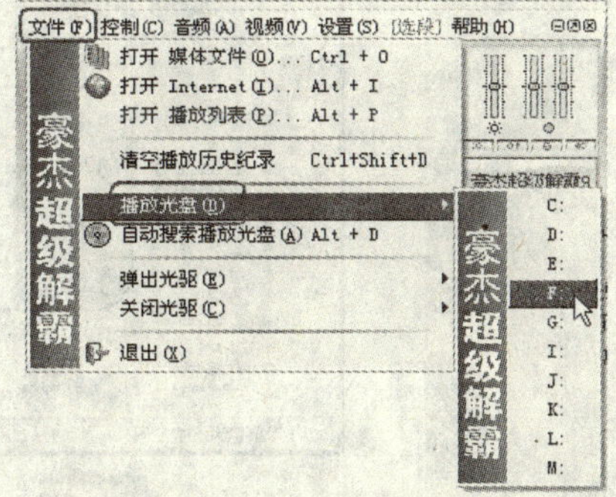

图 6-21　播放光盘

4．播放关联

要想将某种音/视频格式的多媒体文件设置打开的默认方式指向“超级解霸”（也就是双击该文件即可用超级解霸直接打开），其操作步骤如下：

（1）在主控界面中执行“设置\文件关联设置”菜单命令，如图 6-22 所示。

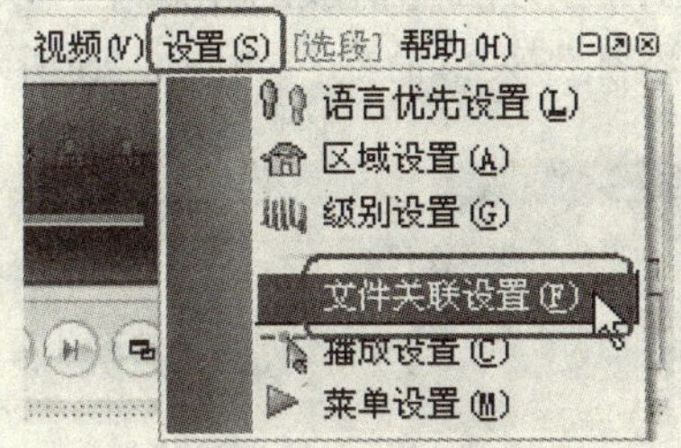

图 6-22　选择“文件关联设置”命令

（2）在弹出的“设置中心”对话框中，选择“基本设置”下的“播放关联”项，其“设置”主画面的右侧将切换成关联设置画面，如图 6-23 所示。

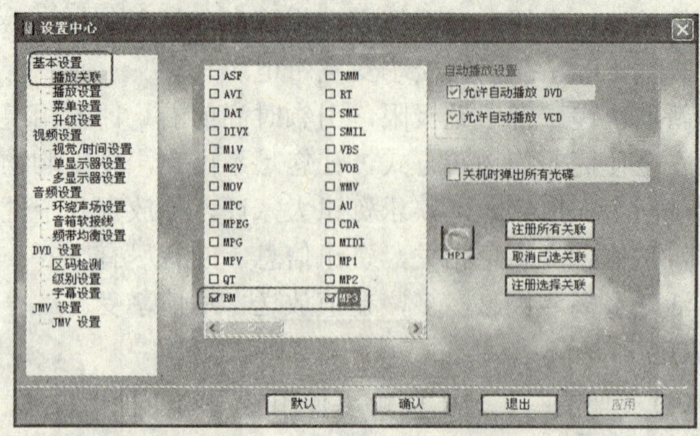

图 6-23 “播放关联”选项

（3）勾选文件类型的扩展名（如 RM、MP3），再单击“注册选择关联”按钮和“应用”按钮并确认退出。

（4）通过上述操作即可将 RM、MP3 文件的默认打开方式指向超级解霸（即双击该文件即可用超级解霸直接打开），如图 6-24 所示。

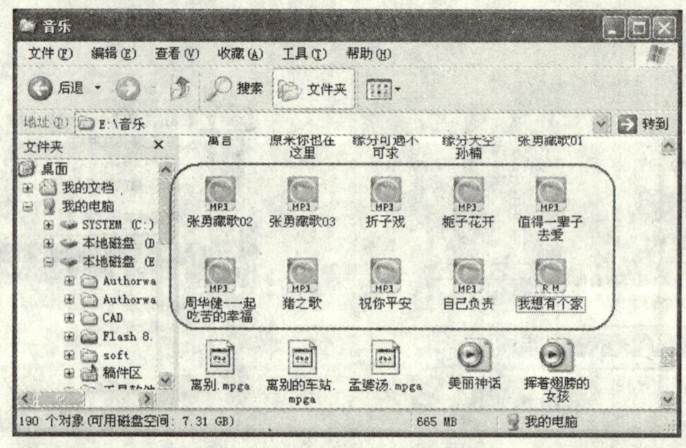

图 6-24 关联后的文件

5．使用书签

在解霸中通过增加书签功能就可以实现多画面点播功能。确切地说即是一种“记忆播放”功能，在已播放位置做上标记，下次播放该光碟时，可从标记位置开始播放。

若要添加点播画面：首先放入光碟，解霸将自动进行播放，或者执行“文件\播放各种影碟”菜单命令（必须是通过这两种方法能播放的光碟才可以实现多画面点播），当视频画面出现后，执行“视频\书签\添加”菜单命令，如图 6-25 所示。

图 6-25 “增加书签”对话框

在弹出的“增加书签”对话框中输入名称，默认为该段时间，单击“确定”按钮，这样一幅播放画面就设置保存好了。

若要点播已设置好的画面：首先播放影碟，执行“视频\书签\预览”菜单命令，此时就可看见前面制作的点播画面。如图 6-26 所示，是新增加的书签，可以通过单击某一个书签实现智能记忆的功能。

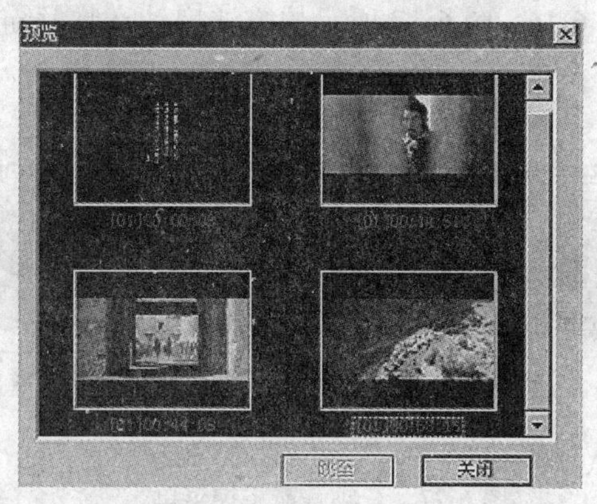

图 6-26　“预览”对话框

用鼠标单击要看的画面，再单击“跳至”按钮，这样就可以直接转到被选的段落，此功能在下次播放时同样有效。

注意　使用此功能的前提是必须在光碟播放状态下，支持 VCD、DVD 光碟，否则无法实现。

6．截取片断

看到 DVD、VCD 的精彩部分时，若要将精彩片断截取下来，用豪杰超级解霸轻松单击几个按钮就可以实现。

截取 VCD 中的片段，通过循环播放、选择开始点、选择结束点、保存 MPG 这几个按钮就可以将指定的片断转录为.MPG 或.MPV（MPV 文件只有视频无音频）文件功能，播放或停止状态均可实现。

首先播放影碟，单击“循环播放”按钮，可以看到播放进度条变为绿色（即为循环状态），图标变成双箭头。拖动鼠标到欲截取的片断的起始位置，单击“选择开始点”按钮选定开始点，再将鼠标拖至录取区域的终止位置，单击“选择结束点”，绿色的部分就是选定的要截取的片段。最后单击“保存 MPG”按钮，将指定区域录制为 MPG 或 MPV （MPV 文件只有视频无音频）文件，系统会提示输入录像的文件名。

注意　用以上方法转换成的 MPG 文件不是标准的 MPG 格式，如果需要刻录成 VCD 必须通过其他工具进行转换，可以使用豪杰视频通 2.5 来完成。上述功能只支持 VCD、DVD 或者 MPEG1 标准的.MPG 以及.dat、.vob 格式文件。

6.2.3　音频解霸的介绍

音频解霸支持软播表，提供“播放列表”，可以对所选的曲目进行编辑；对于 MTV 或具有立体声的音乐，可以将原唱消除，从而可以用于卡拉 OK；可以播放 VCD、DVD 影碟的音频部分；将 CD 播放的功能也融合进来了，成为一个同时具有压缩、解压功能的万能音频播放器。

所支持的文件格式有：MP4、RA、RM、AVI、MP1、MP2、MP3、MPA、WAV、MIDI、RMI、MID、AC3、DAC 等。

1. 主控界面

在系统中，分别按如图 6-16、图 6-17 所示的方法启动音频解霸后，便弹出音频解霸的主控菜单，如图 6-27 所示。

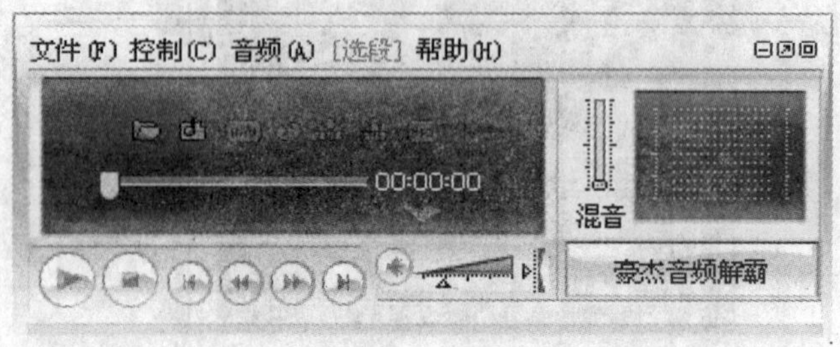

图 6-27 音频解霸主控菜单

2. 将 VCD 保存为 MP3

首先使用音频解霸播放要录制 MP3 的 VCD 光盘，然后单击播放面板上的“循环”按钮，单击后进度条的颜色发生改变。拖曳滑块到想要录取音乐的起始位置，并单击“选择开始点”按钮选定开始点，再将滑块拖至录取区域的终止位置，并单击“选择结束点”按钮，这样要录制的区域便确定了。

最后，单击“保存为 MP3”按钮，此时系统将自动弹出如图 6-28 所示的对话框。在“文件名”文本框中输入生成的文件名称后，单击“保存”按钮即可将被选中的 VCD 文件转录成 MP3。

图 6-28 将 VCD 保存为 MP3

3. 用 MTV 自做 CD

用解霸可以把 MTV 制作成 CD 进行保存。首先选择 MTV 用音频解霸进行播放，执行“音频 / 声道控制 / 左声道”菜单命令。然后单击面板上的“播放并录音”按钮，系统会自动弹出如图 6-29 所示的对话框，直接输入生成的.wav 格式文件名称，最后单击“保存”按钮即可。

图 6-29　用 MTV 自做 CD

6.3　Real Player 10 媒体播放器

6.3.1　Real Player 10 媒体播放器简介

内置 Harmony 技术的 RealPlayerPlus 是一个具有高级功能的媒体播放器，可以用它播放、保存和组织媒体、刻录 CD，甚至可以从模拟源保存音频。

Real 服务是访问 Internet 的网关，并且提供了所需的一切，可以在 Real 或 Web 内搜索内容、收听电台，并查看独家娱乐和新闻节目。

RealPlayer 可以播放的文件类型如表 6-3 所示。

表 6-3　RealPlayer 可以播放的文件类型

文件类型	扩　展　名
RAM 元文件	.ram、.rmm
RealAudio / RealVideo	.ra、.rax、.rv.、.rvx、.rm、.rmx、.rm33j、.rms
MPEG-4 音频：AAC (包括 iPod 和 iTunes 文件)	.m4a、.m4p
RealPix	.rp
RealText	.rt
RealJukebox 面板	.rjs
RealJukebox 曲目信息包	.rmp

用户可以在 http://www.skycn.com/soft/6404.html 下载 Real Player 10，在进行安装时，只需作出简单的回答即可安装成功。当安装成功后，在系统的菜单中将自动添加程序组，如图 6-30 所示，并且在系统的桌面上显示其快捷图标，如图 6-31 所示。

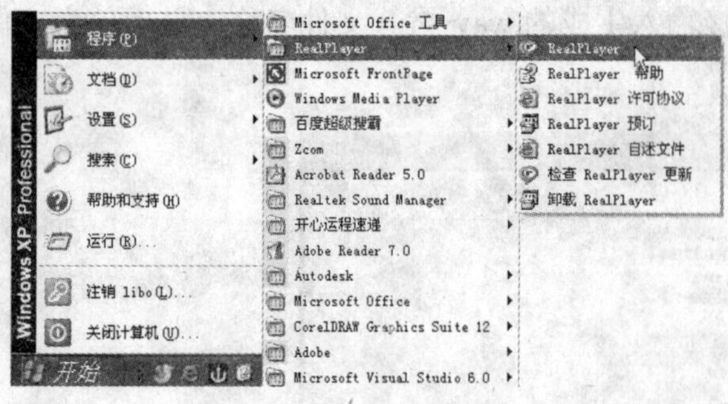

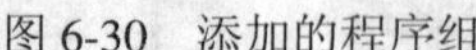

图 6-30 添加的程序组

图 6-31 添加的快捷图标

6.3.2 启动方法与界面

若要启动 RealPlayer 10 媒体播放器，可以执行以下任一项操作：

（1）在桌面双击 RealPlayer 的图标。

（2）在系统的快速启动区中（ ）单击按钮。

（3）在系统中，执行“开始 / 程序 / RealPlayer / RealPlayer”菜单命令，如图 6-30 所示。

当启动 RealPlayer 10 媒体播放器后，其界面如图 6-32 所示。

图 6-32 RealPlayer 界面

1. 调整窗口或面板的大小和移动其位置

无论是否打开媒体浏览器，都可以调整 RealPlayer 的大小和移动其位置，可以像调整其他任何窗口一样。另外，如果“媒体浏览器”或现在播放列表从 RealPlayer 的主体中分开，则对它们可以单独调整大小和移动其位置。

2. 移动窗口

单击并拖动 RealPlayer、“媒体浏览器”或“现在播放”窗口的任何非交互性区域（光标不会变化），以移动整个窗口。

3. 调整窗口大小

表 6-4 给出了 RealPlayer 中调整窗口大小的按钮。

表 6-4　RealPlayer 中调整窗口大小

图　标	功　能	说　　明
	调整大小（窗口）	单击并按住“调整大小”选项卡，然后拖动以调整窗口的大小（窗口最大化时不能使用）
	调整大小（演示区域）	单击、按住并上下拖动选项卡，可以调整演示区域的大小 ◆调整大小时按住 Shift 键，可以保持“专辑信息”/“相关信息”区域的大小 ◆调整大小时按住 Ctrl 键，可以调整整个窗口的大小 ◆双击此标签可关闭/还原演示区域
	最小化	将播放器缩减为 Windows 任务栏上的一个图标（播放器将继续发挥其功能）
	最大化	将窗口大小放大至充满整个桌面
	恢复	使窗口返回上一次大小（窗口最大化时）
	关闭	关闭 RealPlayer 或相关面板（媒体浏览器、现在播放等）
	分离浏览器	从 RealPlayer 中分离“媒体浏览器”或“现在播放”列表。各自作为单独窗口显示
	连接浏览器	将“媒体浏览器”或“现在播放”列表重新连接到 RealPlayer

4. RealPlayer 控制

表 6-5 给出了 RealPlayer 的控制按钮及功能说明。

表 6-5　RealPlayer 的控制按钮及功能说明

图　标	功　能	说　明
»	列表菜单	列出并访问通过调整大小隐藏的菜单
	消息	打开消息中心
 现在播放	现在播放	单击可在浏览器中打开或关闭现在播放面板(如有必要，可打开浏览器)
	窗口控制	标准 Windows 控制，用于最小化、最大化、还原和关闭窗口
	媒体浏览器	单击以打开或关闭媒体浏览器。单击以打开媒体浏览器快速访问菜单
	播放	从起始处或暂停处开始播放剪辑(激活后将变成“暂停”按钮)
	暂停	暂停播放剪辑(剪辑暂停后将变成“播放”按钮)。单击“播放”按钮，将从退出剪辑处继续播放 注意　暂停时间过长可能会导致联机剪辑失去连接。继续播放时，RealPlayer 需要重新连接至该剪辑，因此可能会出现延迟
	停止	停止播放，并将剪辑重设至起始处

[续]

	快进	单击一次可在现在播放列表中移至下一段剪辑 单击并按住此按钮，可以“快进”当前剪辑
	后退	单击一次可在现在播放列表中移至上一段剪辑 单击并按住此按钮，可以“快退”当前剪辑
	位置滑块	单击并拖动跟踪按钮，可以向剪辑的结束处或开始处移动
关 开	静音	将 RealPlayer 的音量暂时设置为零(打开静音)。当前剪辑将继续播放，除非停止或暂停。再次单击可使音量返回上一个级别(关闭静音)
	音量滑块	拖动音量按钮可调节音量，音量级别由彩色条表示
	隐藏/显示演示	单击或隐藏（或显示）演示区域
	打开菜单	打开“DVD 命令”菜单

6.3.3 使用 RealPlayer 播放音乐和视频

使用 RealPlayer 播放媒体的最简单方法，就是用鼠标双击要播放的文件名称。如果 RealPlayer 是该媒体类型的默认播放器，则会在选择媒体后立即启动并开始播放。

然而，RealPlayer 并不仅仅是一种媒体播放器，它还具有其他许多功能，例如查找、管理、保存和播放各种媒体类型，如果用户是 Real 服务会员或 Real Player Plus 用户，还可以访问大量高级功能和媒体内容。

1. 播放 CD

在大多数情况下，将 CD 或 DVD 放入光驱后均会自动启动 RealPlayer 并开始播放。如果系统没在插入 CD 时启用开始播放选项，可按以下步骤来播放 CD：

（1）在如图 6-32 所示的窗口中，执行“视图\CD\DVD”菜单命令，将打开如图 6-33 所示的 CD/DVD 页面（将音频 CD 放入光驱后，CD 上的音频曲目将很快显示出来）。

图 6-33 插入 CD

（2）双击第一个曲目名称（CD 中的曲目将在“现在播放列表”中排队并播放）。

（3）到此，CD 中的音频曲目将从头到尾开始播放（可以使用播放器控制来控制播放）。

可以使用随机播放/连续播放的功能来播放 CD，还可以选择使 RealPlayer 按任意顺序（随机）和（或）以连续、反复的方式播放 CD 上的曲目，只要执行“播放”菜单中的相应命令即可。

2．播放 DVD

如果 RealPlayer 是 DVD 的默认播放器，当将 DVD 放入光驱后，它将自动启动并开始播放 DVD。播放开始后，显示模式将自动更改为影院模式（可执行“工具\首选项”菜单命令，在“DVD”项中打开或关闭此功能，如图 6-34 所示。）

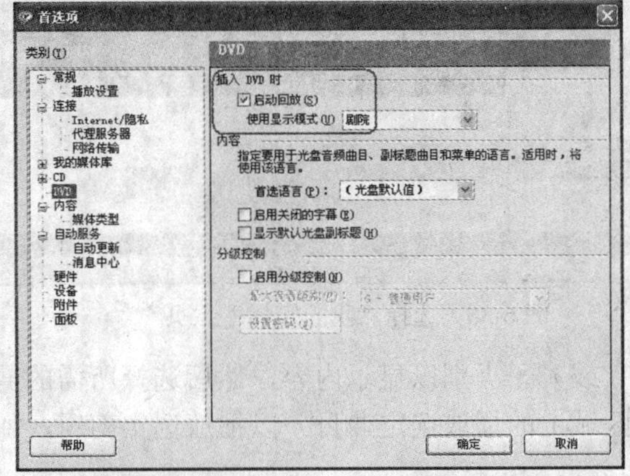

图 6-34　设计 DVD 选项

注意　*必须为 DVD 驱动器安装驱动程序和关联软件后，RealPlayer 才可访问 DVD 驱动器。一旦 DVD 完成加载和初始化，就会显示 DVD 的主菜单。*

如果系统没在插入 DVD 时启用开始播放选项，则应手动启动 DVD，执行“播放”菜单下的“播放 CD 或 DVD”命令即可。

3．播放指定媒体文件

如果计算机上保存了其他的一些媒体文件时，可以单独播放这些媒体文件。在播放器的菜单中执行“文件\打开”菜单命令，将弹出“打开”对话框，单击“浏览”按钮，弹出“打开文件”对话框。选择指定的文件后，单击“打开”按钮即可开始播放，如图 6-35 所示。

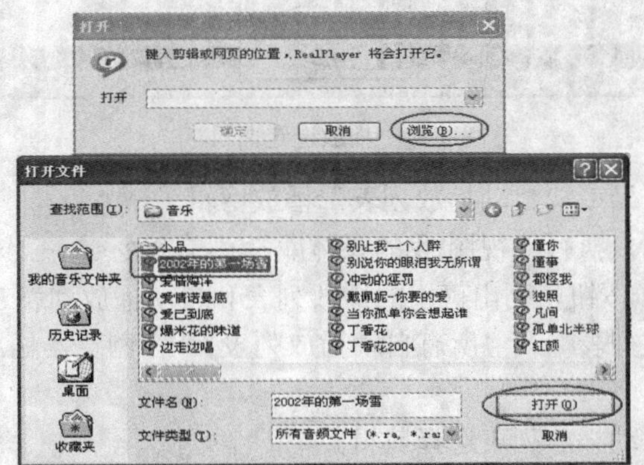

图 6-35　播放指定媒体文件

4．播放剪辑

使用 RealPlayer 在计算机上保存媒体文件时，会在“我的媒体库”中创建媒体剪辑。使用以下过程，可以通过“我的媒体库”播放单独剪辑或成组剪辑：

（1）从“剪辑类别”播放剪辑。

① 在播放器窗口中，执行“视图\我的媒体库”菜单命令。

② 单击浏览器顶部的“我的媒体库主页”，则所有剪辑类别随后将列在显示区域中，如图 6-36 所示。

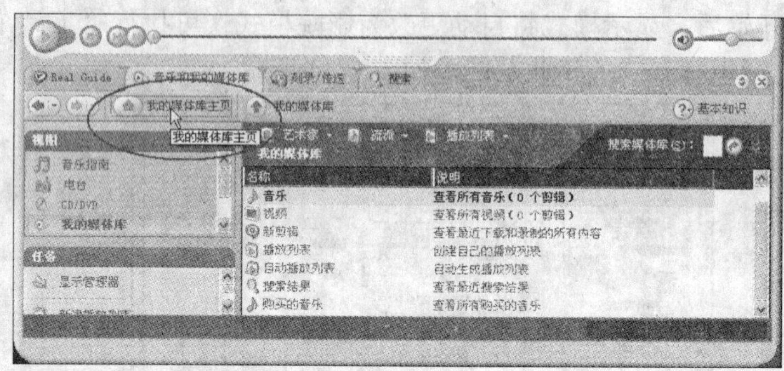

图 6-36 选择“我的媒体库主页”

③ 双击剪辑类别和（或）子类别以显示内容，然后选择所需的剪辑。

④ 单击工具条任务区域上的播放选定曲目，以播放选定剪辑，如图 6-37 所示。

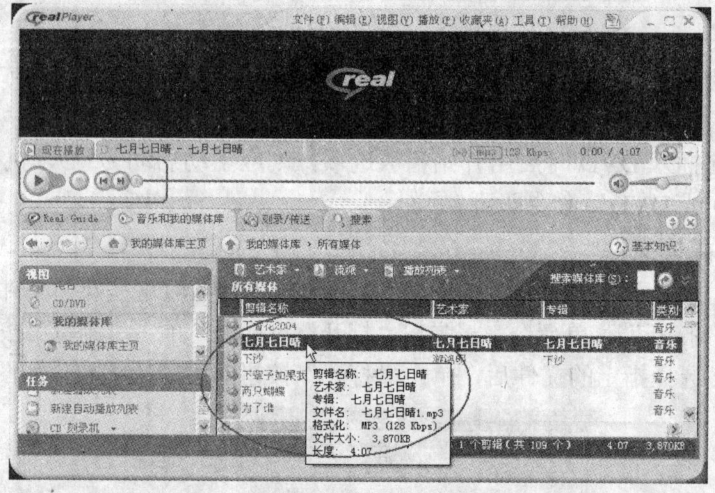

图 6-37 播放选定曲目

（2）从“播放列表”或“自动播放列表”播放剪辑。

① 在播放器窗口中，执行“视图\我的媒体库”菜单命令。

② 单击 播放列表 按钮，列出可用的播放列表和自动播放列表。

③ 单击“所有播放列表”或“所有自动播放列表”，在浏览器显示区域显示内容，如图 6-38 所示。

④ 从播放列表或自动播放列表选择剪辑。

⑤ 单击工具条的任务区域上的播放选定曲目，以播放选定剪辑。

5．创建播放列表

创建播放列表与创建虚拟专辑相类似，可以针对各种场合或心情创建播放列表。将任何支持格式的文件（音频或视频）复制到播放列表中，从而可以随时进行编辑。

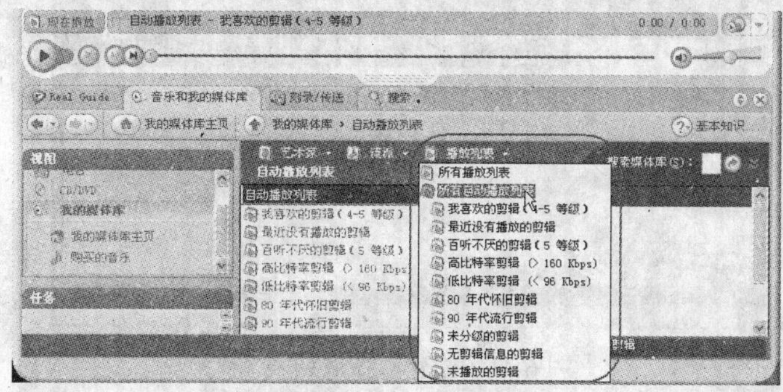

图 6-38　从“播放列表”或“自动播放列表”播放剪辑

（1）新建播放列表。

① 在播放器窗口中，执行“视图\我的媒体库”菜单命令。

② 在左侧工具条的“任务”区域中单击 新建播放列表 按钮。

③ 此时将出现如图 6-39 所示的“新建播放列表”对话框，输入列表名称后，单击“确定”按钮。

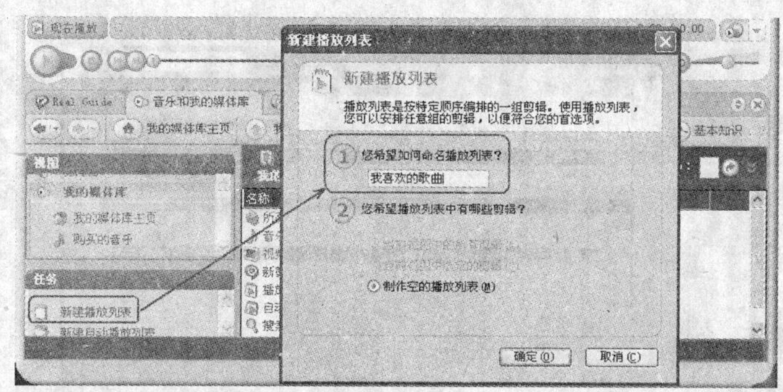

图 6-39　新建播放列表

④ 在弹出的提示框中单击“是”按钮后，将弹出如图 6-40 所示的窗口。

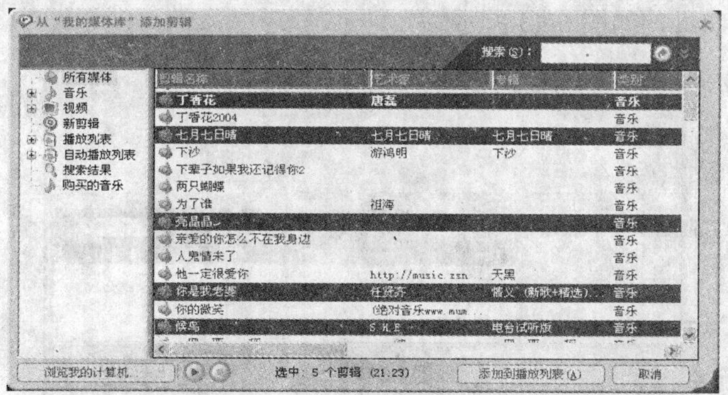

图 6-40　选择需要添加的曲目

⑤ 选择需要添加的媒体文件后，单击“添加到播放列表”按钮，即可将喜欢的曲目添加到列表中，如图 6-41 所示。

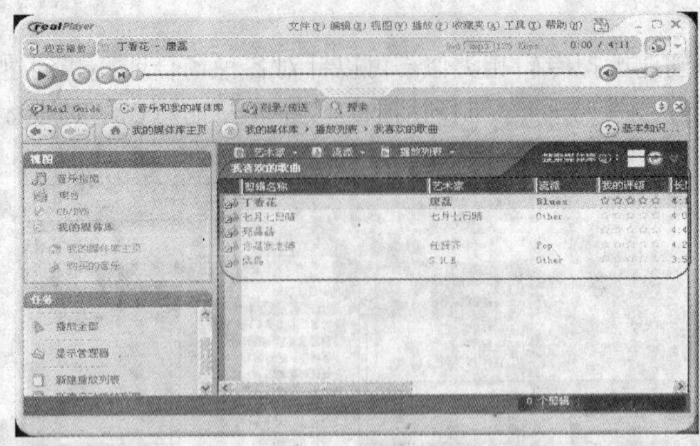

图 6-41　创建的播放列表

（2）将剪辑添加至播放列表。

① 在播放器窗口中，执行“视图\我的媒体库”菜单命令。

② 在“我的媒体库”顶部的 播放列表 下拉菜单中，选择一个播放列表并将其打开（我喜欢的歌曲），如图 6-41 所示。

③ 在左侧工具条的“任务”区域中单击 添加剪辑 按钮，然后从打开的窗口中选择需要添加的媒体文件，如图 6-42 所示。

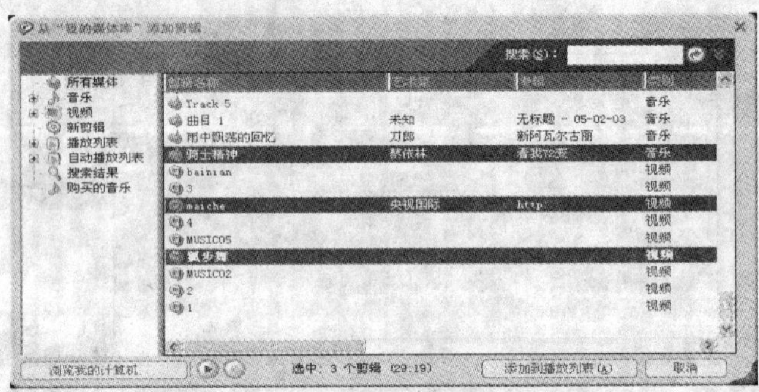

图 6-42　选择需要添加的媒体文件

④ 单击“添加到播放列表”按钮后，此时在已经打开的“我喜欢的歌曲”列表中将新添加已经选择的曲目，如图 6-43 所示

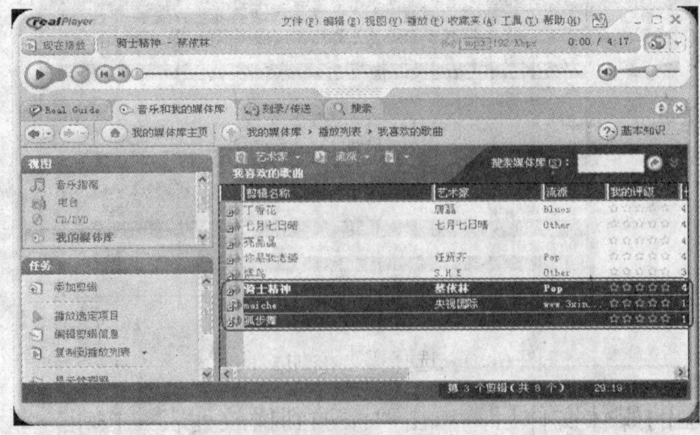

图 6-43　添加的曲目文件

6．视觉外观

视觉外观显示在 RealPlayer 的演示区域中，只是在欣赏时增强色彩和动态效果，其他诸如 Fire 和 Audio Analyzer 等可以帮助调节均衡器，以获得更好的音效。

若要打开或关闭视觉外观，则在 RealPlayer 播放器窗口中，执行“视图\选择视觉外观”菜单命令，然后在下一级菜单中选择一种视觉外观，如图 6-44 所示。

图 6-44　选择视觉外观

【习　题】

1．填空题

（1）使用 Windows Media Player 10，可以收听世界范围内的________、播放和复制 CD、寻找 Internet 上提供的电影以及创建计算机上所有媒体的自定义列表。

（2）豪杰超级解霸 V9 主要包含了纵横宽频、________、_______、DAB/DVB 即时播放、豪杰 DAC 提取、制作、专辑、辅助工具、_______工具等部分。

2．简答题

（1）怎样使用 Windows Media Player 10 创建播放列表？

（2）怎样使用 Windows Media Player 10 改变播放机的外观？

（3）怎样使用豪杰超级解霸 V9 播放 DVD、VCD？

（4）怎样使用豪杰超级解霸 V9 将 VCD 保存为 MP3？

（5）怎样调整 RealPlayer 窗口的大小？

（6）怎样使用 RealPlayer 创建播放列表？

第 7 章　网络搜索工具

7.1　百度搜索引擎的使用

7.1.1　百度搜索引擎介绍

百度（http://www.baidu.com）搜索使用了高性能的“网络蜘蛛”程序（Spider），自动在互联网中搜索信息，可定制高扩展性的调度算法，使得搜索器能在极短的时间内收集到最大数量的互联网信息。百度搜索在中国和美国均设有服务器，搜索范围覆盖了中国内地、中国香港、中国台湾、中国澳门以及新加坡等华语地区和北美、欧洲的部分站点。百度搜索引擎目前已经拥有世界上最大的中文信息库，总量达到 6 000 万页以上，并且还在以每天超过 30 万页的速度不断增长。

用户在 IE 浏览器的地址栏中输入 http://www.baidu.com，按回车键后即可进行百度搜索的操作。例如，如果在文本框中输入“十面埋伏”关键字，然后单击“百度搜索”按钮，此时将打开百度搜索引擎的搜索界面，如图 7-1 所示。

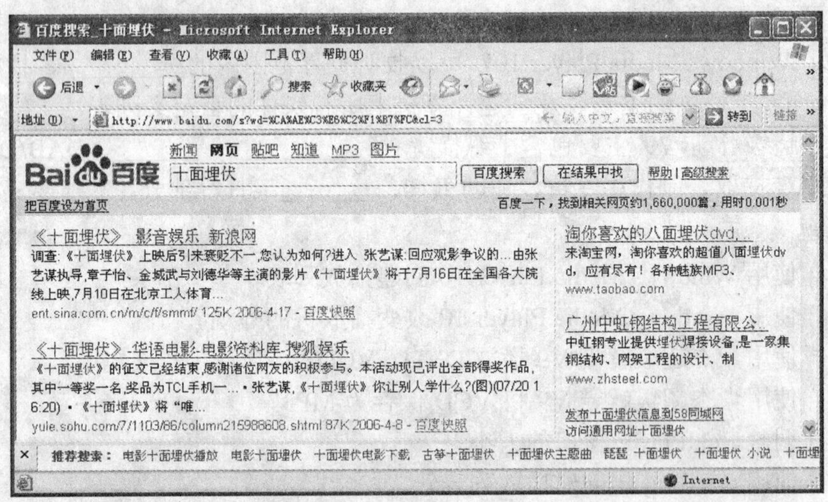

图 7-1　百度搜索的界面

7.1.2　百度基本搜索

百度搜索引擎简单方便，仅需输入查询内容并按回车键（Enter），即可得到相关资料。或者输入查询内容后，用鼠标单击“百度搜索”按钮，也可得到相关资料。

输入的查询内容可以是一个词语、多个词语、一句话。

例如：可以输入“李白”、“mp3 下载”、“蓦然回首，那人却在灯火阑珊处”。

百度搜索引擎严谨认真，要求“一字不差”。如分别搜索[舒淇]和[舒琪]，会得到不同的结果，如图 7-2 所示。因此在搜索时，用户可以试用不同的词语。

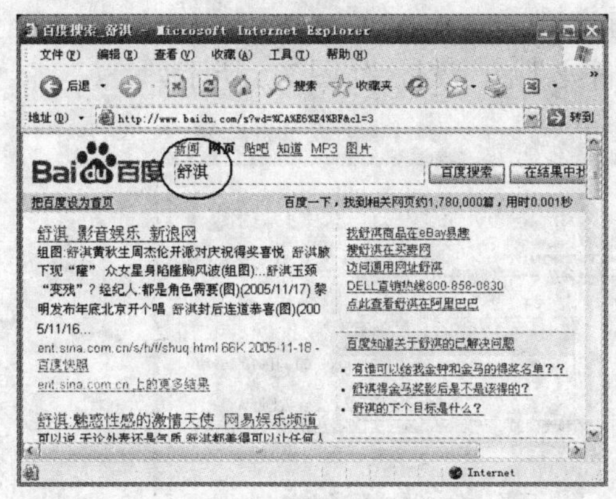

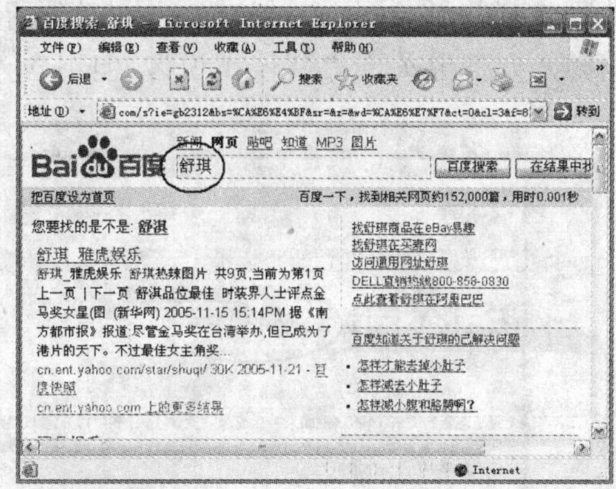

图 7-2　同音不同字的搜索结果

7.1.3　输入多个词语搜索

输入多个词语搜索（不同字词之间用一个空格隔开），可以获得更精确的搜索结果。如想了解中国法律的相关信息，应在搜索框中输入“中国　法律”，如图 7-3 所示。

中国 法律　[百度搜索]

图 7-3　输入多个词搜索

当单击“百度搜索”按钮后，会得到如图 7-4 所示的搜索结果。

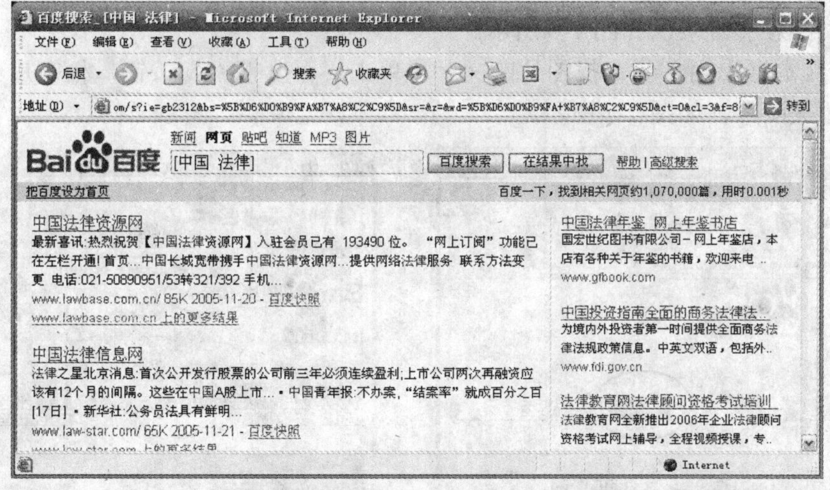

图 7-4　输入多个词搜索的结果

提示　在百度查询时不需要使用符号“AND”或“+”，百度会在多个以空格隔开的词语之间自动添加“+”。百度提供符合用户全部查询条件的资料，并把最相关的网页排在前列。

7.1.4 减除无关资料

有时候，排除含有某些词语的资料有利于缩小查询范围。百度支持“-”功能，用于有目的地删除某些无关网页，但减号之前必须留有空格。

例如，要搜寻关于“武侠小说”，但不含“古龙”的资料，如图 7-5 所示。

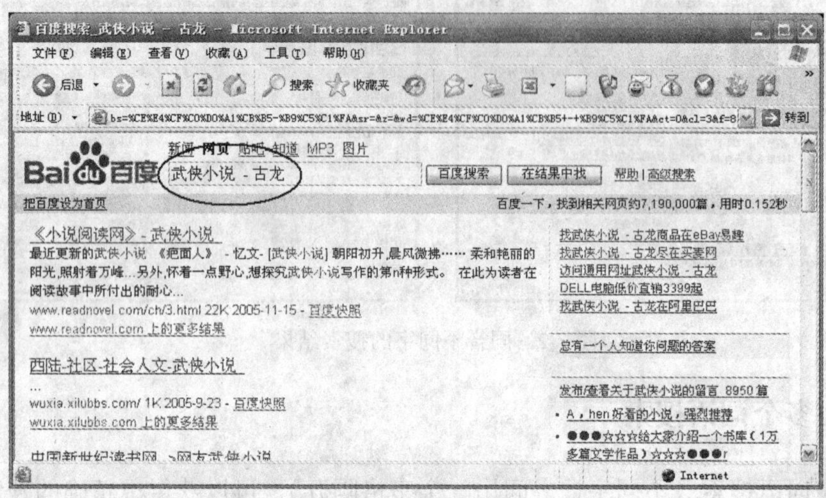

图 7-5 减除无关资料搜索

7.1.5 使用百度搜索图片

利用百度搜索用户需要的图片资料是非常方便的，不但速度非常快，而且容量也非常大，其操作步骤如下：

（1）打开 IE 浏览器，在地址栏中输入“http://www.baidu.com”，随后可以看到百度的主页，单击“图片”链接，如图 7-6 所示。

（2）在文本框中输入要查找图片的文字，单击“百度搜索”按钮，稍等片刻将出现所搜索到的相关图片，如图 7-7 所示。

图 7-6 搜索图片

图 7-7 搜索的“显示器”图片

（3）单击要查看的图片后，就会在一个新的窗口中显示图片放大后的效果，如图 7-8 所示。

（4）如果需要将该图片保存下来，可用鼠标右键单击它，在弹出的快捷菜单中选择“图片另存为”命令，如图 7-9 所示。

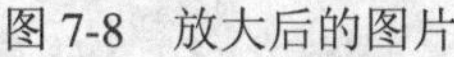
图 7-8　放大后的图片

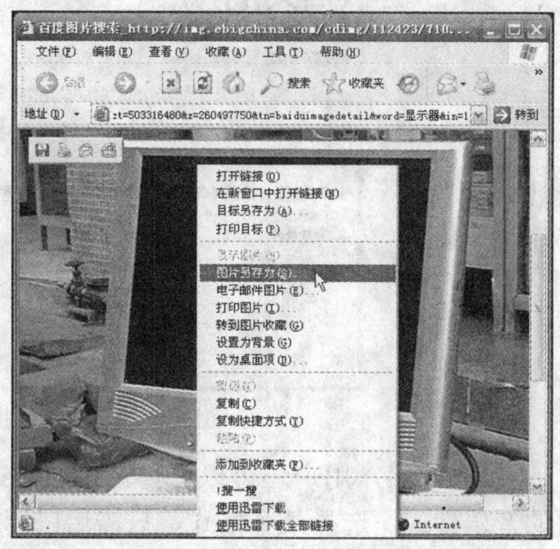

图 7-9　保存图片

（5）在随后弹出的“保存图片”对话框中，选择好图片保存的路径和名字，然后单击“保存”按钮即可。

7.1.6　使用百度搜索音乐

网络中的音乐非常多，用户可以使用百度非常快捷地搜索到需要的音乐，然后下载，其操作步骤如下：

（1）打开 IE 浏览器，在地址栏中输入“http://www.baidu.com”，随后可以看到百度的主页，单击“MP3”连接，如图 7-10 所示。

图 7-10　搜索音乐

（2）在文本框中输入自己喜欢的歌手姓名或歌曲名，然后单击“百度搜索”按钮，稍等片刻即会搜索到指定的音乐，如图 7-11 所示。

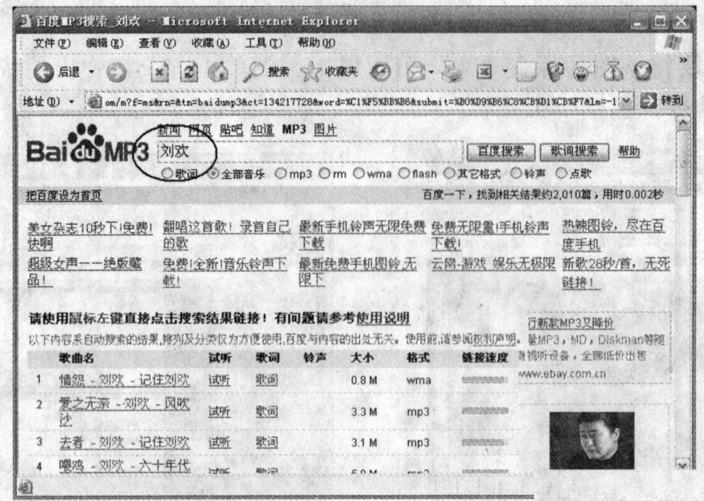

图 7-11 搜索到的音乐

（3）当然，用户还可以选择音乐的格式。在百度中为用户提供了多种网络中最为常用的音乐格式，选择某个格式，只需用鼠标选中某个单选按钮即可，如图 7-12 所示。

○歌词 ⊙全部音乐 ○mp3 ○rm ○wma ○flash ○其它格式 ○铃声 ○点歌

图 7-12 选择搜索音乐的格式

（4）如果有些歌曲比较喜欢，需要将其保存在自己的硬盘中，那么用鼠标右键单击它，在弹出的快捷菜单中选择“目标另存为”命令即可。

（5）如果用户需要试听某些歌曲，在指定的歌曲中单击“试听”链接，如图 7-13 所示。此时会自动打开一个播放器，如图 7-14 所示。

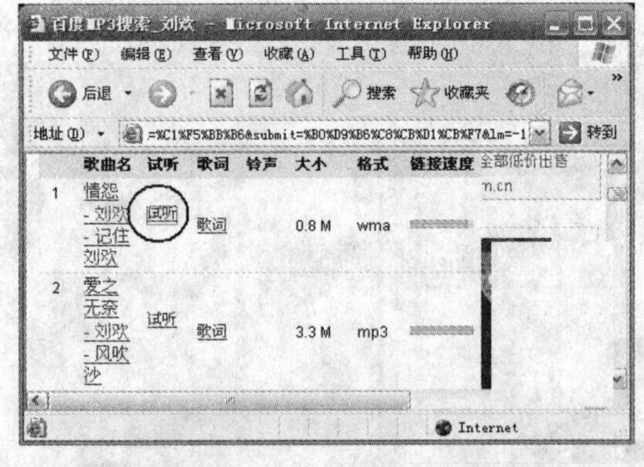

图 7-13 试听歌曲

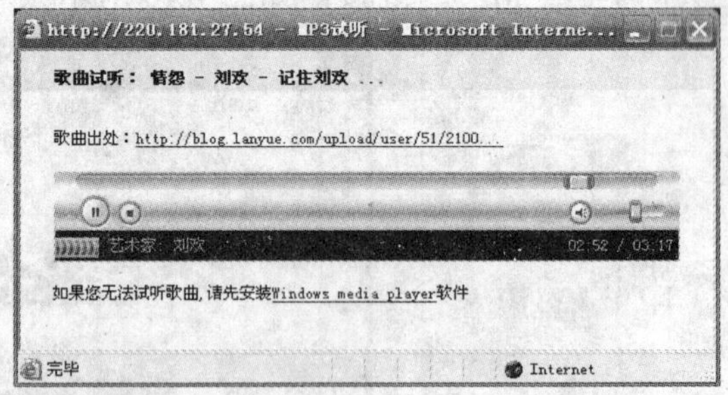

图 7-14 正在播放歌曲

（6）同样，如果需要下载该歌曲的歌词，应单击“歌词”链接。

7.1.7 百度计算器的使用

百度计算器为用户提供了常用的数学计算和度量衡换算功能，这极大地方便了身边没有计算器的用户。

1．数学计算

百度计算器为用户提供常用的数学计算功能，可在任何地方的网页搜索栏内，输入需要计算的数学表达式（例如：3+2），单击“搜索”按钮，即可获得结果。

百度计算器支持实数范围内的计算，支持的运算包括：加法（+或＋）、减法（-或－）、乘法（*或×）、除法（/）、幂运算（^）、阶乘（!或！）。支持的函数包括：正弦、余弦、正切、对数、弧度转化为角度，并支持上述运算的混合运算。

加法：3+2

减法：3-2

乘法：3*2

除法：3/2

阶乘：4!　4 的阶乘

平方：4^2　4 的平方

立方：4^3　4 的立方

开平方：4^（1/2）　4 的平方根

开立方：4^（1/3）　4 的立方根

倒数：1/4　4 的倒数

幂运算：2^8　2 的 8 次方

常用对数：log（8）　以 10 为底 8 的对数

以自然底数为底的对数：ln（8）　以 e 为底 8 的对数

求弧度的正弦：sin（10）　10 弧度角正弦值

求弧度的余弦：cos（10）　10 弧度角余弦值

求弧度的正切：tan（10）　10 弧度角正切值

上述运算的混合运算：log（（5+5）^2）-3+pi

例如，在百度的文本框中输入“log（（5+5）^2）-3+pi”，然后单击“百度搜索”按钮，会计算出相应的结果，如图 7-15 所示。

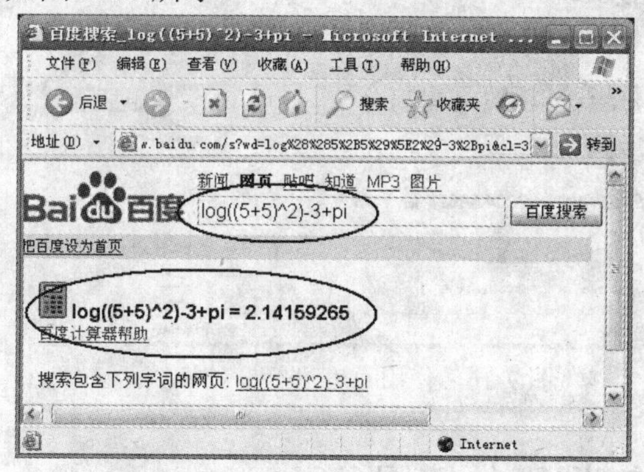

图 7-15　使用百度进行数学运算

提示　如果输入的算式不符合相应的格式，则不会得到计算结果，而只得到算式的搜索结果。英文字母不分大小写，支持中文运行符和中文括号，如果对数字进行函数计算，则可省略括号。

2．度量衡换算

百度支持常用的度量衡换算，方法是在搜索栏或者计算框内输入如下格式表达式：

换算数量换算前单位=？换算后单位

如：5 公斤=？克

百度支持的具体换算单位如下：

（1）长度

公制：千米（公里）、米、分米、厘米、毫米、微米

英制：英寸、英尺、码、英里

市制：里、丈、尺、寸、分、厘、毫

（2）面积

公制：平方公里、公顷、公亩、平方米、平方厘米

英制：英亩、平方英里、平方码、平方英尺、平方英寸

市制：顷、亩、平方尺、平方寸

（3）体积

公制：立方米、立方分米、立方厘米、升、毫升

英制：立方英尺、立方英寸、立方码、英国加仑

（4）重量

公制：吨、公担、千克（公斤）、克、毫克

英制：磅、盎司、克拉

市制：担、斤、两、钱

（5）温度

华氏度、摄氏度

例如，在百度的文本框中输入“1 吨=？磅”，然后单击“百度搜索”按钮，会计算出相应的结果，如图 7-16 所示。

图 7-16 使用百度进行度量换算

7.2 3721 网络实名/搜索的使用

7.2.1 3721 网络实名简介

作为最佳网络营销工具，3721 网络实名是企业进行网络推广必选的服务。企业将产品、服务、行业或品牌、商标、字号名称注册为网络实名后，直接在地址栏中输入相应的名称，

就能找到企业网站。

3721 网络实名已经成为企业进行网络推广的必选服务，拥有超过 60 万家的企业客户，覆盖了 90%以上的中国互联网用户，每天使用量高达 8 000 万人次。3721 网络实名为成千上万的企业带来了大量准确商机，是企业进行网络推广的必选服务。

使用 3721 的网络实名有如下两种服务方式：

（1）在搜索引擎中使用：用户可以在新浪、搜狐、网易、中华网、TOM、163 电子邮局、FM365 等各大门户网站的搜索引擎，以及中国电信下属的近 200 家信息港的搜索框使用网络实名。用户可以输入网站、企业或产品的名称、汉语拼音、汉语拼音缩写、电话号码等来搜索相应信息，直达网站。

（2）在浏览器的地址栏中使用：仅需访问 3721 网站首页，并开启网络实名功能，即可使用户的浏览器具备网络实名功能。网络实名支持 IE、Netscape、Opera、Netcaptor 等各种常用浏览器。

7.2.2　开通网络实名

如果要让 IE 浏览器使用中文域名搜索，必须要开通网络实名，其操作步骤如下：

（1）在 IE 浏览器的地址栏中输入“http://www.3721.com”，进入“3721”的主页，如图 7-17 所示。

（2）单击“免费开启”按钮，进入“开启实名功能”页面，如图 7-18 所示。

图 7-17　3721 主页

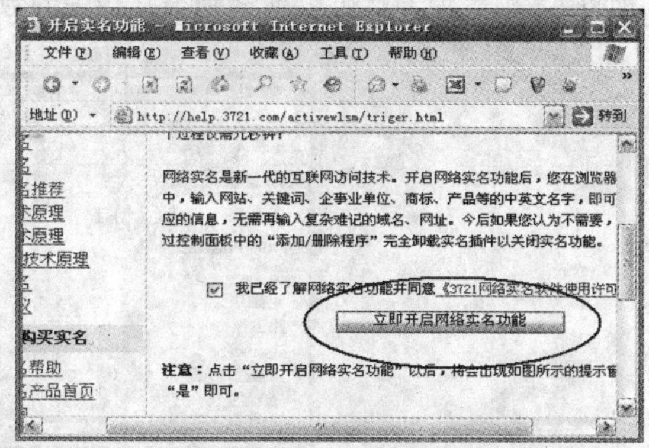

图 7-18　免费开启网络实名

（3）单击“立即开启网络实名功能”按钮，系统会自动安装网络实名的相关软件，然后系统会提示网络实名安装成功，如图 7-19 所示。

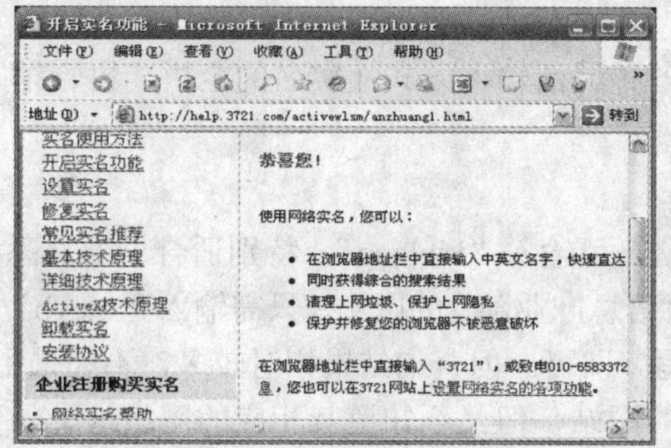

图 7-19　已经开通网络实名功能

提示 开启网络实名功能后，用户可以在网页地址栏中直接输入中文来访问网页。如果不需要网络实名功能，可随时通过“控制面板”的“添加/删除程序”来卸载网络实名。

7.2.3 中文直达

用户安装网络实名插件之后，即可在浏览器地址栏中实现网络实名功能，用自然语言输入网站、企事业单位或产品的中英文名字，快速直达对应网站或获得实名的智能推测结果，而无需再记忆 http://www.com 等复杂的域名、网址。如直接在 IE 地址栏内输入“新浪”，然后按回车键，即可启动新浪的主页，如图 7-20 所示。

图 7-20 打开的新浪主页

7.2.4 地址栏搜索

开启中文上网功能，用户的浏览器地址栏就成了超级搜索框。例如，在地址栏输入中文“神舟”，稍等片刻就可以搜索到与其相关的数百万条网站链接，如图 7-21 所示。

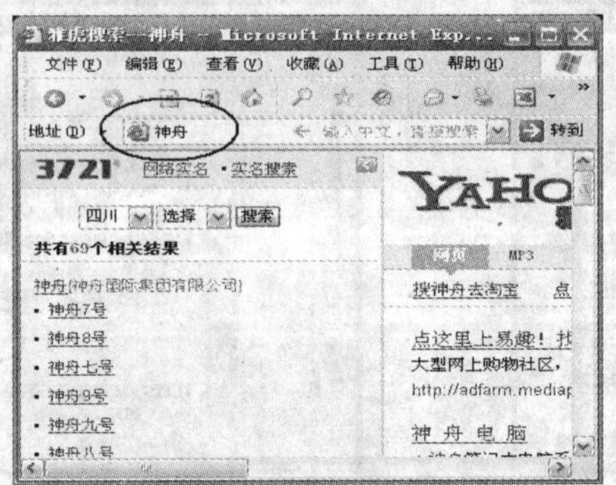

图 7-21 搜索到与“神舟”相关的网页

7.2.5 灵活输入

网络实名的查询支持各种灵活输入方式：实名的全拼、拼音缩写或股票代码，都可以搜到结果。

1. 全拼及拼音缩写

要进入“新浪”的网站，可输入“xinlang”，特别适合于不熟悉中文输入或忘记了某个汉字写法的情况；想进入“信息产业部”的网站，只需输入“xxcyb”(即拼音“xin xi chan ye bu”的第一个拼音字母缩写）即可。但查询结果相对较多，不如采用中文汉字和全拼准确。

如访问“今日说法”的网站，但又不知道其相应的网络地址，可以直接在 IE 浏览器的地址栏输入“jinrishuofa”，然后按回车键即可找到与之相关的网站链接，如图 7-22 所示。

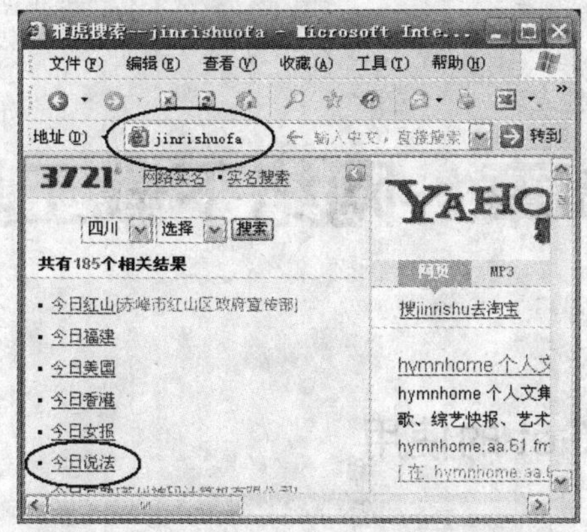

图 7-22　搜索到与“jinrishuofa”相关的网页

2．股票代码

输入“000001”或“深发展 A”，即可查看股票最新行情资料，简单方便，是股民朋友的好帮手。如直接在 IE 浏览器的地址栏内输入“000010”，即可查看“深华新”的股票最新行情资料，如图 7-23 所示。

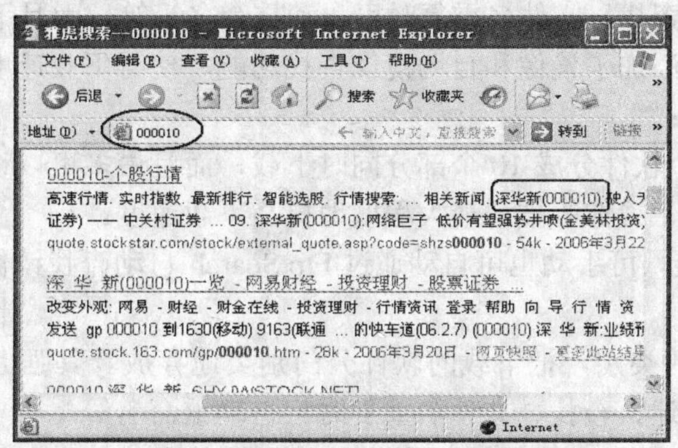

图 7-23　搜索“000010”的股票资料

【习　题】

1．填空题

（1）百度搜索引擎的网址是____________________。

（2）在百度查询时不需要使用符号“AND”或“+”，百度会在多个以空格隔开的词语之间自动添加__________。

（3）3721 网络实名的网址是_____________________。

（4）使用 3721 的网络实名有两种服务方式，即“在搜索引擎中使用”和__________。

2．简答题

（1）怎样使用百度搜索多个关键字？

（2）怎样使用百度搜索图片和音乐？

（3）怎样使用百度进行计算？

（4）怎样开通 3721 网络实名？

（5）怎样使用 3721 搜索股票代码？

第 8 章 网络下载工具

8.1 网际快车 FlashGet 的使用

8.1.1 网际快车 FlashGet 的介绍

网际快车的英文名称为 FlashGet，原名就是 JetCar。它将一个文件分成几个部分同时下载，从而下载速度可以提高 100%～500%。FlashGet 可以创建不限数目的类别，每个类别指定单独的文件目录，不同类别保存到不同的目录中去。其强大的管理功能包括支持拖曳、更名、添加描述、查找、文件名重复时可自动重命名等等，而且下载前后均可轻易管理文件。它的新版本中添加了镜像和自动镜像查找功能，使得下载速度再上一个新台阶。

其主要的功能如下：

（1）最多可把一个软件分成 10 个部分同时下载，而且最多可以设定 8 个下载任务。通过多线程、断点续传、镜像等技术最大程度地提高下载速度。

（2）支持镜像功能，可手动也可自动通过 Ftp Search 自动查找镜像站点，并且可通过最快的站点下载。

（3）可创建不同的类别，把下载的软件分门别类地存放。其强大的管理功能包括支持拖曳、更名、添加描述、查找、文件名重复时可自动重命名等。

（4）内建的站点资源探索器可轻而易举地浏览 Http 和 Ftp 站点的目录结构，可以有选择地大批下载文件。

（5）可管理以前下载的文件。

（6）每一个连接可以使用不同的代理服务器，彻底突破一些站点的连接限制。

（7）支持整个 Ftp 目录的下载，可检查文件是否更新或重新下载。

（8）支持自动拨号，下载完毕可自动挂断和关机。

（9）充分支持代理服务器。

（10）可定制工具条和下载信息的显示。

（11）下载的任务可排序，重要文件可提前下载。

（12）多语种界面，支持包括中文在内的 30 多种语言界面，并且可随时切换。

（13）计划下载，避开网络使用高峰时间或者在网络费较便宜的时段下载。

（14）捕获浏览器单击，完全支持 IE 和 Netscape。

（15）速度限制功能，方便浏览。

FlashGet 属于共享软件，可运行于 Windows 95/98/Me/NT/2000/XP 中，用户可在 http://www.amazesoft.com/下载该软件的最新版本，然后只需按照提示即可安装成功。当安装成功后，在系统的“程序”菜单中将自动添加程序组，如图 8-1 所示，并且在系统的桌面上将显示 FlashGet 的快捷图标，如图 8-2 所示。

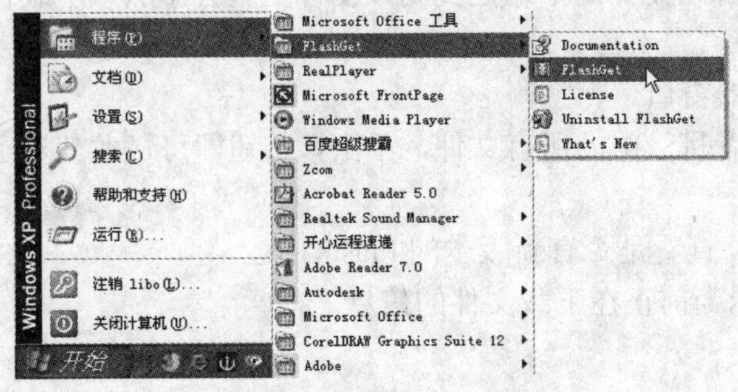

图 8-1　添加的程序组

图 8-2　添加的快捷图标

8.1.2　启动方法与界面

若要启动网际快车 FlashGet，可以执行以下任一项操作：

（1）在桌面双击网际快车 FlashGet 的图标。

（2）在系统中，执行“开始 / 程序 / FlashGet / FlashGet”菜单命令，如图 8-1 所示。

当启动好网际快车 FlashGet 后，其窗口界面如图 8-3 所示，同时在屏幕上还可以看到一个悬浮的可拖动的小窗口图标，任务栏的右下角也有其图标。

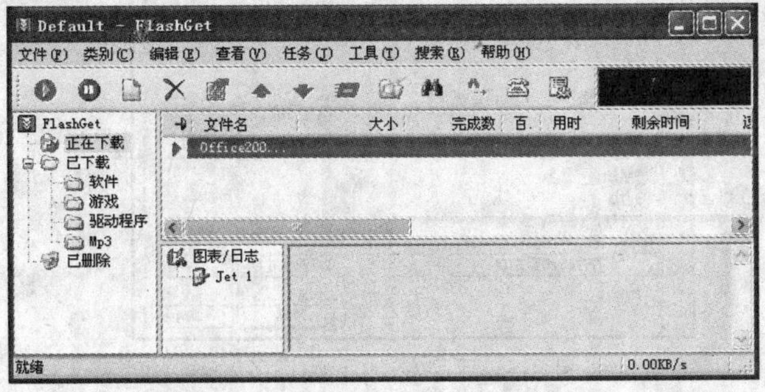

图 8-3　网际快车 FlashGet 窗口

如果用户打开浏览器后，系统会自动为其添加 FlashGet IE 工具条，如图 8-4 所示。

图 8-4　添加的 FlashGet IE 工具条

FlashGet 提供的 IE 工具条可以在 IE 中直接查看下载的情况和控制 FlashGet，完全不必断开浏览，尤其对于一些禁止鼠标右键菜单的站点很有效。各个按钮的功能说明如下：

（1）FlashGet：可以打开 FlashGet 的主窗口。

（2）选项：可以更改设置。

（3）：可以通过 FlashGet 的匿名 URL 共享服务(shareurl.com)查找想要下载的文件，找到更快更稳定的站点。在文本框中输入要查找的文件名，然后单击“查找”

按钮即可。

（4）：如果需要下载文件，可将此文件简单地拖曳到该图标上就会添加该下载任务。

（5）：可以启动站点资源管理器窗口。

（6）：如果需要下载当前页或者目录中的所有文件，单击该按钮即可（尤其对于一些禁止鼠标右键菜单的站点很有效）。

（7）：链接到 FlashGet 的站点，查看是否有新版本的 FlashGet。

（8）1. fgf12.exe->1.25M(16%)：显示当前正在下载文件的信息。

8.1.3 添加下载任务

1. 手动添加下载任务

启动网际快车后，在如图 8-3 所示的窗口中，单击工具栏中的“新建”按钮，此时将弹出“添加新的下载任务”窗口，如图 8-5 所示。

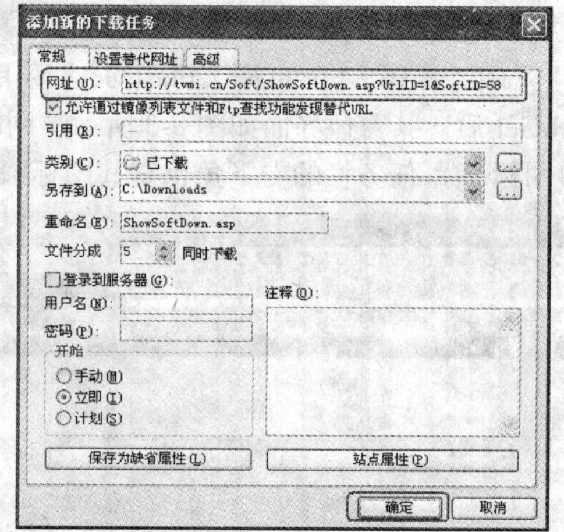

图 8-5 手动添加下载任务

在“网址”栏中输入文件的链接地址（如 http://tvmi.cn/Soft/ShowSoftDown.asp? UrlID =1&SoftID=58），一般情况下其他都不需要设置，然后单击“确定”按钮即可开始下载，如图 8-6 所示。

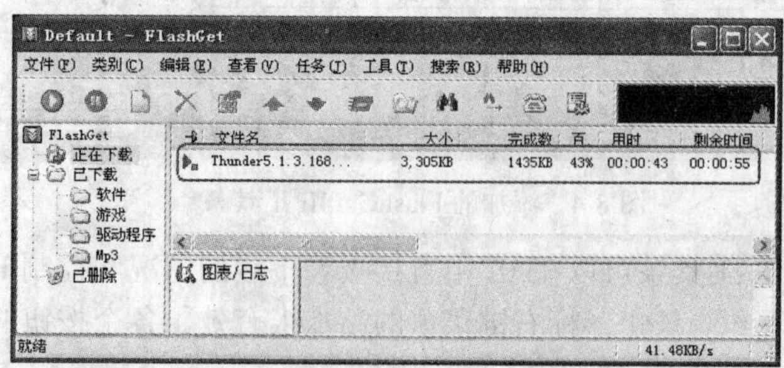

图 8-6 正在下载任务

2. 使用剪贴板监视下载

启动网际快车并最小化，打开下载文件所在的网页，右击下载文件的链接地址或图标，在弹出的快捷菜单中选择“复制快捷方式”命令，如图 8-7 所示。

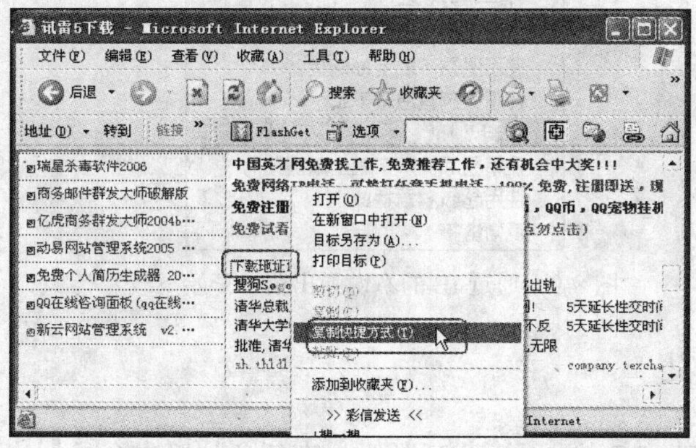

图 8-7　选择“复制快捷方式”命令

此时将自动打开如图 8-5 所示的窗口，并在“网址”栏中自动填上拖动的链接地址，最后单击“确定”按钮即可下载。

注意　如果在选项窗口（通过菜单“工具/选项”打开）的“监视”标签中没有设置自动监视剪贴板下载，则就没有这项功能。

3. 使用拖动链接到悬浮窗口

网际快车同网络蚂蚁一样，也有支持拖动链接地址的悬浮窗口，这个窗口可以在一般文件和程序窗口的上面。在浏览器中将一个文件下载的链接地址拖到悬浮窗口中，如图 8-8 所示。

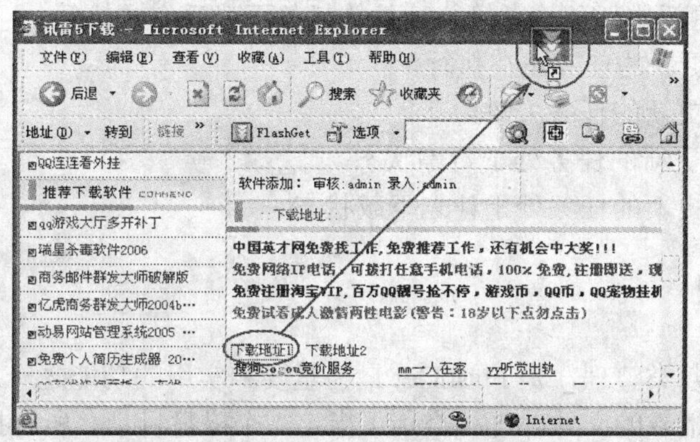

图 8-8　将文件下载的链接地址拖到悬浮窗口

此时将自动打开如图 8-5 所示的窗口，并在“网址”栏中自动填上拖动的链接地址，最后单击“确定”按钮即可下载。

4. 通过 IE 的右键弹出菜单开始下载

网际快车安装后，会添加“使用网际快车下载”和“使用网际快车下载全部链接”两个菜单项到 IE 的右键菜单中。

打开下载文件所在的网页，右击下载文件的链接地址或图标，在弹出的快捷菜单中选择“使用网际快车下载”或“使用网际快车下载全部链接”命令，即可开始下载，如图 8-9 所示。

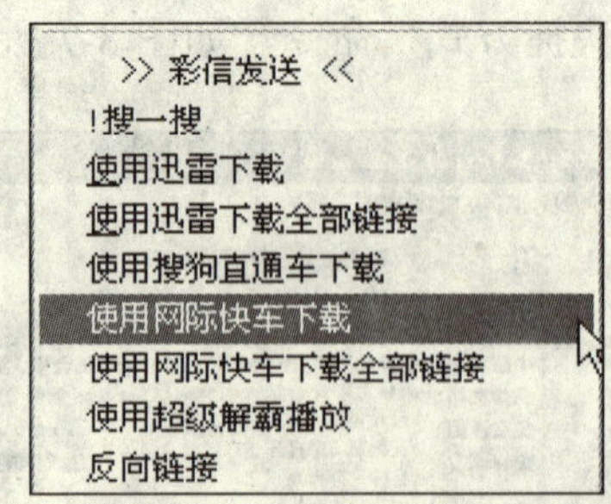

图 8-9 通过 IE 的右键弹出菜单开始下载

8.1.4 状态图标含义

当使用网际快车 FlashGet 进行下载任务时，在任务列表中会显示出相应的状态图标，每个图标都代表不同的含义。

（1）：站点支持续传，可以使用多点连接加速下载。

（2）：站点不支持续传，不能使用多点连接加速下载。

（3）：任务正在等待其他的任务下载后完成执行。

（4）：正在下载。

（5）：下载成功完成。

（6）：下载失败。

（7）：任务目前处于暂停状态。

（8）：任务处于计划下载状态。

（9）：检查更新的任务正在等待其他的任务下载后完成执行。

（10）：检查更新的任务正在执行。

（11）：检查更新的任务失败。

（12）：检查更新的任务处于暂停状态。

（13）：检查更新的任务处于计划下载状态。

8.1.5 文件的管理

对下载文件进行归类整理，是 FlashGet 最为重要和实用的功能之一。FlashGet 使用了类别的概念来管理已下载的文件，每种类别可指定一个磁盘目录，所有指定下载完成后存放到该类别的下载任务，下载文件就会保存到该磁盘目录中。比如对于 mp3 文件可以创建类别“mp3”，指定文件目录“c:\download\mp3”，当下载一个 mp3 文件时，指定保存到类别“mp3”中，所有下载的文件就会保存到目录“c:\download\mp3”下。如果该类别下的文件太多还可以创建子类别，比如可以在类别“mp3”下创建子类别“Disk1”和“Disk2”等，相应的目录对应“c:\download\mp3\disk1”和“c:\download\mp3\disk2”等，FlashGet 允许创建任意数目的类别和子类别。下载的文件存在的类别可以随时改变，具体的磁盘文件亦可以在目录之间移动。对于类别的改变 FlashGet 提供了拖曳的功能，只需简单地拖动，就可以把下载的文件进行归类。

FlashGet 默认创建“正在下载”、“已下载”、“已删除”3 个类别，所有未完成的下载任务均放在“正在下载”类别中，所有完成的下载任务均放在“已完成”类别中，从其他类别中删除的任务均放在“已删除”类别中。只有从“已删除”类别中删除才会真正地删除，这就和 Windows 的回收站功能一样。如果下载文件很少就不需改变，如果下载的文件较多，就需要创建新的类别。

在网际快车的主界面中，从“类别”菜单中可以对类别进行管理，包括“新建类别”、“移动”、“删除”和“属性”，如图 8-10 所示。

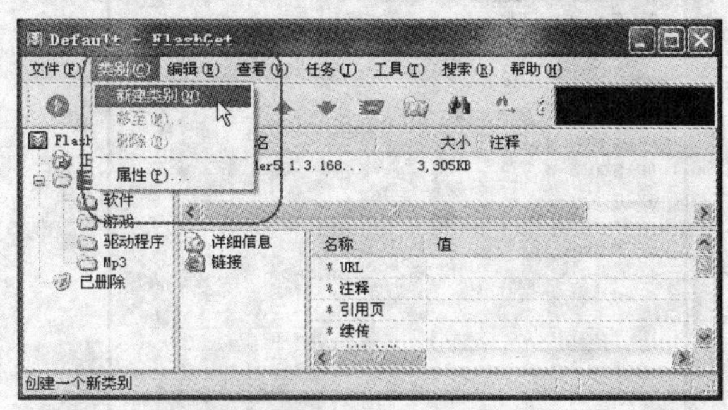

图 8-10　“类别”菜单

同样在移动和删除任务时，FlashGet 给出了多种选择，下载的文件可以随之被删除或者移动，也可以不移动或删除。其具体设置应执行“工具 / 选项”菜单命令，然后单击“文件管理”标签，如图 8-11 所示。

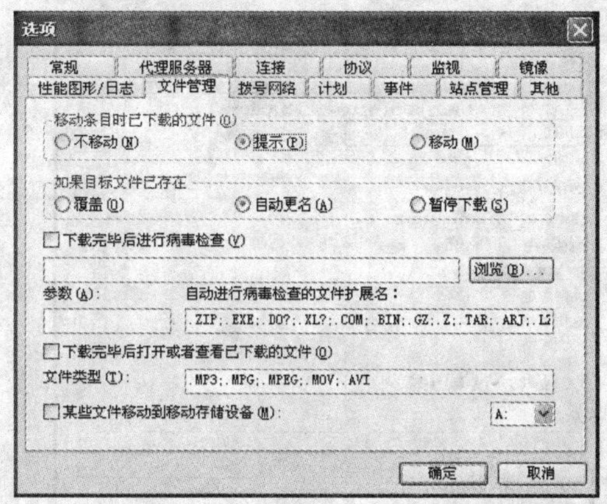

图 8-11　“文件管理”标签

有时由于磁盘已满或者其他原因需要移动已下载的文件到其他的磁盘目录，最好通过 FlashGet 来完成该功能，否则下载数据库中的信息会与具体的文件不同步。修改完类别的目录属性后 FlashGet 会提示是否移动已下载的文件和子类别。

提示　下载时可不必指定存放的类别，下载完成后使用拖曳功能移动该任务到相应的类别中。

8.1.6　网际快车的故障解决

当使用网际快车不能下载某些文件时，可以通过下面的方法解决。

1．添加/删除“引用”页

为了防止盗链，有些文件在下载时网站服务器要求发送该文件的引用页面地址，所以在默认设置下，当单击 URL 地址添加下载任务时，在网际快车的“添加新的下载任务”对话框上都会自动填入下载文件的“引用”地址，如图 8-12 所示。

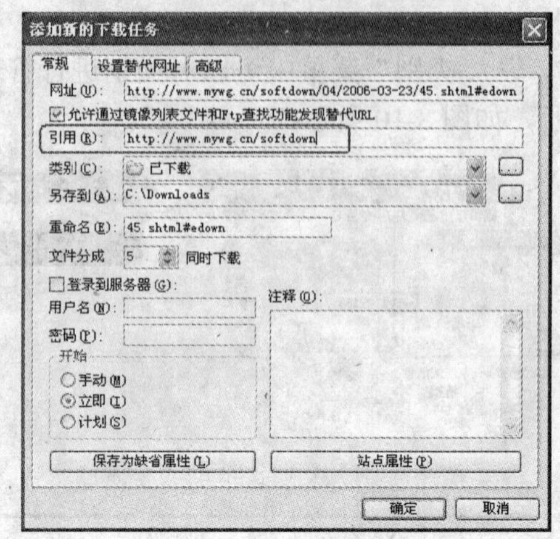

图 8-12 添加引用地址

但是，也有极个别的站点不允许发送引用页地址，如果发送了就不允许下载。这时，可以单击工具栏上的“属性”按钮，在打开的“属性”对话框上删除“引用”地址后再进行下载，如图 8-13 所示。

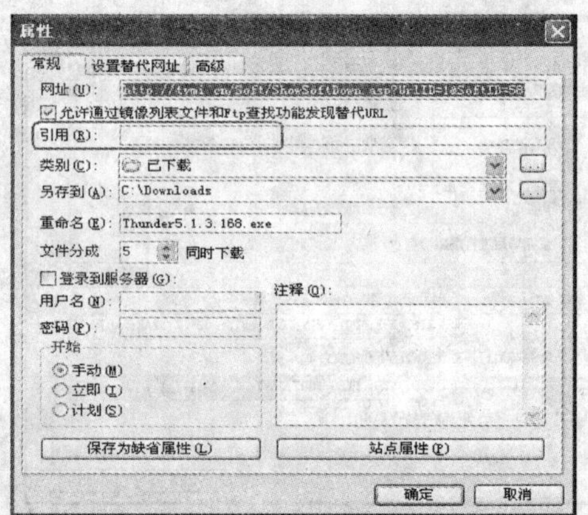

图 8-13 删除引用地址

2．用户代理的设置

有些站点只允许使用某种浏览器下载文件，不允许使用下载工具。当出现这种情况时，在网际快车的窗口中，执行“工具\选项”菜单命令，单击“协议”标签，如图 8-14 所示。在“用户代理”下拉列表框中选择“Internet Explore 5.x”，这样就可以让网际快车冒充 IE5.x 浏览器骗过服务器下载文件。

3．更改邮件地址

网际快车支持 FTP 协议，在登录 FTP 服务器时，需要一个电子邮件地址作为登录口令。默认设置下，网际快车使用了一个固定的电子邮件地址作为登录口令，但有些服务器会拒绝使用这个电子邮件地址登录。这时，可以打开网际快车的“选项”对话框，在“协议”选项卡的“用于 Ftp 匿名登录的邮件地址”文本框中更改电子邮件的地址即可，如图 8-15 所示。

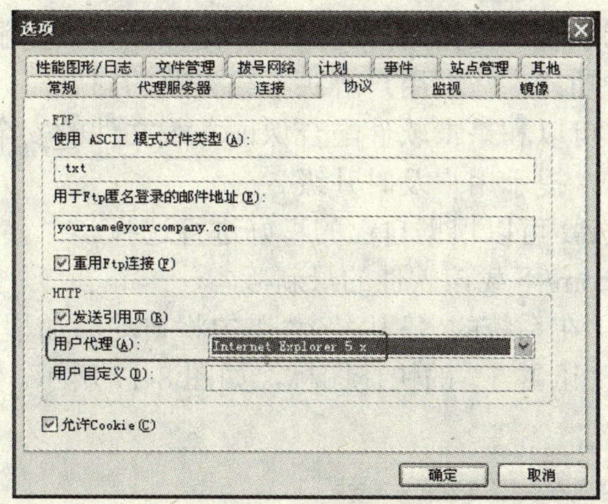

图 8-14　选择用户代理

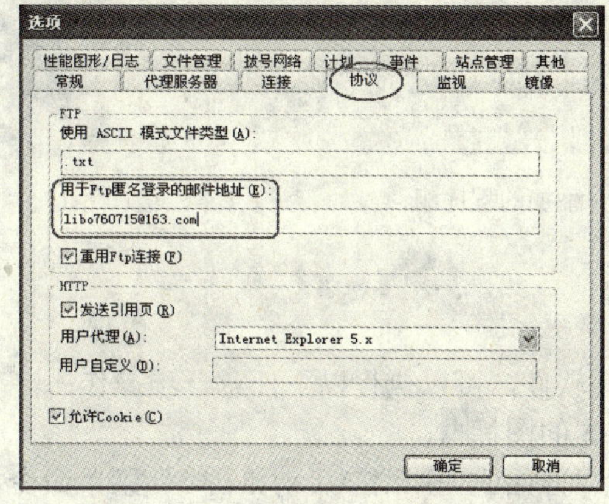

图 8-15　更改邮件地址

8.2　讯雷的使用

8.2.1　讯雷的介绍

迅雷是一款新型的基于多资源超线程技术的下载软件。作为“宽带时期的下载工具”，迅雷针对宽带用户做了特别的优化，能够充分利用宽带上网的特点，带给用户高速下载的全新体验。同时，迅雷推出了“智能下载”的全新理念，通过丰富的智能提示和帮助，让用户真正享受到下载的乐趣。

由于迅雷使用了多资源超线程的网络原理，能够将网络上存在的服务器和计算机资源进行有效整合，构成独特的迅雷网络，通过迅雷网络各种数据文件，能够以最快的速度进行传递。多资源超线程技术还具有互联网下载负载均衡功能，在不降低用户体验的前提下，迅雷网络可以对服务器资源进行均衡，这样将有效降低服务器负载。

其主要功能列表如下：

（1）全新的多资源超线程技术，显著提升下载速度。

（2）功能强大的任务管理功能，可以选择不同的任务管理模式。

（3）智能磁盘缓存技术，有效防止高速下载时对硬盘的损伤。

（4）智能的信息提示系统，根据用户的操作，提供相关的提示和操作建议。

（5）独有的错误诊断功能，帮助用户解决下载失败的问题。

（6）病毒防护功能，可以和杀毒软件配合保证下载文件的安全性。

（7）自动检测新版本，提示用户及时升级。

（8）提供多种“皮肤”，可以根据自己的喜好进行选择。

可在 http://pub.xunlei.com/下载该软件的最新版本——讯雷 5，然后只需按照提示即可安装成功。当安装成功后，在系统的“程序”菜单中将自动添加程序组，如图 8-16 所示，并且在系统的桌面上显示“讯雷 5”的快捷图标，如图 8-17 所示。

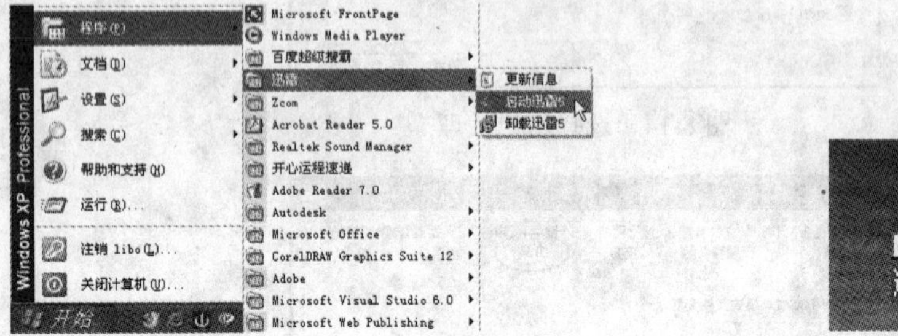

图 8-16　添加的程序组　　图 8-17　添加的快捷图标

8.2.2　启动方法与界面

若要启动讯雷下载工具软件，可以执行以下任意一项操作：

（1）在桌面双击讯雷 5 的图标。

（2）在系统中，执行“开始\程序\讯雷\启动讯雷 5”菜单命令，如图 8-16 所示。

当启动讯雷 5 后，其窗口如图 8-18 所示，同时在屏幕上还可以看到一个悬浮的可拖动的小窗口图标，任务栏的右下角也有其图标。

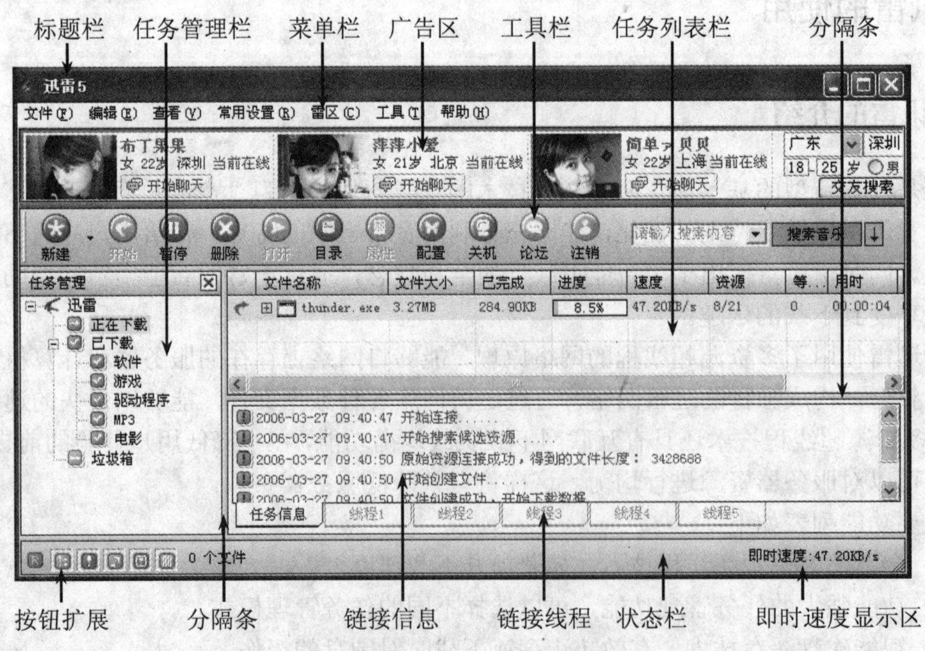

图 8-18　讯雷 5 的主界面

8.2.3　新建下载任务

1．新建任务面板

若要新建下载任务，可以通过“文件”菜单下的“新建”命令、工具栏的“新建”按钮、监视剪贴板、IE 的鼠标左键/右键单击、悬浮窗/系统栏右键菜单，此时将打开如图 8-19 所示的“建立新的下载任务”对话框。在该对话框中，可以设置存储目录、另存名称等各项参数。

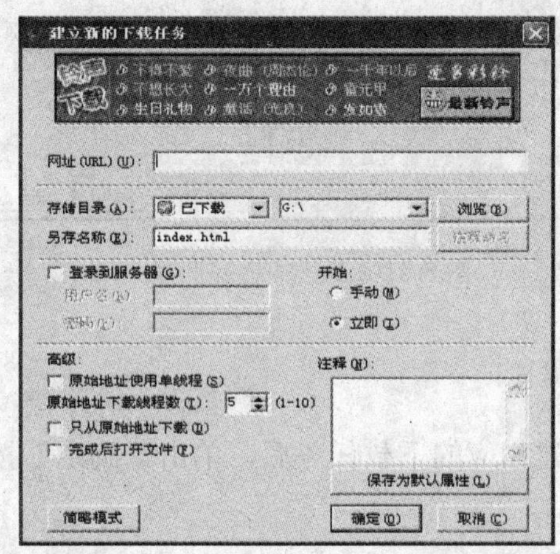

图 8-19　“建立新的下载任务”对话框

2．新建批量任务面板

若要新建批量任务，可以通过“文件”菜单下的“新建批量任务”命令、“新建”按钮（扩展功能）、悬浮窗/系统栏右键菜单，此时将打开如图 8-20 所示的“新建批量任务”对话框，在该对话框中，可以批量建立有共同特征的下载任务。

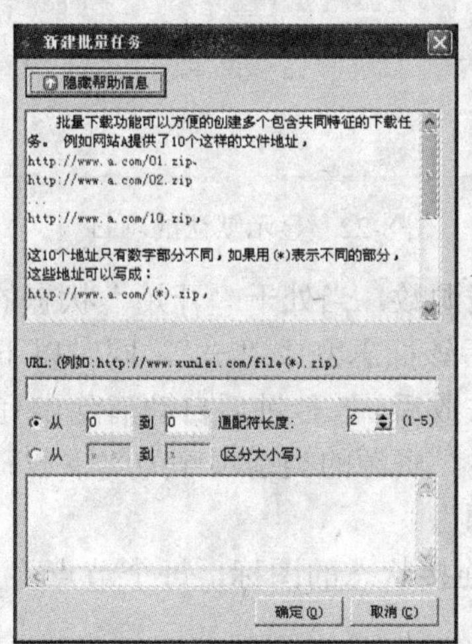

图 8-20　“新建批量任务”对话框

3．多任务选择面板

多任务选择面板可以通过 IE 右键菜单的“使用迅雷下载全部链接”、监视剪贴板中的多个 URL 打开，如图 8-21 所示。通过该面板可以对多个 URL 进行筛选，一次建立多个符合条件的下载任务。

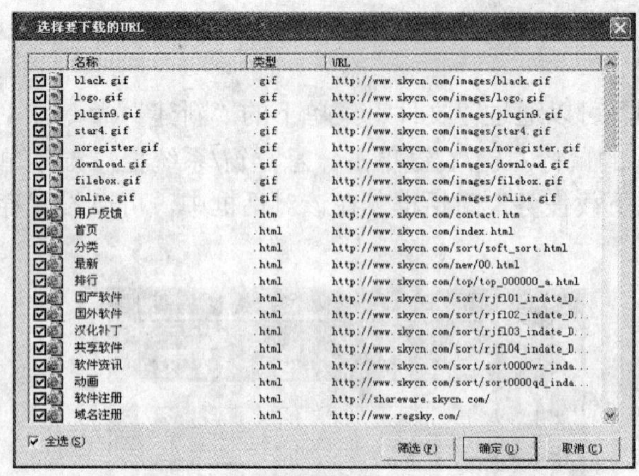

图 8-21 多任务选择面板

8.2.4 下载时的状态

当通过以上几种方法新建相应的下载任务后，单击“确定”按钮即可进行下载，并在相应的区域给出提示信息。

1. 任务列表窗口

当使用迅雷 5 进行下载任务时，其任务列表栏将显示默认的项目，依次为状态、文件名称、文件大小、已完成、进度、平均速度、资源、等级资源、用时、剩余时间、文件类型，如图 8-22 所示。在此用户可以改变各个列表栏的宽度。

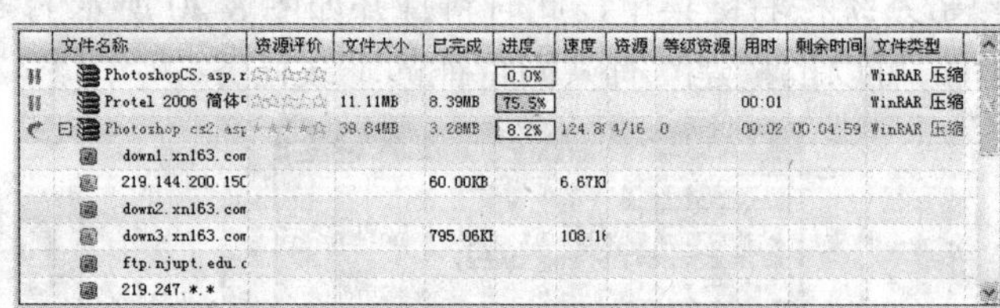

图 8-22 显示默认的项目

在“文件名称”后面显示资源数，当处于“开始”状态的任务，并取到多资源后，任务前方出现“+”标志，单击后该标志变成“－”，同时以下拉列表的方式显示所有资源的连接情况，当一个资源连接失败后，5 秒钟后自动清除出列表。

当处于“详细信息”模式时，资源的类别顺序为“下载资源”、“连接资源”、“待选资源”、“空闲资源”和“废弃资源”。

每个资源前面有一个表示连接状态的图标，每个节点将显示相应的 IP 资源地址，如图 8-23 所示。

图 8-23 显示的连接状态和 IP 地址

2．连接信息窗口

连接信息窗口用于显示下载过程中的连接信息，具体分为任务连接信息和线程连接信息，如图 8-24、图 8-25 所示。

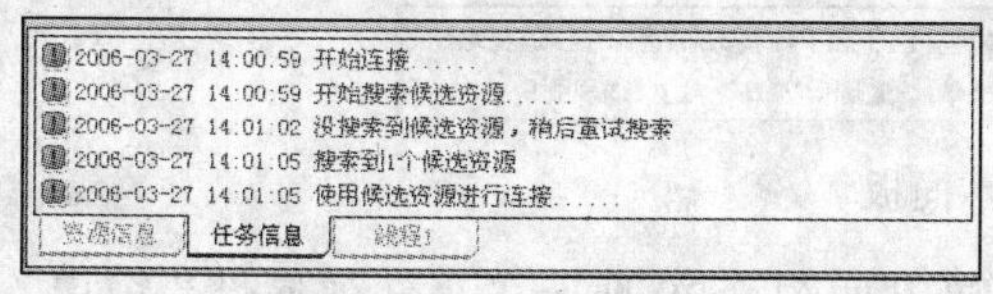

图 8-24　任务信息

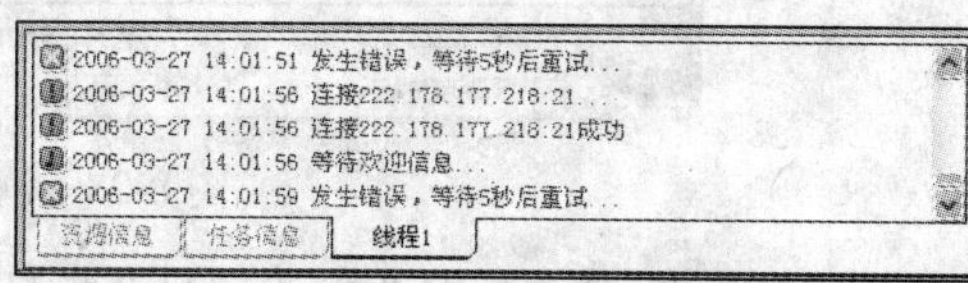

图 8-25　线程信息

在上面的两个窗口中，其功能和含义如下：

（1）如在“任务列表”窗口中，选择指定的下载任务时，其“连接信息窗口”将显示该任务的连接信息。

（2）若同时选择多个任务，将显示最后选择任务的连接信息。

（3）若选择一个处于开始状态的任务，主连接信息和原始 URL 连接信息以分页的形式显示。

（4）每条连接信息包括“图标”、“日期”、“时间”、“信息”和“底色”。

（5）图标表明该信息的类别，包括“发送信息”、“接受信息”、“提示信息”和“错误信息”。

（6）“发送信息”的底色为蓝色，“接受信息”的底色为浅紫色，“提示信息”的底色为绿色，“错误信息”的底色为红色。

3．扩展按钮

扩展按钮位于主界面左下角。状态栏的前面，具体包括“显示/隐藏雷友综合信息”、“开启/关闭任务管理功能”、“显示/隐藏信息窗口”、“显示/隐藏悬浮窗”、“显示/隐藏悬浮信息窗口”、“显示/隐藏网格”6 个功能按钮，如图 8-26 所示。

图 8-26　扩展按钮

4．悬浮信息面板

当鼠标在任务上停留时，悬浮信息面板会自动出现，显示该任务的相关信息。可以在该面板进行“打开文件”、“打开文件目录”和关闭此悬浮信息面板、查看引用页等操作，如图 8-27 所示。

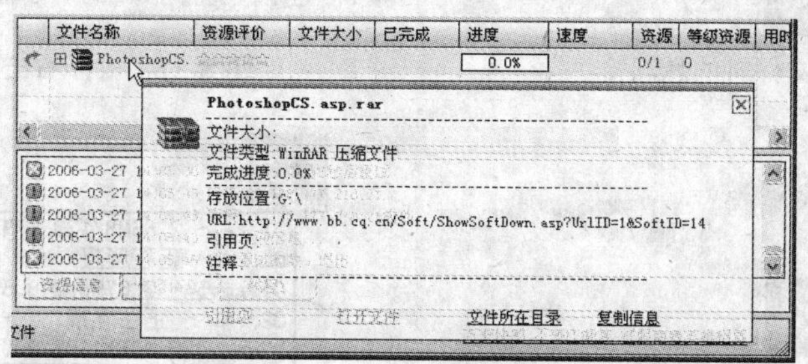

图 8-27　悬浮信息面板

5．滑动提示面板

滑动提示面板的显示位置在任务列表下方和状态栏上方，该面板默认处于隐藏状态，会根据用户的下载资料，显示相关的提示信息，如图 8-28 所示。

图 8-28 滑动提示面板

在该提示面板中，单击“修改属性”按钮，将弹出如图 8-29 所示的“任务属性”窗口，用于修改下载任务属性。

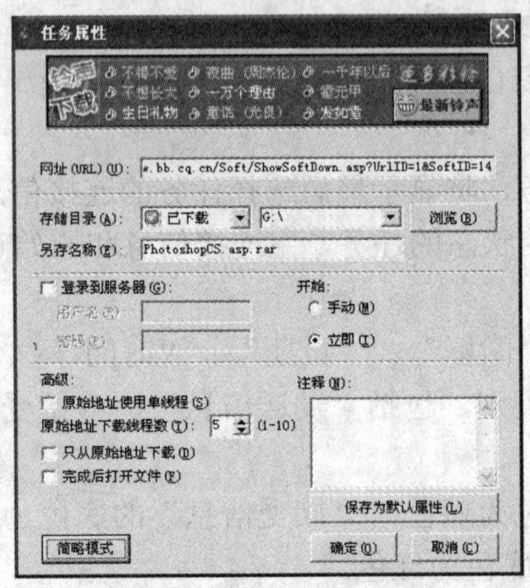

图 8-29 “任务属性”窗口

6．悬浮窗

在使用迅雷的时候，迅雷会默认在桌面右上角显示悬浮窗，通过悬浮窗，可以不必打开迅雷界面，就可以查看到简单的下载任务信息，随时了解下载过程，如图 8-30～图 8-33 所示。

图 8-30 未下载文件时的悬浮窗

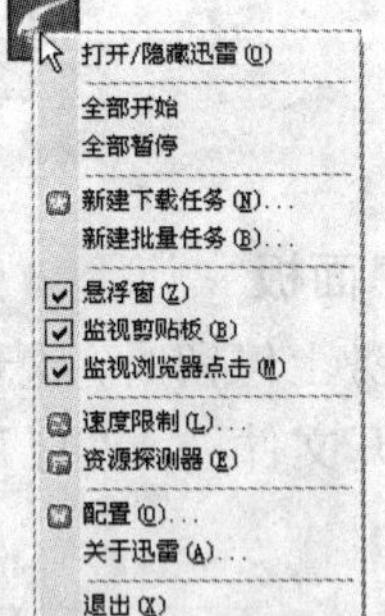

图 8-31 鼠标右击悬浮窗

图 8-32 正在下载文件时的悬浮窗

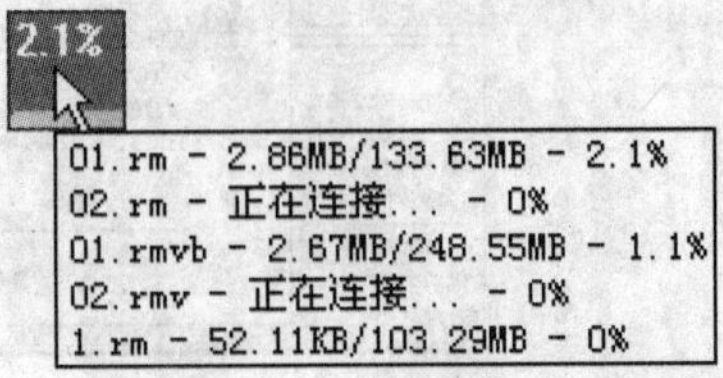

2.1%
01.rm - 2.86MB/133.63MB - 2.1%
02.rm - 正在连接... - 0%
01.rmvb - 2.67MB/248.55MB - 1.1%
02.rmv - 正在连接... - 0%
1.rm - 52.11KB/103.29MB - 0%

图 8-33 鼠标指向悬浮窗显示

8.2.5 讯雷下载技巧

1．让迅雷悬浮窗格有更多帮助

在默认情况下，迅雷“点击下载”并没有出现类似于迅雷的悬浮窗格，给用户下载带来了不便。只要在迅雷主窗口执行“查看\悬浮窗”菜单命令，即可出现相应的图标。在浏览器中看到需要的内容时，直接将其拖放到此图标上，即可弹出下载窗口，如图 8-34 所示。

图 8-34 拖放下载

2．改变下载目录

默认情况下，迅雷安装后会在 C 盘创建一个 TDDownload 目录，并将所有下载的文件都保存在这里，一般 Windows 都会安装在 C 盘。但由于使用中系统会不断增加自身占用的磁盘空间，再加上不断下载的软件占用大量空间，很容易造成 C 盘空间不足，会引起系统磁盘空间的不足和不稳定。另外，Windows 并不稳定，有时需要格式化 C 盘重装系统，这样就要造成下载软件的无谓丢失，因此建议最好改变迅雷默认的下载目录。

在讯雷主窗口中，执行“常用设置\存储目录”菜单命令，在打开如图 8-35 所示的窗口中设置默认文件夹即可。

图 8-35 改变下载目录

完成后单击“应用”按钮，迅雷会弹出如图 8-36 所示的确认对话框。建议勾选“同样修改子类别的目录属性”和“移动本地文件”复选框，这样软件会同时将 C:\TDDownload 下默认创建的“软件”、“游戏”、“音乐”和“电影”等子文件夹一并移动，并且还会移动其中已经下载的文件。

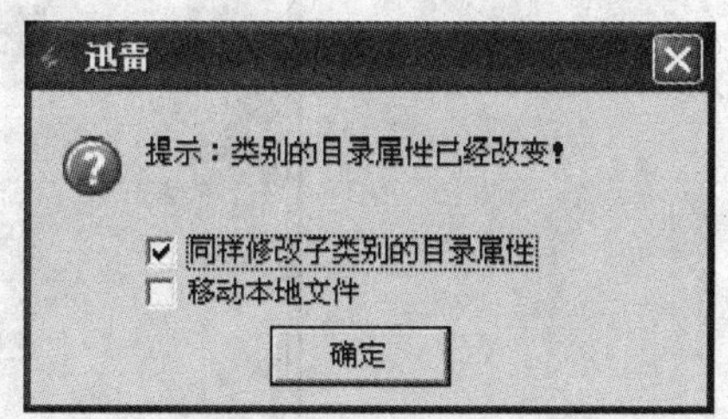

图 8-36 确认对话框

3．不让迅雷伤硬盘

由于讯雷的下载速度很快，如果缓存设置得较小，极有可能会对硬盘频繁进行写操作，时间长了，会对硬盘不利。

在讯雷主窗口中，执行“常用设置 / 配置硬盘保护\自定义”菜单命令，然后在打开的窗口中设置相应的缓存值，如图 8-37 所示。如果网速较快，则设置大些；反之，则设置小些。建议值为 2048KB。

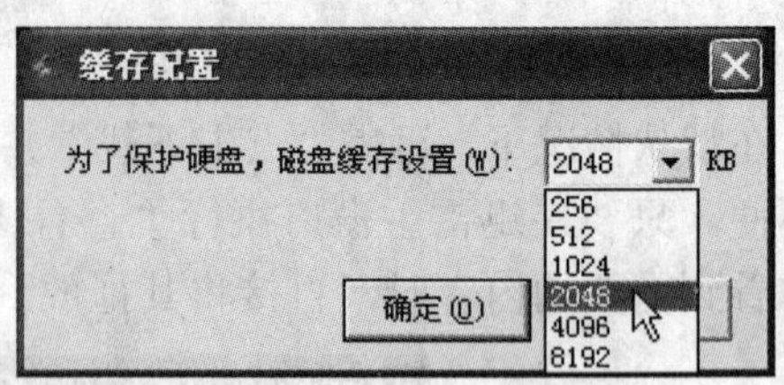

图 8-37 “缓存配置”窗口

4．将迅雷作为默认下载工具

如果觉得迅雷很好使用，那么完全可以将其设置为默认的下载工具，这样在浏览器中单击相应的链接，就会用迅雷下载。

在讯雷主窗口中，执行“工具\浏览器支持 / 迅雷作为 IE 默认下载工具”菜单命令即可。如果在 IE 浏览器下载网页或软件时，将自动以讯雷作为下载工具，并打开如图 8-19 所示的“建立新的下载任务”对话框即可。

5．资料下载完后自动关机

有时在下载较大的资料或软件时，而又不能守在电脑旁，这时可以使用讯雷的自动关机功能。在迅雷主窗口中执行“工具\完成后关机”菜单命令即可。

6．保留旧版本下载记录

备份原迅雷安装目录中的“history.dat.bak”和“history.dat”文件，等安装好迅雷 5 后，再把这两个文件拷贝到安装目录中即可。

7．去除背景广告

迅雷在界面背景中加载的广告链接会影响启动速度，要想去除它，打开迅雷安装目录，用记事本打开 gui.cfg 文件，将“[URL] ExternalURL=”后面的网址替换为“ad\banner.htm”，保存即可。广告背景会变成静态图片，而且该图片可以更换为自己喜欢的图片，制作一个 774×60 像素的 GIF 图片，命名为“banner”，然后复制到迅雷安装目录中的“AD”文件夹，替换原文件即可。

8．下载完成自动杀毒

在讯雷主窗口中，打开“常用设置\病毒保护\其他杀毒软件”选项，再打开“配置”对话框，如图 8-38 所示。

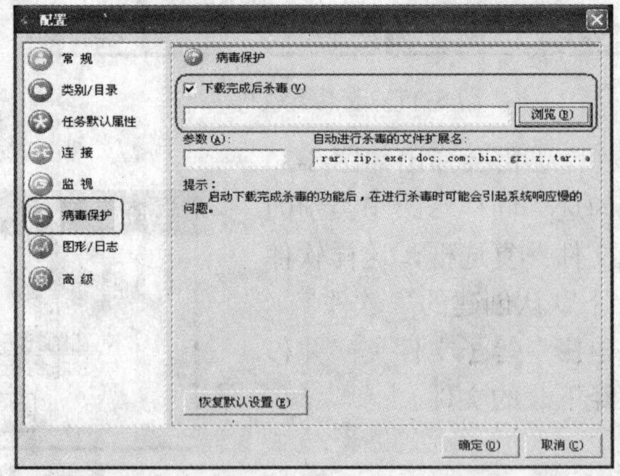

图 8-38 设置下载完成自动杀毒

勾选“下载完成后杀毒”复选框，然后单击“浏览”按钮找到杀毒软件主程序，再单击“确定”按钮即可。这样每次下载完文件后，都会自动启用杀毒软件进行查杀。

8.3　电骡 eMule 的使用

8.3.1　电骡 eMule 的介绍

eMule 是一个完全免费且开放源代码的 P2P 软件。利用它的卓越特性，可以与全世界的网友共同分享资源，充分享受自由共享的乐趣！最新版的 eMule 集成了 Kad 连接，进一步跨越了服务器的界限，与全世界超过两百万的 eMule 用户共同分享资源。

eMuleVeryCD 版是在原版基础上开发的软件，该版本专为国内用户设计，下载完成后直接安装就可以使用，告别过去繁杂的设置。最新的 VeryCD 版内置了 VNN 支持(可以让内网用户互相传输)、根据 IP 显示旗帜、UPnP 自动端口映射等功能，针对实际使用优化了多个传输参数，并采用了最公正的计分系统，让上传者得到最大的下载机会。

可在 http://www.emule.org.cn/download/下载电骡 eMule 软件，然后只需按照提示即可安装成功。当安装成功后，在系统的“程序”菜单中将自动添加程序组，如图 8-39 所示，并且在系统的桌面上显示 eMule 的快捷图标，如图 8-40 所示。

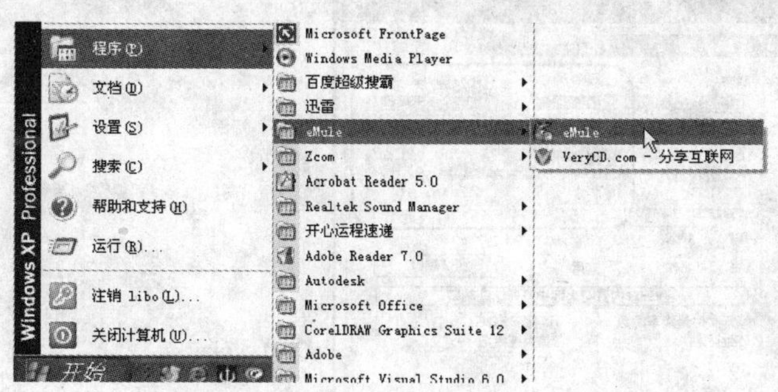

图 8-39　添加的程序组

图 8-40　添加的快捷图标

8.3.2　启动方法与界面

若要启动电骡 eMule 下载工具软件，可以执行以下任意一项操作：

（1）在桌面双击电骡的图标。

（2）在系统中，执行“开始\程序\eMule\eMule”菜单命令，如图 8-39 所示。

当启动电骡 eMule 后，其窗口如图 8-41 所示，任务栏的右下角也有其图标。

8.3.3　电骡 eMule 的相关设置

为了更好地使用电骡 eMule，应首先对其进行设置，这对于下载或者共享文件操作都大有帮助。

图 8-41 电骡 eMule 的主界面

1．设定网络传输

在如图 8-41 所示的主界面中，单击“选项”按钮，将弹出“选项”对话框，单击左侧的“连接”项即可针对网络传输进行设置，如图 8-42 所示。

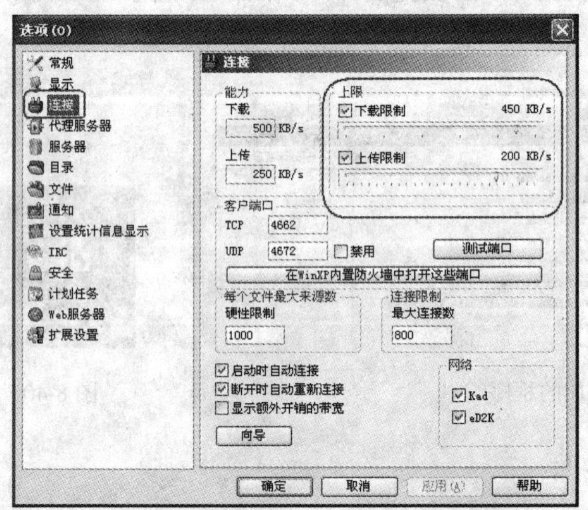

图 8-42 电骡 eMule 的连接设置

在“上限”区域中有下载和上传两个参数，分别表示下载和上传的最高速度。设置为“0”则表示没有限制，这样程序将根据网络带宽情况自动采用最大的带宽进行数据传输。另外，“本地端口”是指电螺 eMule 的端口，一般情况下不用更改。

提示 如果对上述参数不甚了解，也可以单击下侧的“向导”按钮进行设置。

2．设定服务器属性

在如图 8-42 所示的“选项”窗口中，单击左侧的“服务器”项，可以对服务器属性进行相关设置，如图 8-43 所示。可以设置在启动程序时自动搜索 Internet 上的服务器，并对服务器列表进行更新，一般建议大家选中此项来减少手工添加服务器的麻烦。

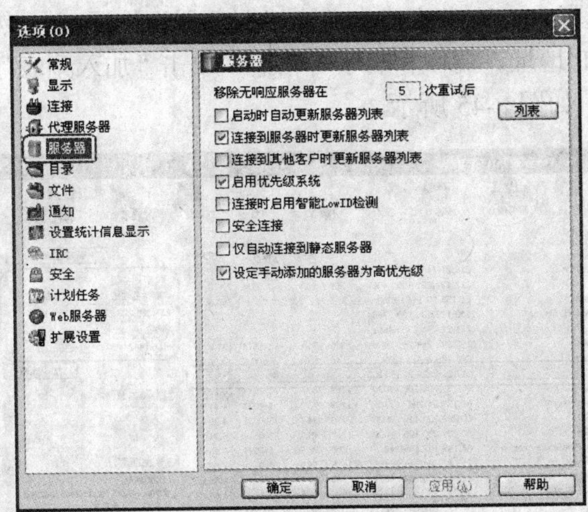

图 8-43　电骡 eMule 的服务器设置

3．更改目录

在如图 8-43 所示的“选项”窗口中，单击左侧的“目录”项，如图 8-44 所示。将“下载文件”和“临时文件”两个目录选择非系统盘，如 D:\emule\incoming 和 D:\emule\temp。下面还有一个“共享目录”，可以选择需要共享的分区、目录或者文件，在前面打上钩就可以共享给其他电骡用户。

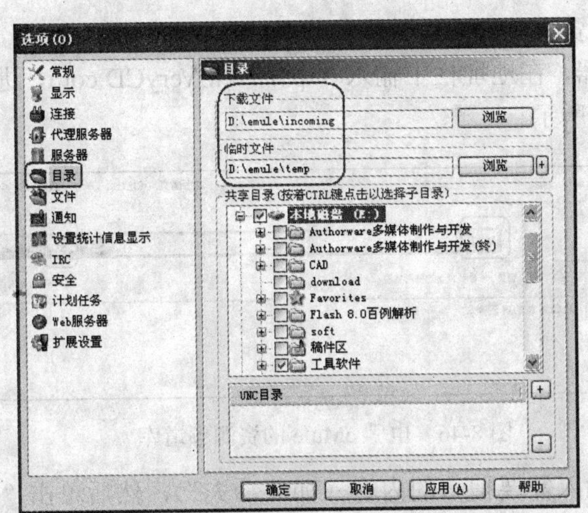

图 8-44　电骡 eMule 的目录设置

8.3.4　在电骡 eMule 中下载文件

使用电骡 eMule 下载文件很简单，通过下述几个步骤即可完成：

1．添加服务器

在电骡 eMule 中下载文件的第一步就是要添加服务器，如果已经设置了启动程序时自动搜索服务器，则可以省略该步操作，否则就需要手工添加服务器。

若得知一个服务器的 IP 地址为“217.235.225.218”，端口为“1265”，而服务器的名称为“mzxx1462”，可在电骡 eMule 主窗口中单击“服务器”按钮，然后在右侧的“新服务器”区域中分别输入 IP 地址、端口和名字等信息，单击“加入列表”按钮之后即可把这个服务器添加到列表中，如图 8-45 所示。

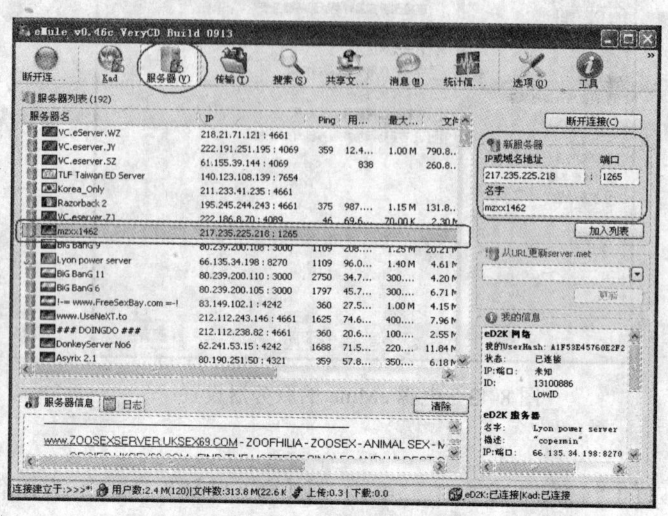

图 8-45 添加服务器

提示 按照这种方法可以任意添加多个 eMule 服务器。

2．通过 Web 寻找资源并下载

若要通过 Web 寻找资源并下载，其操作步骤如下：

（1）启动 IE 浏览器，在地址栏中输入 http://www.VeryCD.com，进入到电骡 eMule 的资源频道库，如图 8-46 所示。

图 8-46 电骡 eMule 的资源频道库

（2）在文本框中输入需要搜索的内容（如“功夫”），然后单击“搜索”按钮，此时即会搜索到与“功夫”相关的主题，如图 8-47 所示。

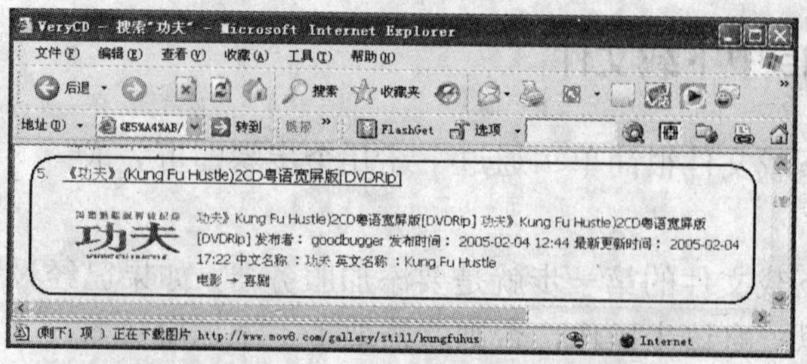

图 8-47 搜索到的相关主题

（3）在指定的链接主题处单击，即可找到相关的下载网址，如图 8-48 所示。

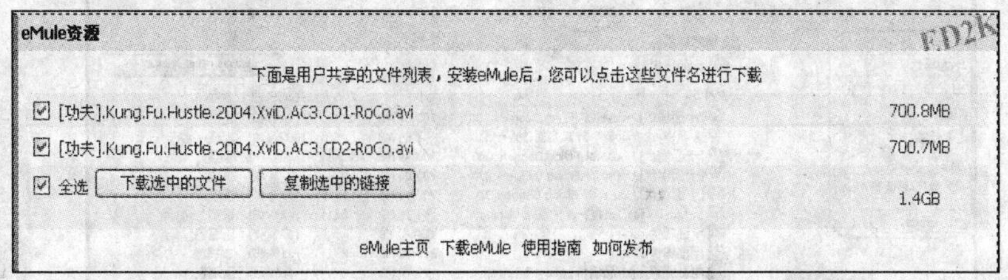

图 8-48　下载的相关网址

（4）单击“下载选中的文件”按钮，此时在系统的屏幕上将弹出下载提示，如图 8-49 所示。

图 8-49　下载提示

（5）此时在电骡 eMule 主界面中，单击传输按钮，将会在“下载”列表框中给出下载的任务，如图 8-50 所示。

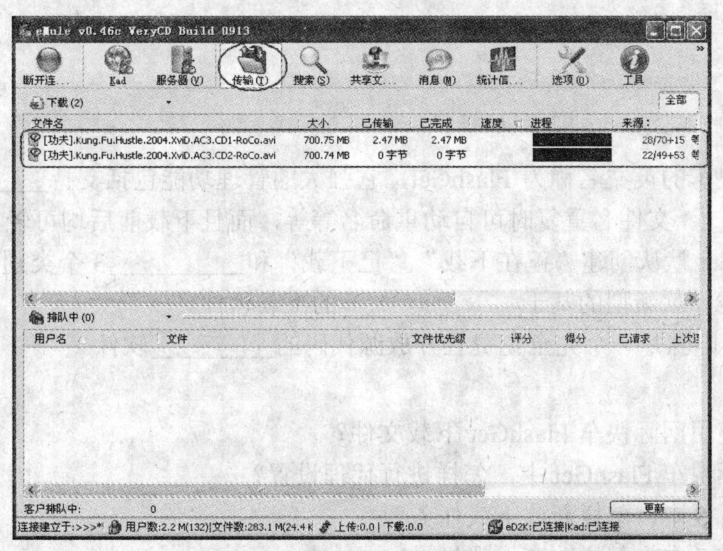

图 8-50　正在下载

3．使用搜索文件的方式下载

在电骡 eMule 主界面中，单击“搜索”按钮，然后在“名字”文本框中输入关键字（十面埋伏），在“类别”下拉列表框中可以选择“任意”（推荐方式）或者视频（无法搜索 dat 文件），在“方法”下拉列表框最好选择“全局（服务器）”，然后单击“开始”按钮。此时就会发现列出了许多符合条件的可下载视频文件，如图 8-51 所示。

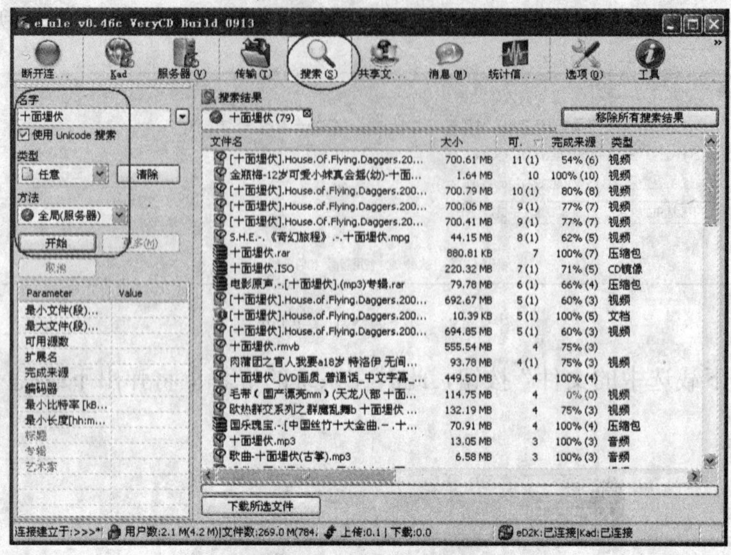

图 8-51　搜索的名字

最好选择“来源”多的片子，然后双击就可以下载了。

如果要保存搜索的文件信息，可以保存在搜索结果窗口里。按“Ctrl+A”组合键全选，然后单击鼠标右键，在弹出的快捷菜单中选择“复制 ed2k 链接到剪贴板”命令，最后剪贴到一个文件中保存即可。

【习　题】

1．填空题

（1）网际快车的英文名称为 FlashGet，它强大的管理功能包括支持______、更名、添加描述、________、文件名重复时可自动重命名等等，而且下载前后均可轻易管理文件。

（2）FlashGet 默认创建“正在下载”、“已下载”和__________3 个类别。

（3）迅雷是一款新型的基于____________的下载软件。

（4）eMule 电骡是一个完全免费且开放源代码的_________软件。

2．简答题

（1）怎样使用网际快车 FlashGet 下载文件？

（2）在网际快车 FlashGet 中，怎样进行代理设置？

（3）在讯雷 5 中，怎样新建下载任务？

（4）在讯雷 5 中，怎样改变下载目录？

（5）在 eMule 电骡中，怎样设置网络传输？

（6）在 eMule 电骡中，怎样以搜索文件的方式下载文件？

第 9 章　常用通信工具

9.1　Outlook Express 收发电子邮件

9.1.1　Outlook Express 的介绍

Microsoft Outlook Express 包括 Internet 邮件客户程序、新闻阅读程序和 Windows 通讯簿。它不仅方便易用、界面友好，而且具有可管理多个邮件和新闻账号，可脱机撰写邮件，以通讯簿存储和检索电子邮件地址，并可使用数字标识对邮件进行数字签名和加密，在邮件中添加个人签名或信纸，以及预订和阅读新闻组等功能。

Outlook Express 通常是作为 Internet Explorer（简称 IE）的一个组件来安装的。也可以单独安装，依次单击“我的电脑 / 控制面板 / 添加/删除程序”，单击“添加 / 删除 Windows 组件”，在“组件”中勾选“Outlook Express”，然后单击“下一步”按钮，即可完成安装，如图 9-1 所示。

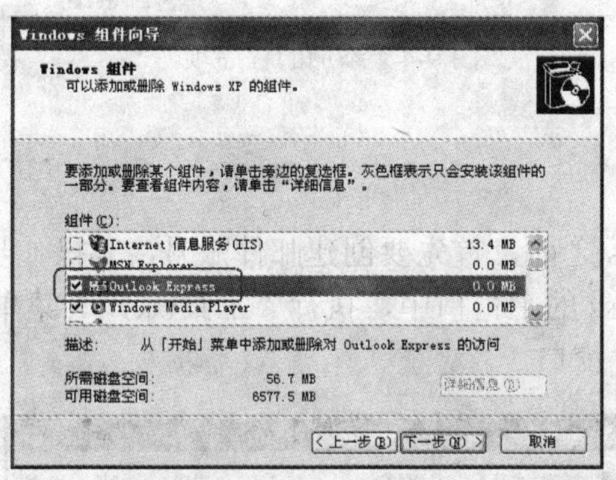

图 9-1　安装 Outlook Express

当安装成功后，在系统菜单中将自动添加程序项，如图 9-2 所示，并在系统的桌面上显示其快捷图标，如图 9-3 所示。

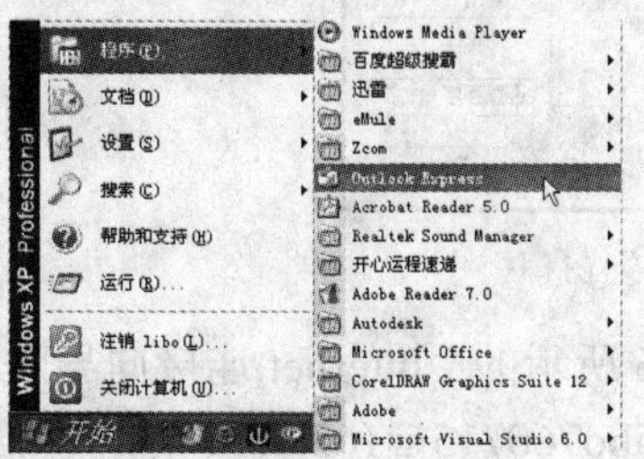

图 9-2　添加的程序项

图 9-3　添加的快捷图标

9.1.2 启动方法与界面

若要启动 Outlook Express，可以执行以下任一项操作：

（1）在桌面上双击 Outlook Express 的快捷图标。

（2）在系统的快速启动区中（ ）单击。

（3）在系统中，执行“开始\程序\Outlook Express”命令，如图 9-2 所示。

当启动 Outlook Express 后，其窗口如图 9-4 所示。

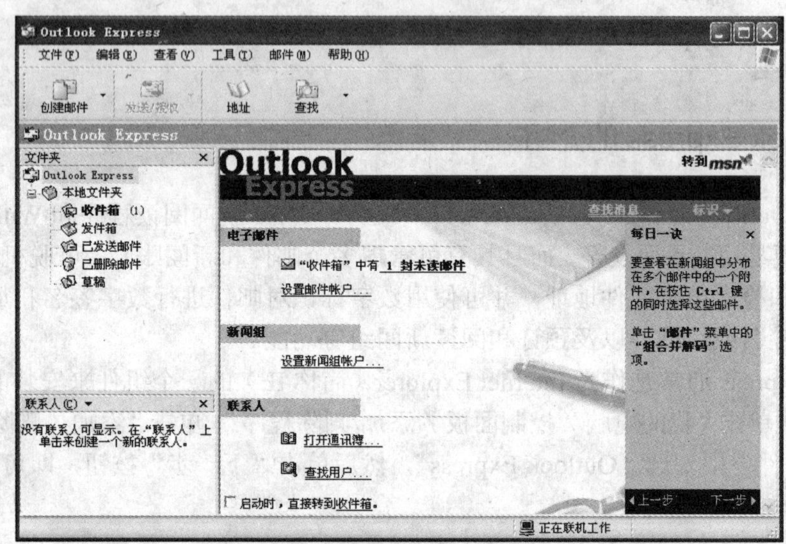

图 9-4 添加的程序项

9.1.3 创建邮件账户

在使用 Outlook Express 之前，首先要创建邮件账号，其操作步骤如下：

（1）在 Outlook Express 的主窗口中，执行“工具\账户”菜单命令，此时将弹出如图 9-5 所示的“Internet 账户”窗口。

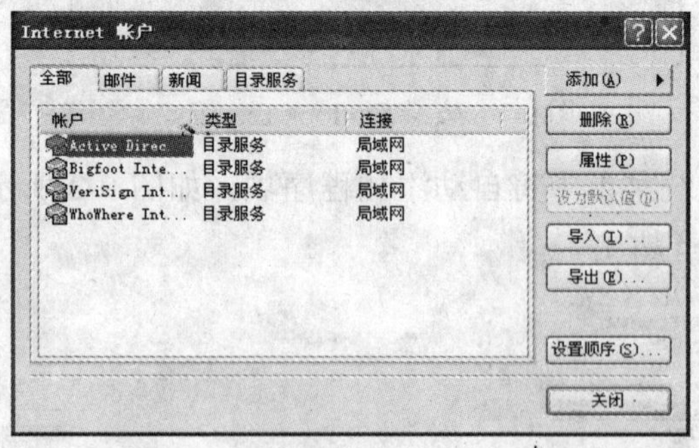

图 9-5 “Internet 账户”窗口

（2）单击“添加 / 邮件”按钮，会弹出如图 9-6 所示的“Internet 连接向导”窗口（可以根据 Internet 连接向导的提示，一步步完成邮箱 libo760715@163.com 的配置工作）。在“显示名”文本框中输入账户的名字（这是为了在发邮件时，可以显示“发件人”的名字，而不是一个 E-mail 地址）。

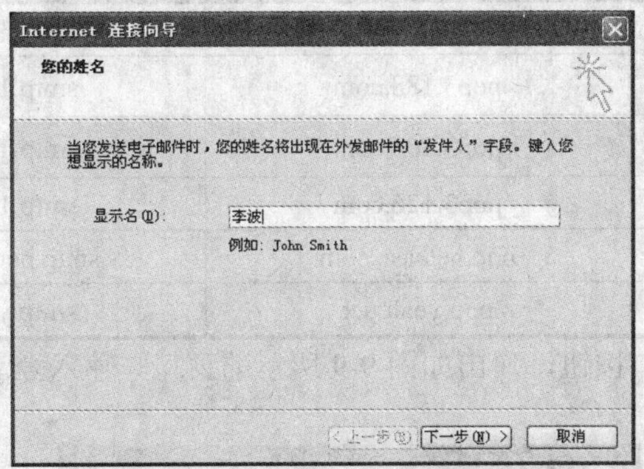

图 9-6　输入显示的名字

（3）单击“下一步”按钮，弹出如图 9-7 所示的窗口。在“电子邮件地址”文本框中输入 E-mail 地址（邮件地址是别人用来给自己发送电子邮件的地址）。

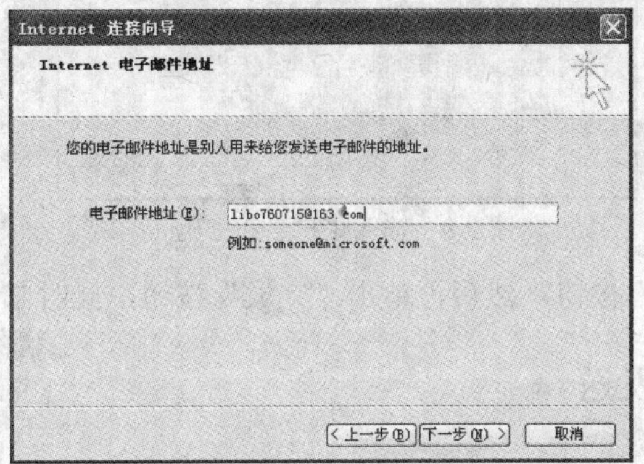

图 9-7　输入 E-mail 地址

（4）单击“下一步”按钮，弹出如图 9-8 所示的窗口。libo760715@163.com 用的是 163 的邮箱，可根据 163 邮箱提供的邮件接收服务器和邮件发送服务器填写相关的信息。

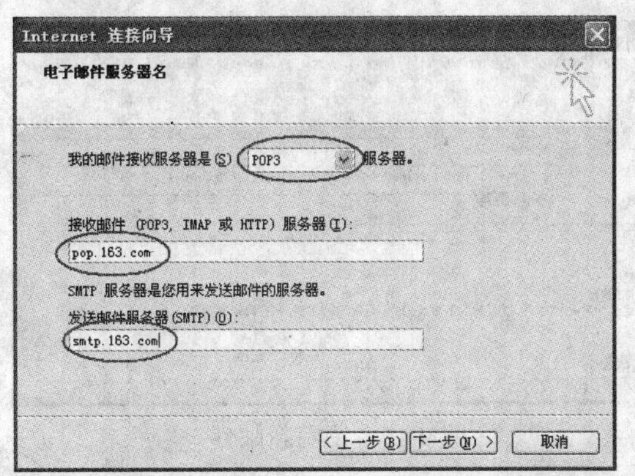

图 9-8　配置收发邮件的服务器

这一步非常重要，根据所申请信箱的不同而不同，现在所用的电子邮箱中，大多采用 POP3 与 SMTP 服务器。常见的邮箱服务器名称如表 9-1 所示。

表 9-1 POP3 和 SMTP 服务器地址设置

邮箱	POP3 服务器（端口 110）	SMTP 服务器（端口 25）
@188.com	pop3.188.com	smtp.188.com
@163.com	pop3.163.com	smtp.163.com
@126.com	pop3.126.com	smtp.126.com
@netease.com	pop.netease.com	smtp.netease.com
@yeah.net	pop.yeah.net	smtp.yeah.net

（5）单击“下一步”按钮，弹出如图 9-9 所示的窗口。输入登录 Internet Mail 的账户名和密码。

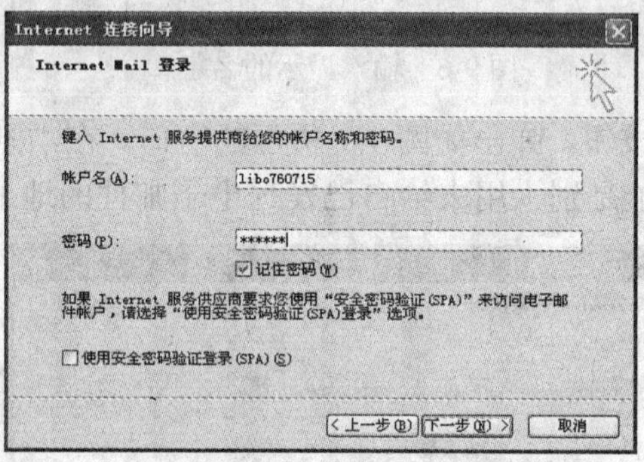

图 9-9 输入账户名和密码

（6）单击“下一步”按钮，然后再单击“完成”按钮，此时邮件账户设置完毕。

9.1.4 邮件的接收与发送

1. 撰写新邮件

新建好邮件账户后，就可以撰写新邮件，其操作步骤如下：

（1）在 Outlook Express 的主窗口中，单击工具栏的“创建邮件”按钮，弹出如图 9-10 所示的界面。

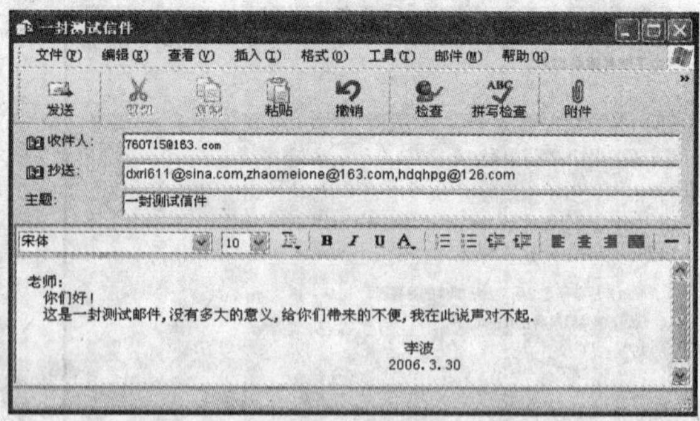

图 9-10 撰写新邮件

（2）在“收件人”文本框中输入收件人的 E-mail 地址，例如，“760715@163.com”。

（3）如果要把该邮件同时发送给另外几个人，可在抄送栏里输入对方的电子信箱地址，并在每两个地址间用逗号（,）隔开。例如，“dxrl611@sina.com，zhaomeione@163.com”。

（4）在“主题”栏中必须输入内容，例如，“一封测试信件”。

（5）在正文框中输入邮件的具体内容。

2．加入附件

如果需要在邮件中添加附件，如传送资料、图片、音乐等，其操作步骤如下：

（1）在如图 9-10 所示的窗口中，单击“附件”按钮，弹出如图 9-11 所示的“插入附件”对话框。

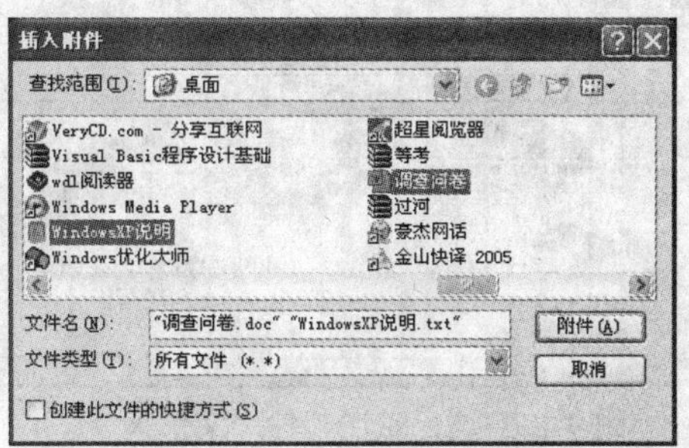

图 9-11　插入附件对话框

（2）选择需要插入的附件文件后，单击“附件”按钮，此时将所选择的文件添加到“附件”栏中，如图 9-12 所示。

提示　如果要发送多份文件，则重复此方法即可。附件可以是各种类型的文件，如文档文件、图形文件、程序文件，甚至音乐和影像文件等。

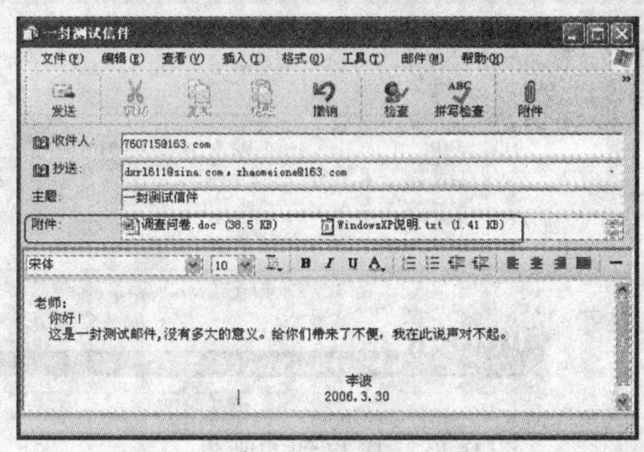

图 9-12　插入的附件

3．邮件的发送

当邮件撰写完后，就可以进行发送操作了。单击工具栏中的“发送”按钮，就可以把邮件发送到指定的 E-mail 地址，同时将显示发送信息的窗口，如图 9-13 所示。

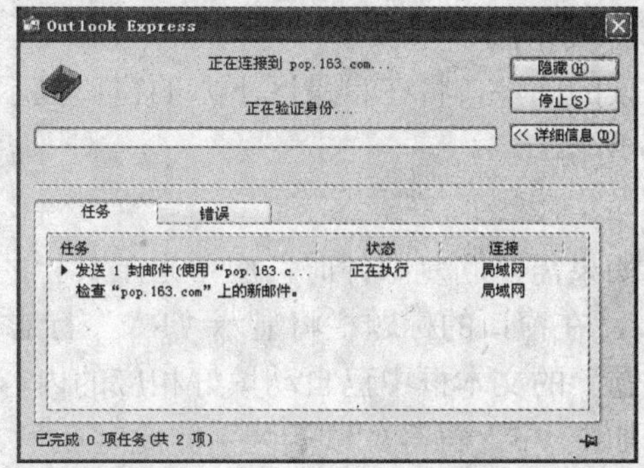

图 9-13　正在发送邮件

当发送成功后，该邮件的副本会存入到“已发送邮件”文件夹内，以备查看，如图 9-14 所示。如果收件人没有上线，则邮件会送到“发件箱”中，待上网后，单击 Outlook Express 工具栏上的“发送和接收”按钮，会将“发件箱”中的邮件一起发出。

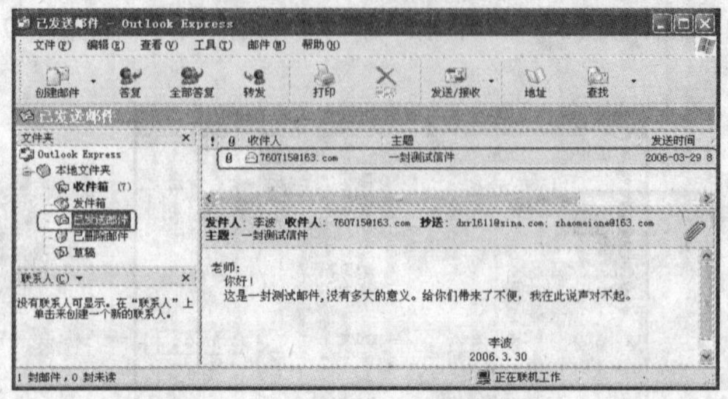

图 9-14 “已发送邮件”文件夹

4. 接收邮件

当需要使用 Outlook Express 接收电子邮件时，在“Outlook Express”的主窗口中，选择“收件箱”文件夹后，单击工具栏上的“发送/接收”按钮即可接收邮件。此时在“收件箱”内显示已经收到的邮件，如图 9-15 所示。

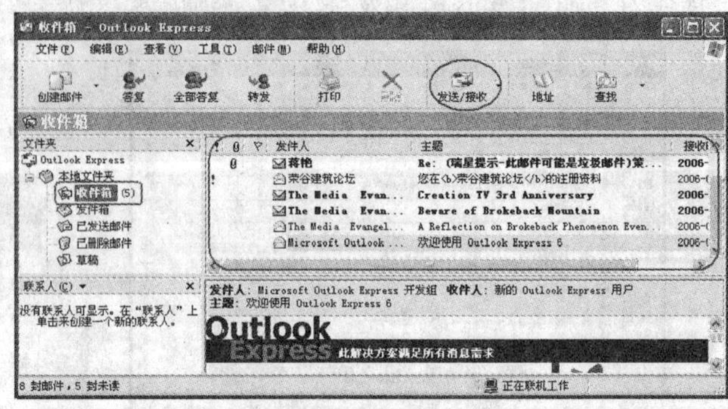

图 9-15 接收到的邮件

5. 阅读邮件

如果用户要阅读“收件箱”中的邮件时，单击“收件箱”文件夹，在“收件箱”栏中显示收到的邮件，同时在屏幕左下角状态栏中显示文件夹中共有多少邮件、几封未读（8 封邮件，5 封未读）。其中邮件主题用粗体字显示，当发件人前面的“小信封”图标呈未打开状态时，表示该电子邮件尚未阅读。

在收件箱中选择需要阅读的邮件，将在目录区下方的窗口显示该邮件的内容，就可以阅读该信件内容，如图 9-16 所示。

6. 回复邮件

对于收到的电子邮件，如果需要回复邮件时，应单击工具栏的“答复”按钮，此时将打开如图 9-17 所示的窗口，在窗口的标题栏将显示“Re:”标志。

其中“收件人”和“主题”的文本框中已自动填好相应的内容，并在正文框内显示出来信的全文，并在每一行前加上“>”符号，以示区别。此时在正文框内输入回复的内容，然后单击“发送”按钮进行发送。

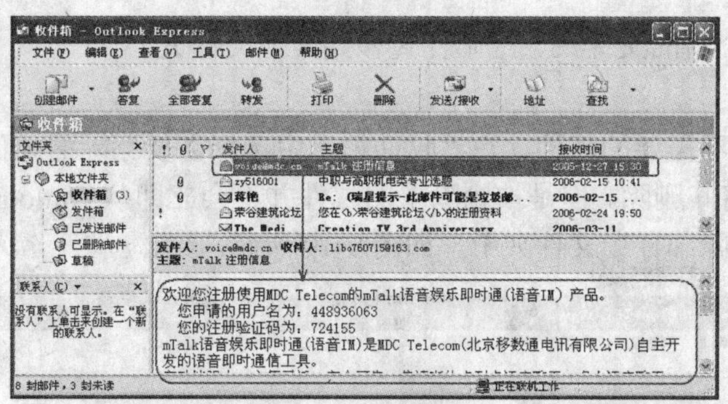

图 9-16　阅读邮件

图 9-17　回复邮件

7．转发邮件

对于收到的电子邮件，如需要转发给其他人时，应单击工具栏的“转发”按钮，此时将打开如图 9-18 所示的窗口，在窗口的标题栏将显示“Fw:”标志。

在“主题”文本框内已自动填好相应的内容，在“收件人”文本框中输入需要转换人的邮件地址“ad1815@163.com”，最后单击“发送”按钮进行发送，如有附件也同时发出。

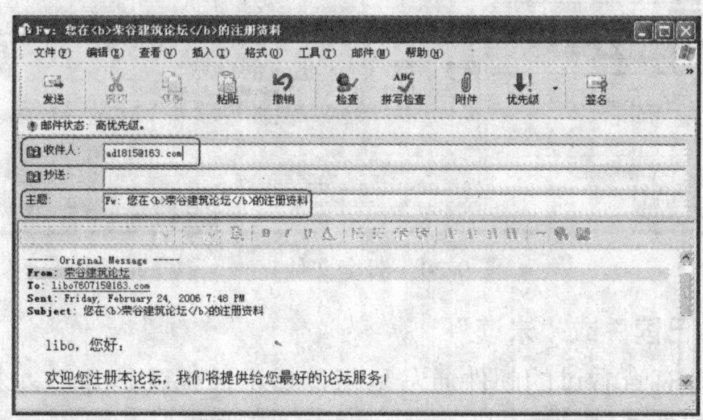

图 9-18　转发邮件

9.1.5　管理邮件

Outlook Express 允许用户对电子邮件进行各种管理：删除邮件、把邮件标为“已读”

或“未读”、建立一个新的文件夹、把邮件转移到其他文件夹。

1．删除邮件

若要删除邮件中不需要的邮件，在“收件箱”中选择需要删除的邮件，然后按键盘上的“Delete”键即可将其删除。但是被删除了的邮件并不会立即从 Outlook Express 中消失，而是被转移到“已删除邮件”文件夹中，如图 9-19 所示。

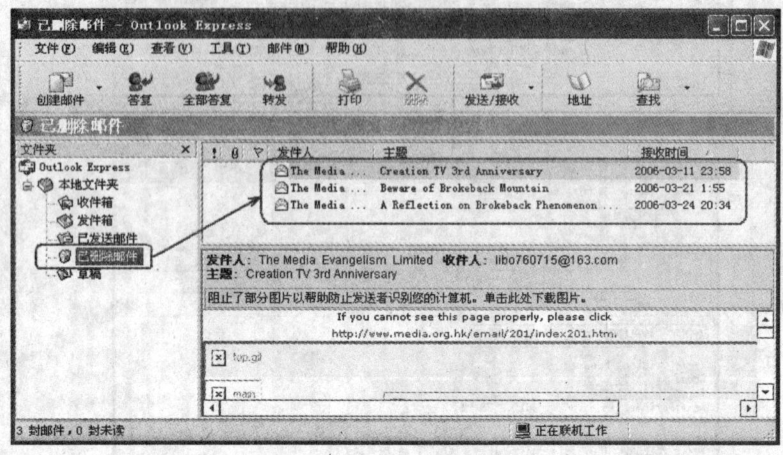

图 9-19 已删除的邮件

若想彻底将邮件从 Outlook Express 中删除，可右键单击“已删除邮件”文件夹，在弹出的快捷菜单中选择“清空文件夹”命令，如图 9-20 所示。

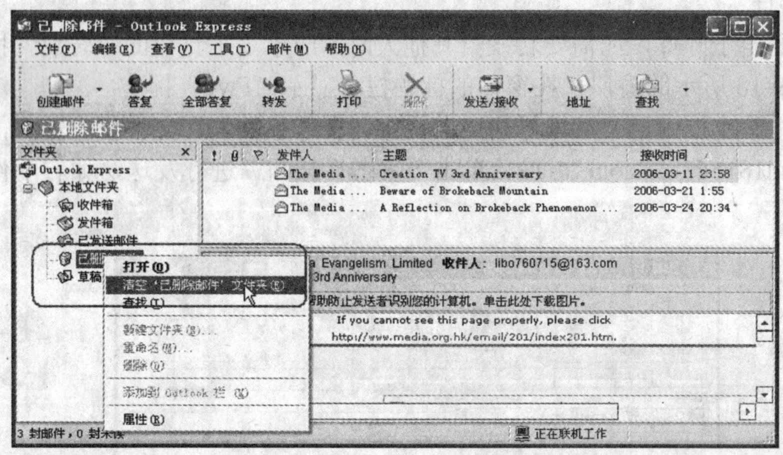

图 9-20 清空文件夹

2．将邮件标为“已读”或“未读”

在收件箱中，还没有查看过的邮件通常呈粗体显示，也就是处于“未读”状态。在一般情况下，当查看该邮件 5 秒钟之后，Outlook Express 自动认为已经阅读了这封邮件，邮件目录中的字体就会自动变为正常显示，此时处于“已读”状态。

如果需要将一封已读的邮件改为“未读”的状态，或把未读的邮件改为“已读”的状态，就可以在该邮件上单击鼠标右键，在弹出的快捷菜单中选择“标记为已读”或“标记为未读”，如图 9-21 所示。

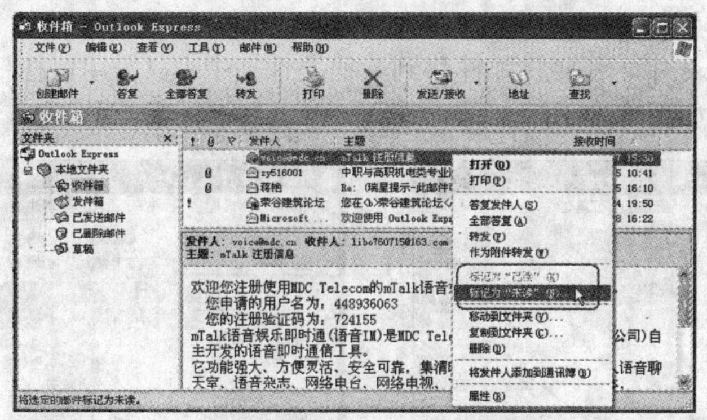

图 9-21　改变邮件状态

3．新建文件夹

在 Outlook Express 中，已经有“收件箱”、“发件箱”、“已发送邮件”、“已删除邮件”、“草稿”等几个文件夹，但是还可以新建文件夹，其操作步骤如下：

（1）在一个文件夹上（如 Outlook Express 文件夹）单击鼠标右键，在弹出的快捷菜单中选择“新建文件夹”命令，如图 9-22 所示。

图 9-22　选择“新建文件夹”命令

（2）此时将弹出“创建文件夹”对话框，如图 9-23 所示。在“文件夹名”文本框中输入新建的文件夹名“好朋友的邮件”，并选择文件夹所在的位置，然后单击“确定”按钮，此时在邮件的文件夹中将显示新建的文件夹名，如图 9-24 所示。

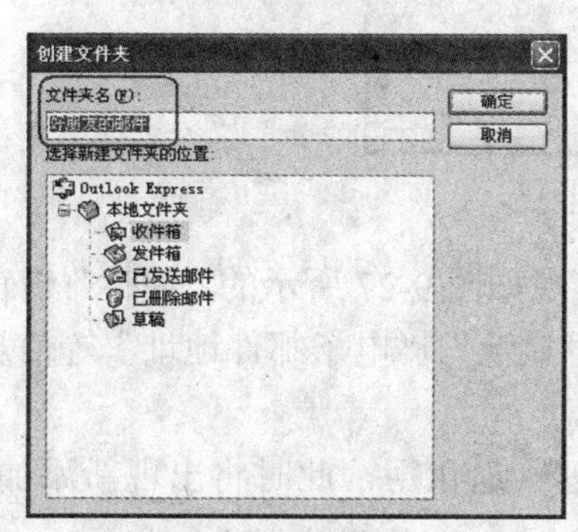

图 9-23　输入文件夹名

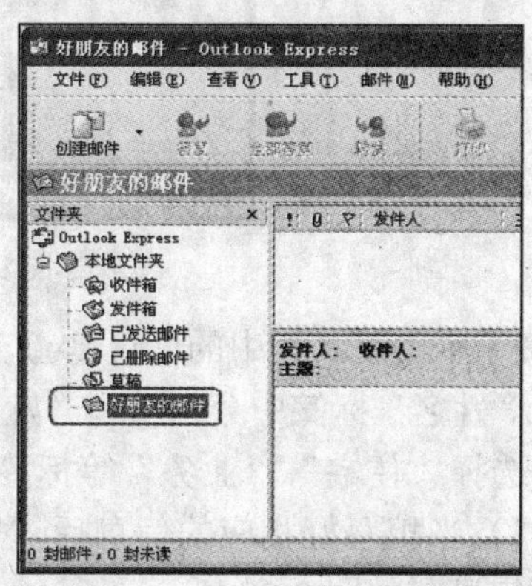

图 9-24　新建的文件夹

4．改变邮件的位置

在 Outlook Express 中，若要将邮件移到其他文件夹中，只需用鼠标把邮件标题拖到相应的文件夹中即可，如图 9-25 所示。

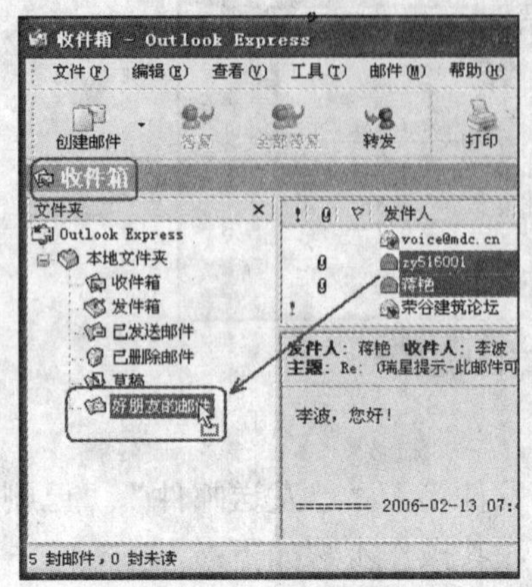
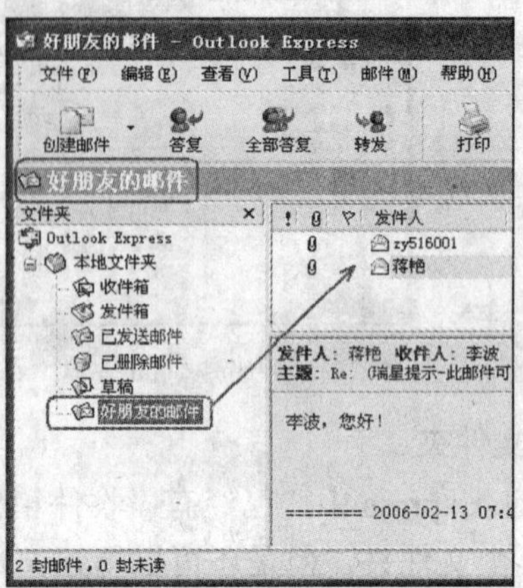

图 9-25　改变邮件的位置

9.1.6　通讯簿

在 Outlook Express 通讯簿中，可以记录其他人的姓名、电子邮件地址以及其他信息。使用通讯簿不仅能够方便查找电子邮件地址，而且只要用鼠标单击，收件人的地址便会自动填写到“收件人”文本框中。

1．向通讯簿中添加信息

向通讯簿中添加信息有两种方法：即手工添加和自动添加。

若要手工向通讯簿中添加信息，其操作步骤如下：

（1）单击工具栏中的“地址”按钮，将弹出如图 9-26 所示的窗口。

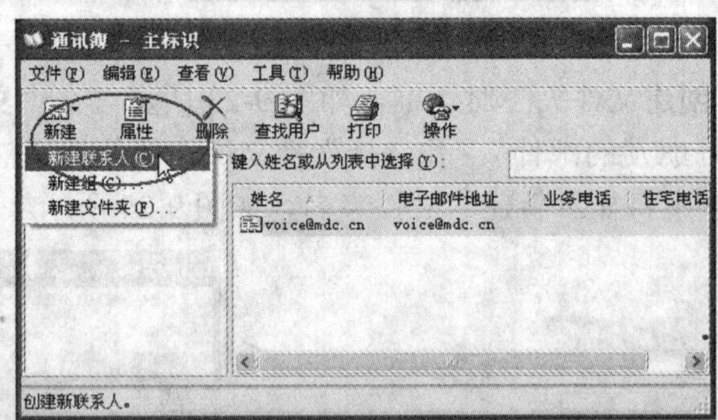

图 9-26　“通讯簿”窗口

（2）单击工具栏中的“新建\新建联系人”按钮，出现如图 9-27 所示的“属性”窗口。可以在“姓名”标签中分别填写“姓”、“名”、“职务”、“显示”、“电子邮件地址”等信息，也可以选择“住宅”、“业务”等标签并填写相应的内容。

（3）当填写好相应的信息后，单击“确定”按钮返回通讯簿，此时将出现新添加的联系人信息，如图 9-28 所示。

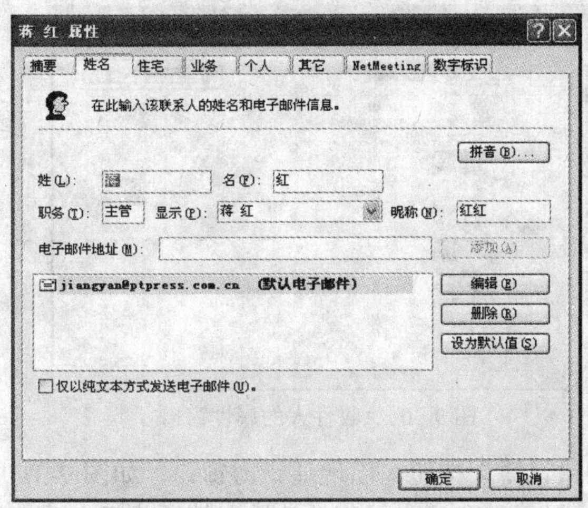

图 9-27　“新联系人”窗口

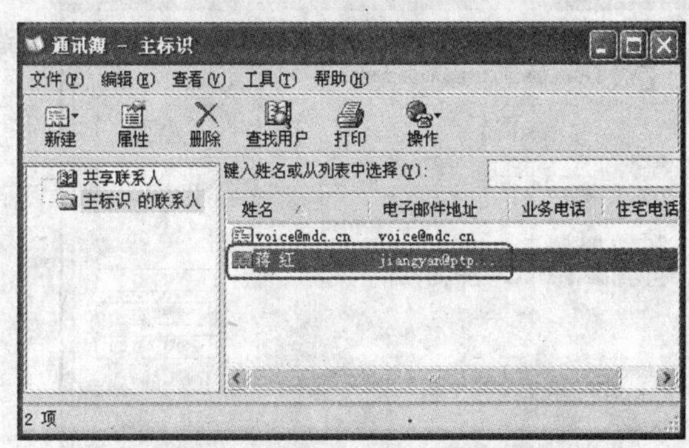

图 9-28　手工添加的通讯簿

若要自动向通讯簿中添加信息，其操作步骤如下：

（1）在 Outlook Express 的相应文件夹中双击一个邮件标题，将打开指定的邮件窗口，如图 9-29 所示。

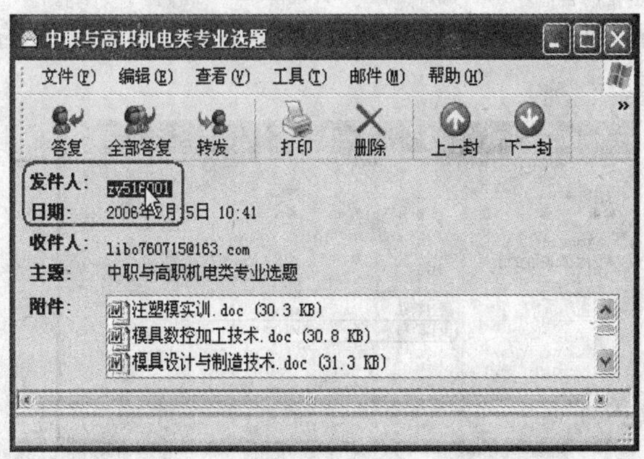

图 9-29　打开指定的邮件

（2）双击“发件人”的名字，将弹出如图 9-30 所示的窗口。

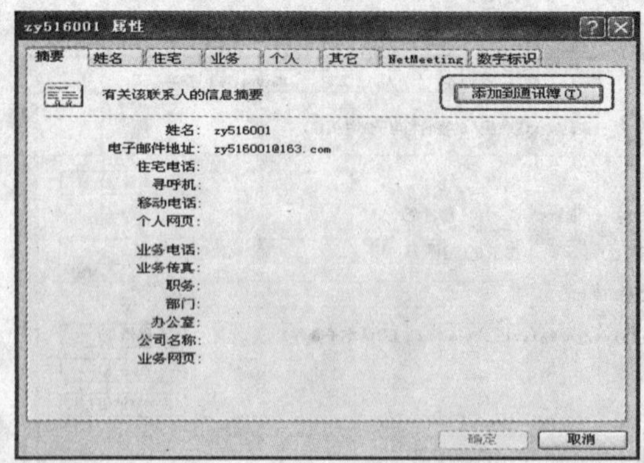

图 9-30 收件人的属性窗口

（3）单击“添加到通讯簿”按钮，出现通讯簿窗口，如图 9-31 所示。在该窗口中，“姓”、“名”、“职务”、“显示”和“电子邮件地址”等项都已自动填好。

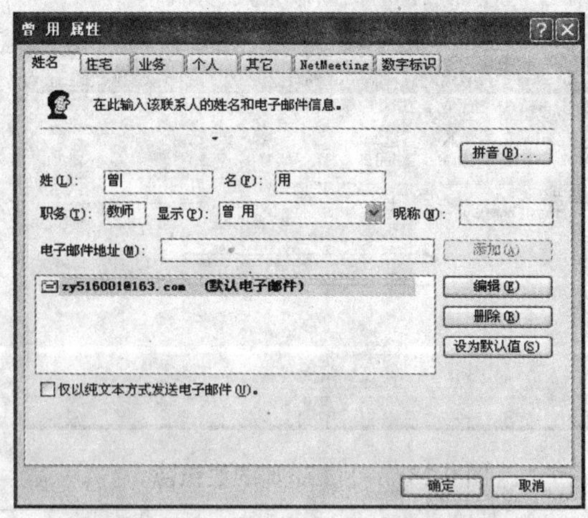

图 9-31 自动把信息添加到通讯簿

（4）若要进行修改，可分别在“住宅”、“业务”、“个人”等标签内进行修改，然后单击“确定”按钮，此时将返回到如图 9-29 所示的窗口。

（5）单击“通讯簿”按钮就会发现其中已经添加了该发件人的信息，如图 9-32 所示。

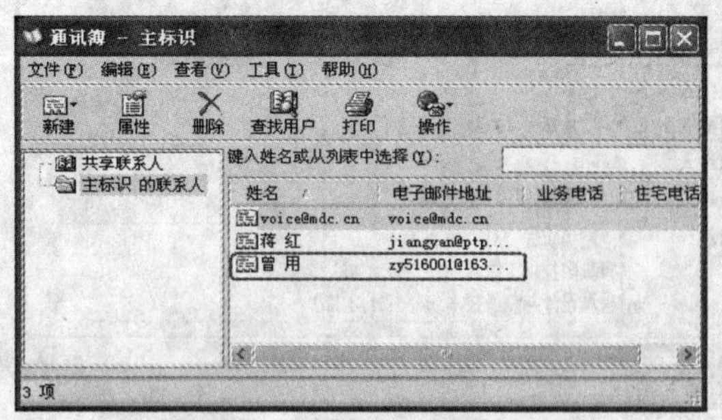

图 9-32 自动添加的通讯簿

2．从通讯簿中指定收件人

如果在通讯簿中记录了有关信息，就可以很方便地从通讯簿中指定收件人，其操作步骤如下：

（1）在 Outlook Express 的主窗口中，单击“创建邮件”按钮，将打开“新邮件”窗口，如图 9-33 所示

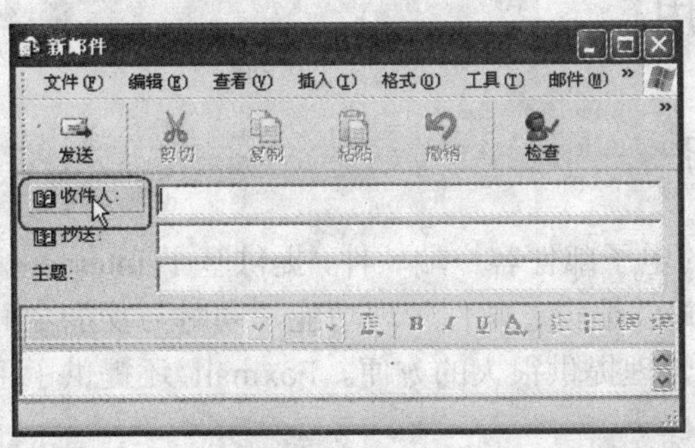

图 9-33　“新邮件”窗口

（2）单击“收件人”按钮，将弹出“选定收件人”窗口，在左侧的列表框中选择收件人后，单击“收件人”按钮，此时该收件人的名字就会被添加到“邮件收件人”栏中，如图 9-34 所示。

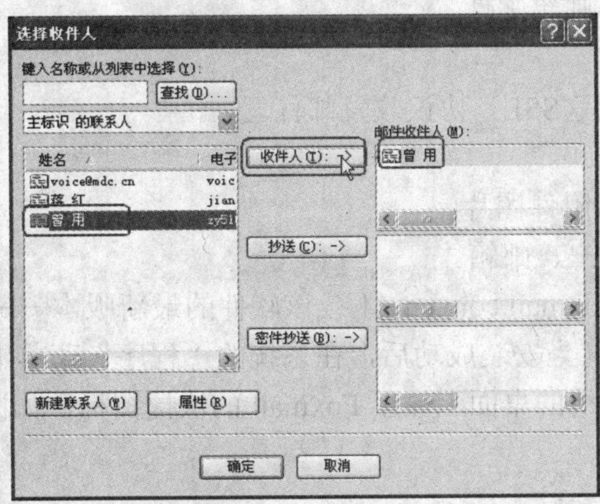

图 9-34　选择收件人

（3）同时，可以在选择左侧的收件人后，单击“抄送”和“密件抄送”按钮，将其添加到相应的栏内，最后单击“确定”按钮将返回邮件窗口。此时，“收件人”栏中已经自动填写好收件人的名字，如图 9-35 所示。

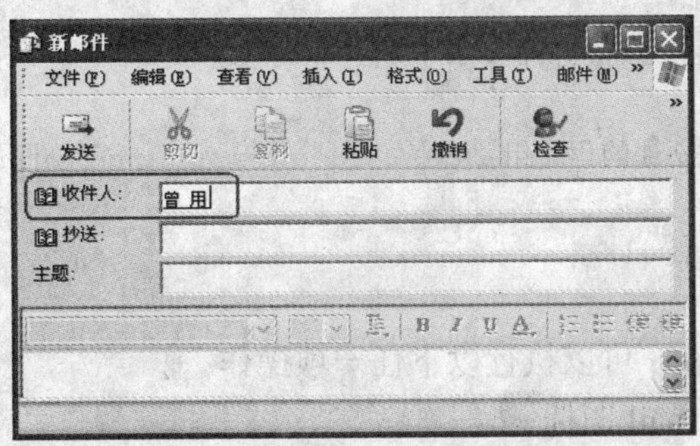

图 9-35　从通讯簿中指定收件人

提示 在“收件人”栏中显示的不是收件人的电子邮件地址，但是在发送电子邮件时，Outlook Express 会自动按照通讯簿中相应的电子邮件地址发送。

9.2 Foxmail 的使用

9.2.1 Foxmail 的介绍

Foxmail 是一款著名的电子邮件客户端软件，提供基于 Internet 标准的电子邮件收发功能。Foxmail 具有强大的邮件编辑、邮件管理功能，同时与功能全面的地址簿完美结合，为邮件发送和联系人信息管理提供很大的方便。Foxmail 还提供了手机短信发送功能，发送短信更加快捷方便。

与传统的邮件收发程序相比，Foxmail 5.0 有以下突出特点：

（1）数字签名和加密功能。

（2）反垃圾邮件功能。

（3）阅读和发送国际邮件（支持 Unicode）。

（4）收取 yahoo.com 邮箱邮件。

（5）地址簿同步。

（6）通过安全套接层（SSL）协议收发邮件。

（7）支持名片（vCard）。

（8）以嵌入方式显示附件图片。

（9）导入 Foxmail 账户、邮箱。

用户可在 http://www.foxmail.com.cn /下载该软件的最新版本——Foxmail 5.0，然后只需按照提示即可安装成功。当安装成功后，在系统的“程序”菜单中将自动添加程序组，如图 9-36 所示，并且在系统的桌面上显示 Foxmail 的快捷图标，如图 9-37 所示。

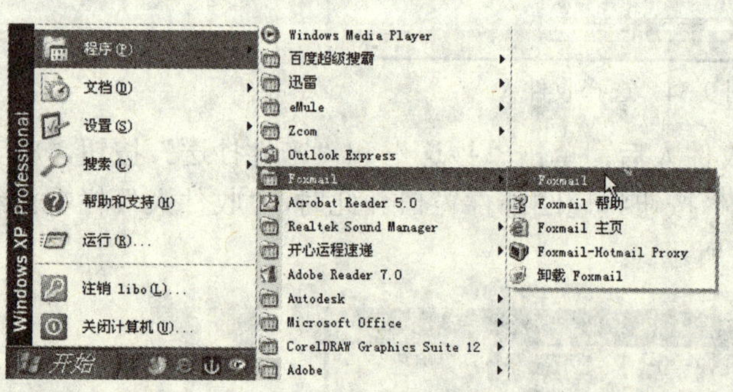

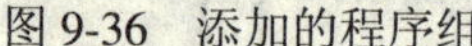

图 9-36 添加的程序组

图 9-37 添加的快捷图标

9.2.2 启动方法与界面

若要启动 Foxmail 软件，可以执行以下任一项操作：

（1）在桌面双击 Foxmail 图标。

（2）在任务栏的“快速启动”栏（ ）单击。

（3）在系统中，执行“开始\程序\Foxmail\Foxmail”菜单命令，如图 9-36 所示。

当启动 Foxmail 后，其主界面如图 9-38 所示，同时在屏幕上将出现小窗口 ，任务栏的右下角也有其图标 。

在 Foxmail 的主界面中，除了视窗操作软件都具有的菜单栏、工具条和状态栏之外，还包括 5 个窗口：账户窗口、地址簿窗口、邮件列表窗口、邮件内容窗口和附件窗口。

（1）工具栏。工具栏直观的形式提供了软件最常用的功能。

（2）账户窗口。在账户窗口中，每个账户下都有 5 个选项，分别是收件箱（保存收到的邮件）、发件箱（保存待发的邮件）、已发邮件箱（保存已经发出的邮件）、垃圾邮件箱（保存收到的垃圾邮件）、废件箱（保存废弃删除的邮件）。

（3）邮件列表窗口。以列表的形式显示当前账户中用户邮件夹里的全部邮件，显示的信息包括发件人、主题、发件日期、邮件大小等相关内容。

（4）邮件内容窗口。显示邮件列表中所选择的邮件主要内容，如果一个邮件中有附件，通常情况下将在附件窗口中显示出附件文件的图标。用户可以通过双击以执行文件或者单击右键，然后单击“另存为”命令将附件保存到电脑中。

（5）地址簿窗口。位于操作界面的左下部分，可以在地址簿窗口中保存朋友的电子邮件及其他联系信息，免去每次写信时还要查找电子邮件的麻烦。单击地址簿窗口上端的“地址簿”按钮可在不同的地址簿之间进行切换。

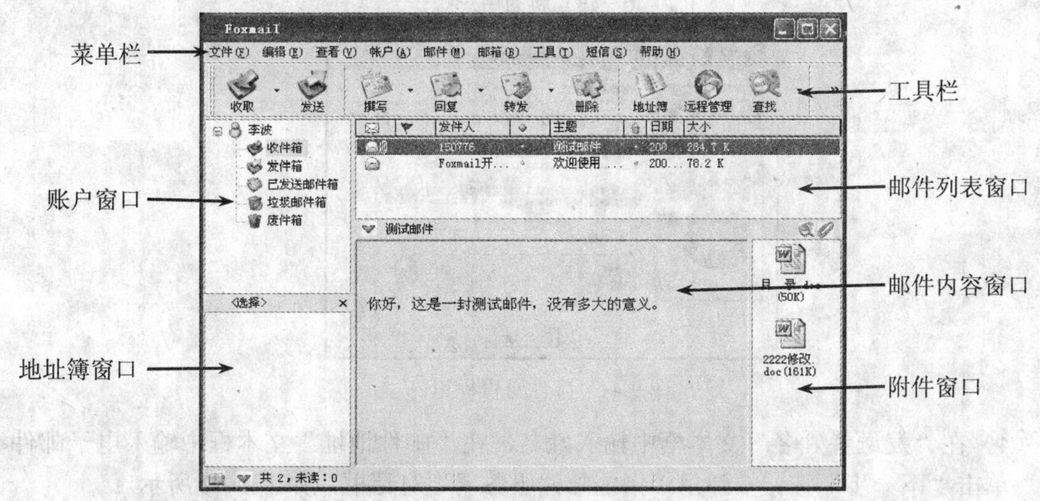

图 9-38　Foxmail 的主界面窗口

9.2.3　创建邮件账户

在使用 Foxmail 收发电子邮件之前，首先应创建新的邮件账户，具体操作如下：

（1）在如图 9-38 所示的主界面中，执行“账户\新建”菜单命令，将弹出如图 9-39 所示的“向导”对话框。

（2）单击“下一步”按钮，弹出“建立新的用户账户”对话框，如图 9-40 所示。

（3）在“用户名”文本框中输入用户名后，单击“下一步”按钮，弹出“邮件身份标记”对话框，如图 9-41 所示。

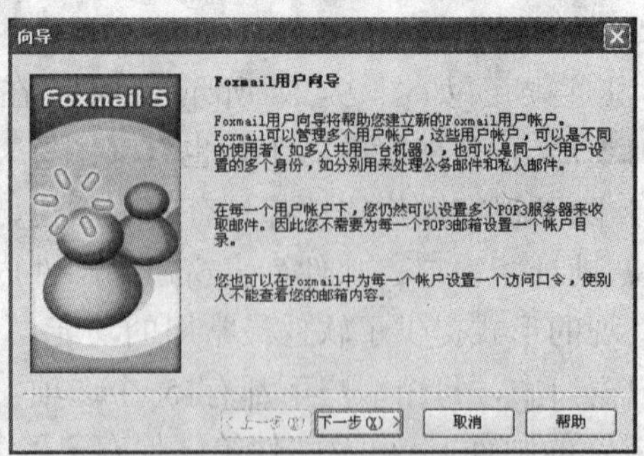

图 9-39 “向导”对话框

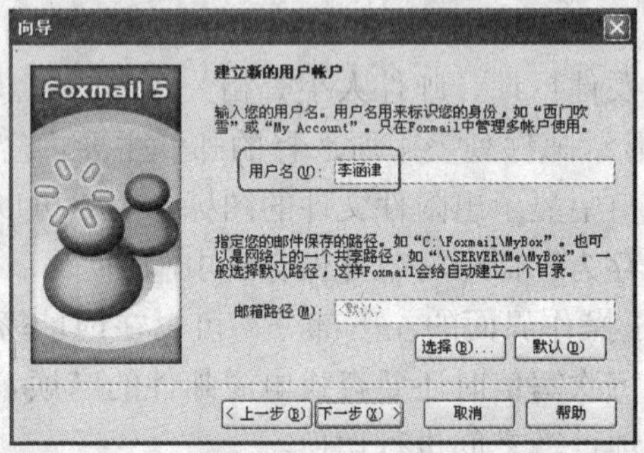

图 9-40 建立新的用户账户

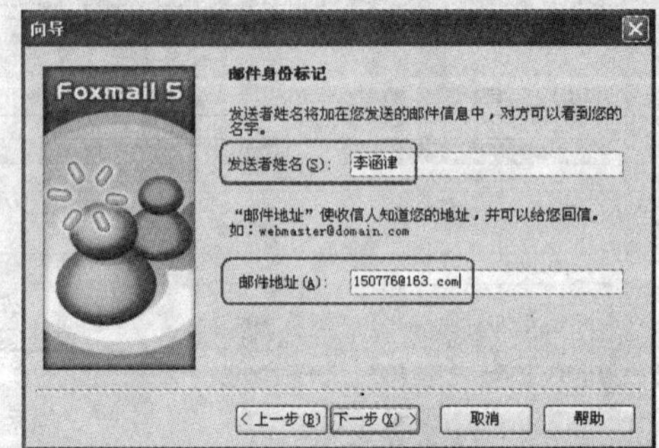

图 9-41 邮件身份标记

（4）在“发送者姓名”文本框中输入姓名，在“邮件地址”文本框中输入电子邮件地址。单击“下一步”按钮，弹出“指定邮件服务器”对话框，如图 9-42 所示。

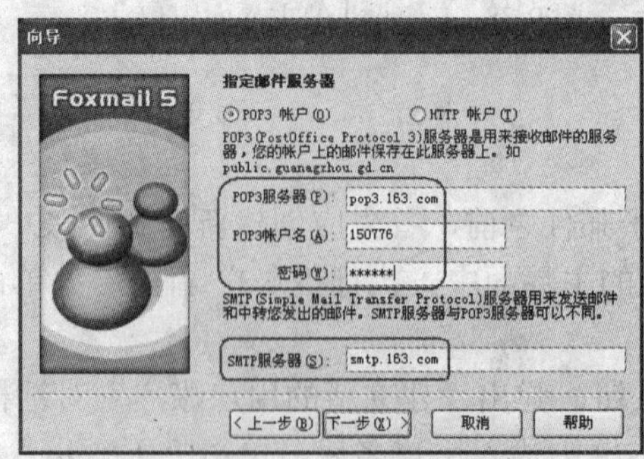

图 9-42 指定邮件服务器

（5）在该对话框中自动填写了“POP3 服务器”、“POP3 账户名”和“SMTP 服务器”；在“密码”后面的文本框中输入密码后，单击“下一步”按钮，进入“账户建立完成”对话框，如图 9-43 所示。

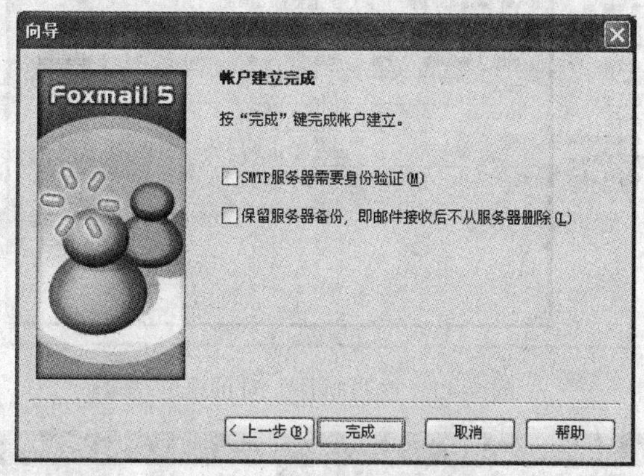

图 9-43　账户建立完成

（6）单击“完成”按钮，即可创建一个新的邮件账户，如图 9-44 所示。

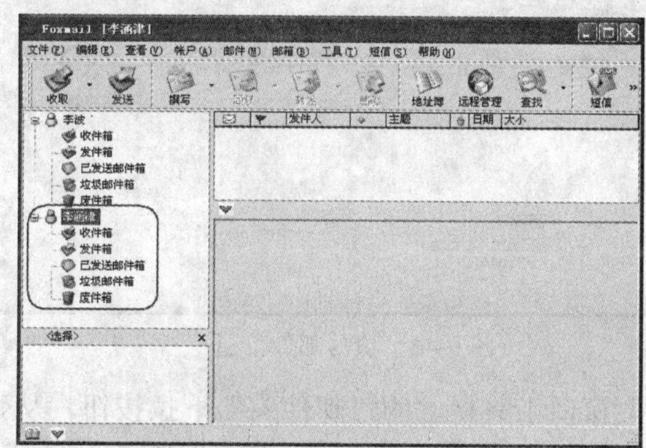

图 9-44　创建新的邮件账户

9.2.4　邮件的接收与发送

1．撰写/发送邮件

Foxmail 具有优秀的邮件编辑器，支持拖曳编辑和无限恢复的功能，采用了类似 Word 中鼠标随意定位的编辑功能，支持模板和宏，并且提供了 HTML 邮件编辑、HTML 邮件模板、英文拼写检查等功能。在 Foxmail 中撰写新邮件的具体操作如下：

（1）在 Foxmail 的主界面窗口中，选择左侧账户窗口的相应账户“李涵津”，再单击工具栏的“撰写”按钮，或执行“邮件\写新邮件”菜单命令，将弹出“写邮件”窗口，如图 9-45 所示。

（2）在“收件人”文本框中输入收件人的 E-mail 地址“lhc8819@163.com”（可以用“;”隔开多个收信人的 E-mail 地址），在“主题”文本框中输入该邮件的主题“测试邮件”，在“抄送”文本框中填上要抄送对象的邮件地址“hdqhpg@126.com”（如要抄送多个邮件地址，可用“;”隔开），如图 9-46 所示。

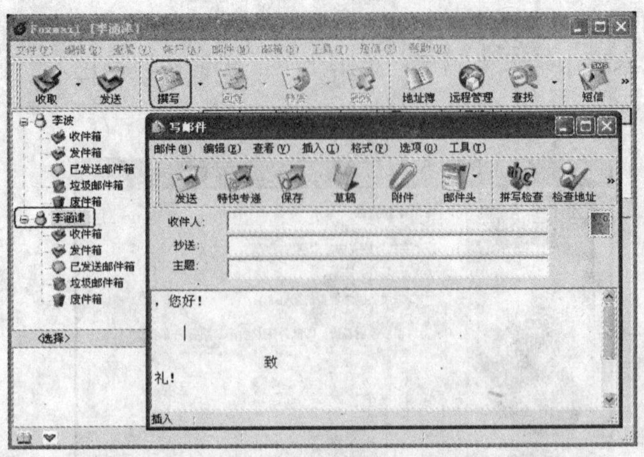

图 9-45 “写邮件”对话框

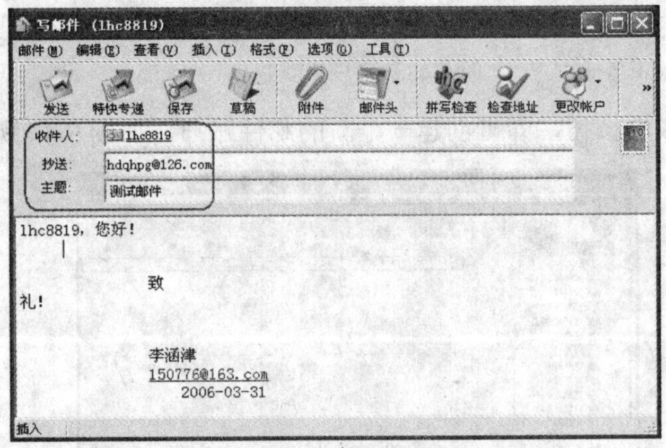

图 9-46 填写邮件信息

（3）单击“写邮件”窗口工具栏上的“邮件头”下拉按钮，从弹出的菜单中分别选择“发送者地址”、“回复地址”和“暗送”命令，在“写邮件”窗口中将显示“发件人”、“回复”和“暗送”3 个文本框，如图 9-47 所示。

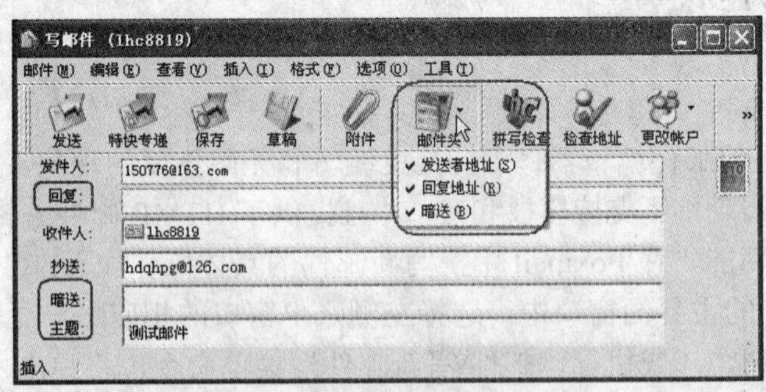

图 9-47 填写邮件头信息

（4）在“写邮件”窗口下方的邮件编辑区中，输入邮件的内容。

（5）如果需要发送附件，可单击工具栏上的“附件”按钮，弹出如图 9-48 所示的“打开”对话框。

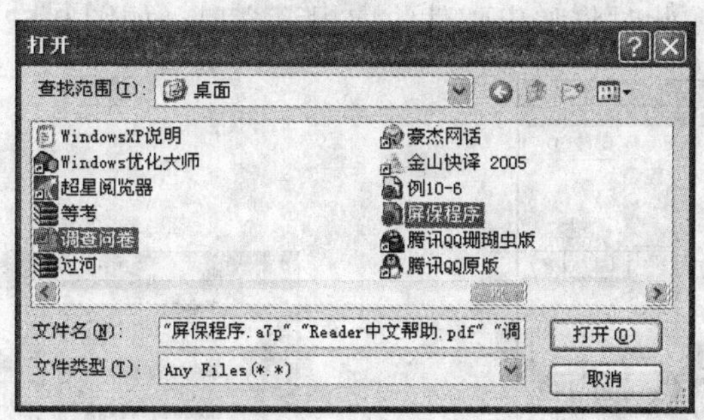

图 9-48　选择附件

（6）在“打开”对话框中选中要附加的文件后，单击“打开”按钮，即可在邮件编辑区下方出现一个附件区，其中显示了插入附件的文件名称，如图 9-49 所示。

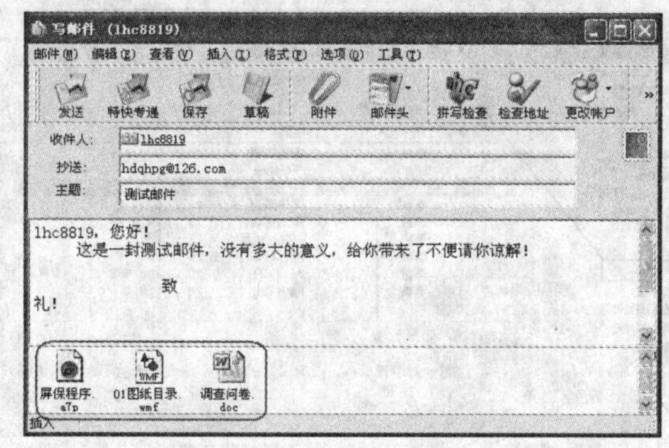

图 9-49　添加的附件

（7）在“写邮件”窗口中，执行“选项\请求阅读收条”菜单命令，则对方收到邮件后，将自动以邮件的形式回复对方，表示已经收到邮件。建议用户每发送一封邮件都请求阅读收条，以便确认对方是否收到邮件。

（8）单击工具栏上的“发送”按钮，或执行“邮件\立即发送”菜单命令，即可将邮件立即发送，并弹出“发送邮件”提示框，如图 9-50 所示。

图 9-50　“发送邮件”提示框

2. 邮件的收取

在 Foxmail 中可以方便地接收邮件，无需登录网站，直接在客户端操作即可。接收邮件的操作步骤如下：

（1）在“账户窗口”中选定要接收邮件的账号（如“李涵津”）。

（2）单击工具栏上的“收取”按钮，或执行“文件\收取邮件”菜单，从弹出的子菜单中选择接收邮件的账号（如“李涵津”）即可收取邮件，如图 9-51 所示。

（3）执行该命令后，此时将弹出邮件收取提示窗口，如图 9-52 所示。

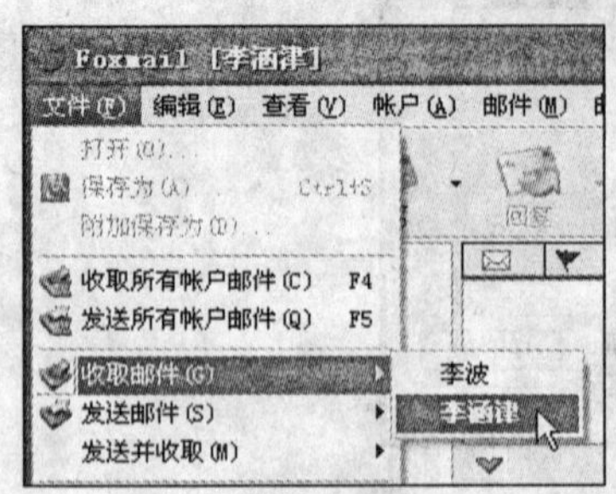

图 9-51 收取邮件

图 9-52 收取邮件提示框

（4）当邮件收取完后，在收件箱中将显示所收取的邮件，同时在小窗口中将依次显示邮件的内容，如图 9-53 所示。

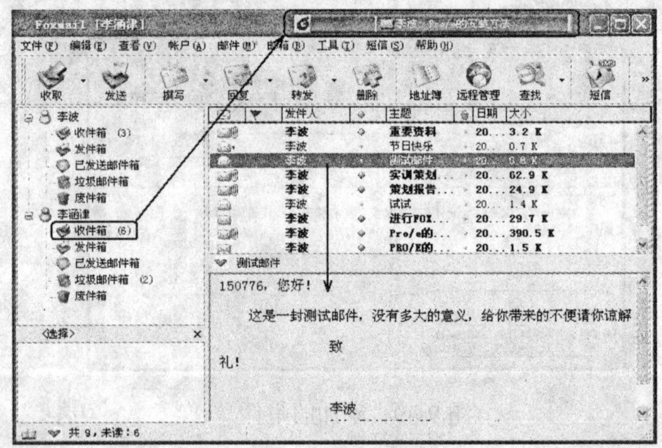

图 9-53 已经收取的邮件

（5）单击邮件标题链接，在“邮件内容”窗口将显示邮件的内容。如果收到的邮件中包含附件，在 Foxmail 邮件列表的“状态”栏中用一个曲别针形状的图案来表示附件，并在正文编辑区下面（或右侧）的附件区中显示附件的文件名，如图 9-54 所示。

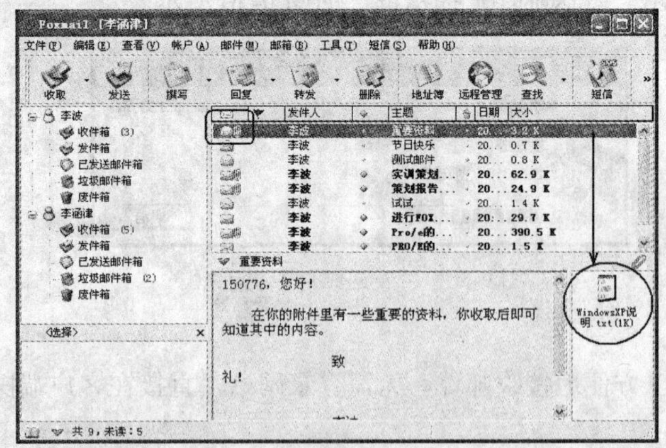

图 9-54 邮件中含有的附件

如果使用 Foxmail 自动接收邮件，应进行相应的设置，其设置方法如下：

（1）选中自动接收邮件的账号（如“李涵津”），执行“账号\属性”菜单命令，将弹出“账户属性”对话框，单击“接收邮件”选项，如图 9-55 所示。

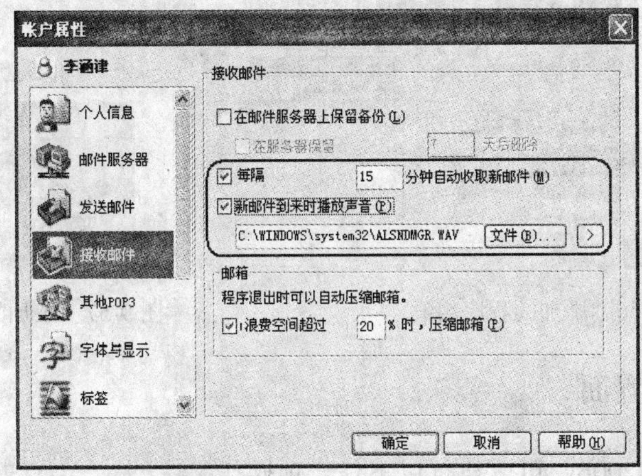

图 9-55　“账户属性”对话框

（2）若勾选“每隔”复选框，在文件框中调整接收时间；若勾选“新邮件到来时播放声音”复选框，单击“文件”按钮，选择播放的声音文件即可。

（3）当设置完成后，单击“确定”按钮，则系统将每隔一段时间自动收取邮件，且收取完成后，桌面右下方会出现邮件接收信息框并同时播放声音，以提示用户注意，如果收取失败，将提示收取失败的原因。

提示　要使用 Foxmail 的自动收取邮件功能，必须保持 Foxmail 处于启动状态，且系统只会自动收取经过设置的账户。如果使用 Foxmail 管理了多个账户，则需要对每个账户分别进行设置后才能使用自动接收功能。

对于邮件的阅读、回复、转发、保存、删除等操作，与 Outlook Express 操作基本相同，由于篇幅的原因，这里就不再介绍。

9.3　腾讯 QQ2006 的使用

9.3.1　腾讯 QQ 的介绍

腾讯 QQ（OICQ）是由深圳市腾讯计算机系统有限公司开发的一款基于 Internet 的即时通信（IM）软件。其功能非常全面，可以使用 QQ 和好友进行交流，信息即时发送和接收，语音视频面对面聊天。此外 QQ 还具有与手机聊天、BP 机网上寻呼、聊天室、点对点断点续传传输文件、共享文件、QQ 邮箱、备忘录、网络收藏夹、发送贺卡等功能。QQ 不仅仅是简单的即时通信软件，它还与全国多家寻呼台、移动通信公司合作，实现传统的无线寻呼网、GSM 移动电话的短消息互联，是目前国内最为流行、功能最强的即时通信（IM）软件。

用户可以在 http://www.QQ.com（腾讯网站）下载 QQ 软件的最新版本——QQ2006，然后只需按照提示即可安装成功。当安装成功后，在系统的“程序”菜单中将自动添加程序组，如图 9-56 所示，并且在系统的桌面上显示快捷图标，如图 9-57 所示。

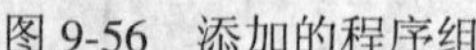

图 9-56 添加的程序组

图 9-57 添加的快捷图标

9.3.2 启动方法与界面

若要启动腾讯 QQ2006，可以执行以下任一项操作：

（1）在桌面上双击 QQ 的快捷图标。

（2）在系统的快速启动区中（ ）单击。

（3）在系统中执行“开始\程序\腾讯 QQ\腾讯 QQ 原版”菜单命令，如图 9-56 所示。

执行上面的任意一项操作后，将弹出如图 9-58 所示的登录窗口，输入正确的 QQ 号码和密码后，单击“登录”按钮进行登录，稍等片刻即可登录成功，其 QQ 面板如图 9-59 所示。同时，任务栏的右下角也有其图标 。

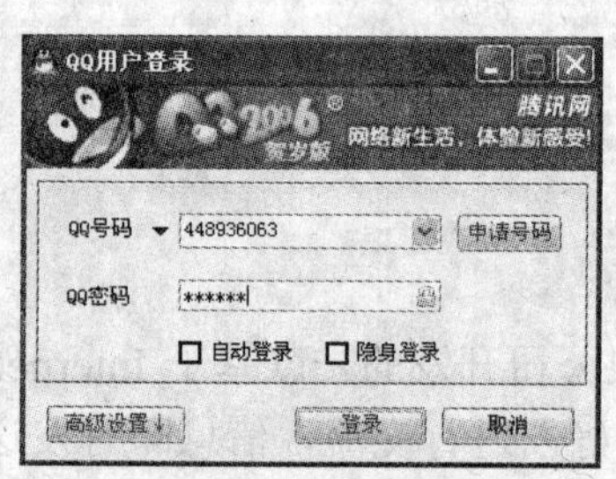

图 9-58 QQ 登录窗口

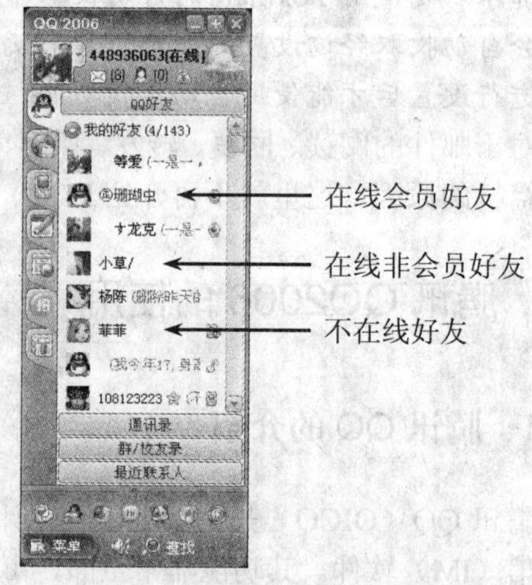

图 9-59 QQ 面板

腾讯 QQ 的面板形状狭长，好友列表中有颜色区分：头像是彩色的表示在线好友；头像呈暗灰色的表示不在线好友。在线好友中，是会员的在线好友，其昵称颜色默认为红色，非会员好友默认为黑色。

如果在 QQ 面板的空白处右击，会弹出如图 9-60 所示的下拉菜单，在这里可以改变界面的一些设置，如颜色设置、名称显示等。单击“群/校友录”分组选项，将显示该面板下的各个分组，如图 9-61 所示。

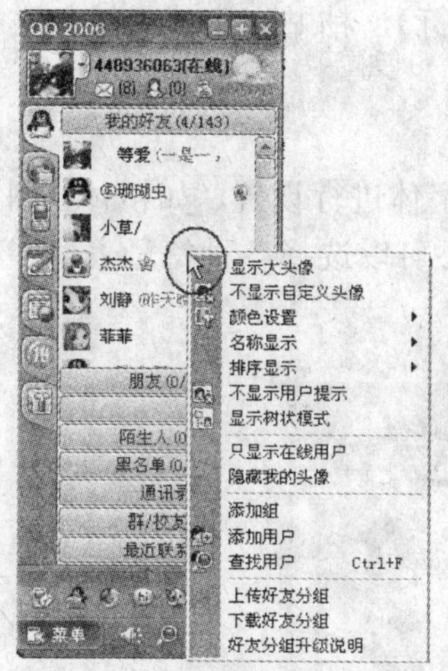

图 9-60　右击 QQ 面板

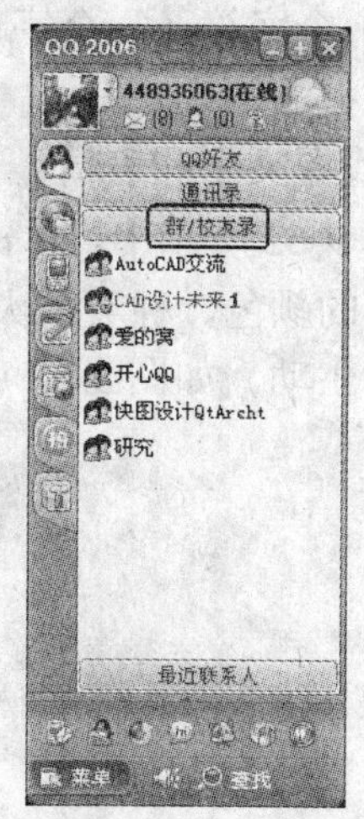

图 9-61　QQ 分组面板

9.3.3　腾讯 QQ 的基本使用

1. 用 QQ 收发消息

收发消息是 QQ 最常用和最重要的功能，要实现消息的收发，一定要有自己的 QQ 号码和其他好友的 QQ 号码。

（1）发送消息

要使用 QQ 发送消息，首先应使 QQ 处于在线状态，然后打开 QQ 面板，双击好友的头像，或右击好友的头像，从弹出的快捷菜单中选择“发送即时消息”命令，都会弹出如图 9-62 所示的对话框。该对话框空白部分可以让用户输入文字和选择 QQ 表情。

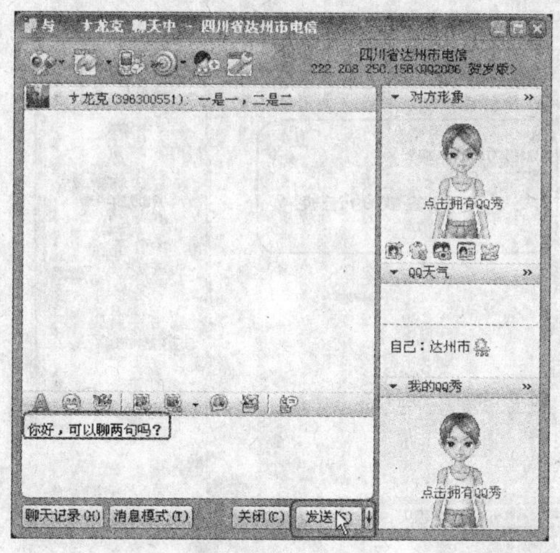

图 9-62　发送消息

当输入需要发送的消息内容后，单击“发送”按钮，或者使用“Ctrl+Enter”和“Alt+S”组合键即可将消息发送，对方一般会立即收到。如果因为某种原因无法及时发送出去，可单击“关闭”按钮。在输入要发送的消息内容时，可以从其他地方复制并粘贴，但内容不能超过 400 个字符（一个字母或者汉字均算作一个字符），粘贴文字或者输入文字超过这个限制会被截去。

（2）设置文字和表情

在如图 9-62 所示中，单击文字按钮，可以对其字体进行设置，如粗体、斜体、带下划线、字体的颜色、种类及大小等，单击笑脸按钮还可以选择各种符号表情，会使发送的消息更加生动，如图 9-63 所示。

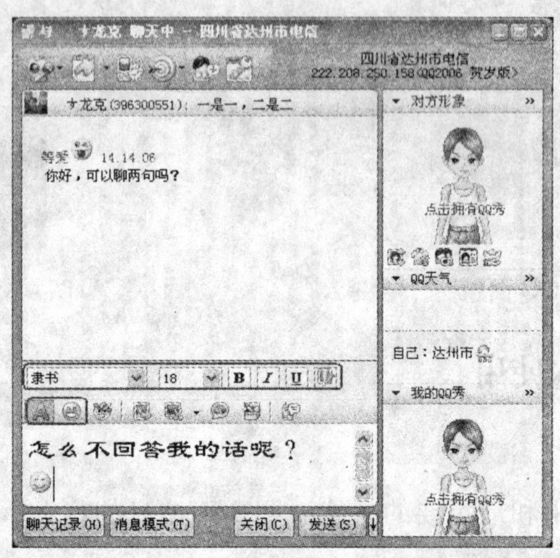

图 9-63 设置发送文字的字体、表情

当好友向自己发送消息时，如果 QQ 是在线的，可即时收到，如果不在线，那么 QQ 上线后会马上收到消息。此时在自己的 QQ 面板上有不停跳动的好友头像，双击该头像即能接收到该信息，如图 9-64 所示。

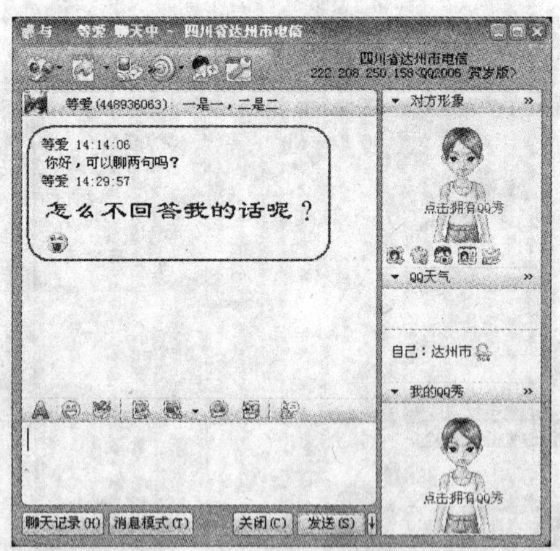

图 9-64 接收信息

（3）设置自动接收消息

如果希望接收到的消息能够自动弹出，可以在“系统设置”的“基本设置”里勾选“自动弹出信息”复选框，这样一有消息，对话框就会自动弹出来，如图 9-65 所示。

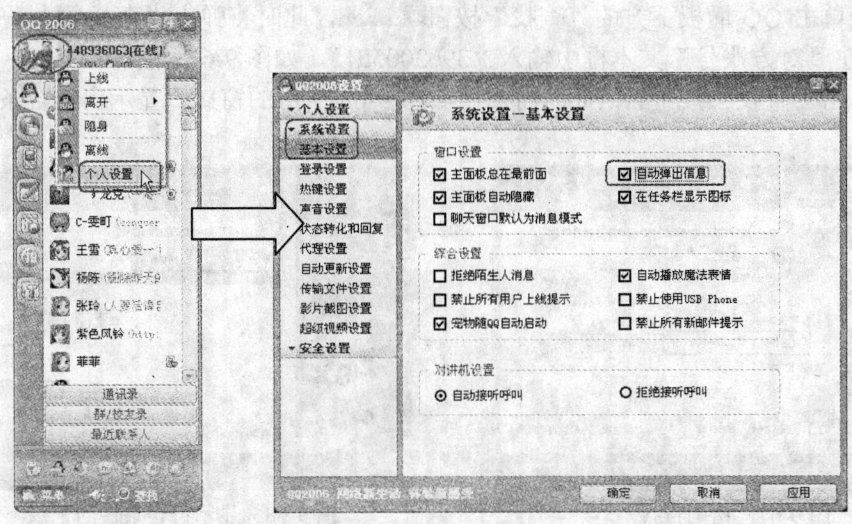

图 9-65　设置自动接收消息

（4）设置自动回复信息

如果经常用一些固定不变的语句回复信息，比如“请稍候片刻”、“我也不知道”一类的信息，在“系统设置”里面的“状态转化和回复”里设定几条“快捷回复”，在需要用这些话回复时，不用输入任何字符，直接单击“发送”按钮，然后选择一句即可，如图 9-66 所示。

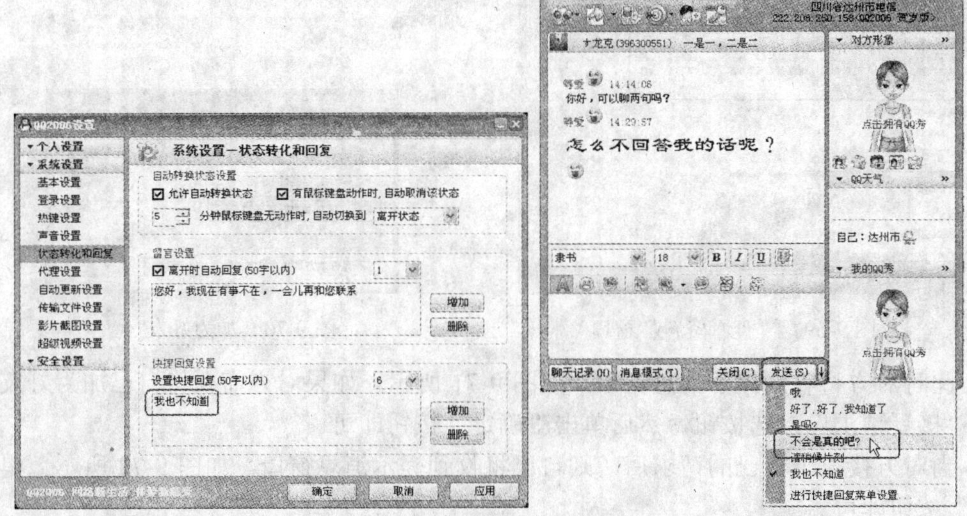

图 9-66　设置自动回复信息

2．查找和添加好友

（1）精确查找

当用户第一次使用新 QQ 登录时，好友名单是空的，如果要和其他人联系，必须要添加好友，其操作步骤如下：

1）首先要知道好友的一些资料，比如 QQ 号码、E－mail 或昵称等。例如，知道对方的 QQ 号码是“396300551”。

2）直接单击 QQ 面板下方的“查找”按钮 查找，此时将弹出“查找/添加好友”对话框，然后在“对方账号”文本框中输入“396300551”，如图 9-67 所示。

3）当单击“查找”按钮后，此时将弹出如图 9-68 所示的窗口，显示出符合条件的记录。

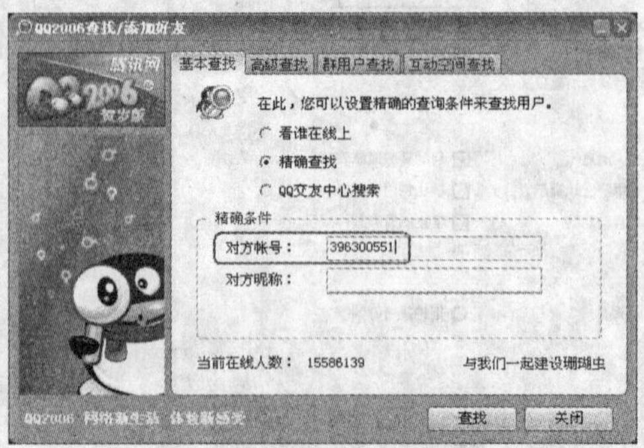

图 9-67 精确查找

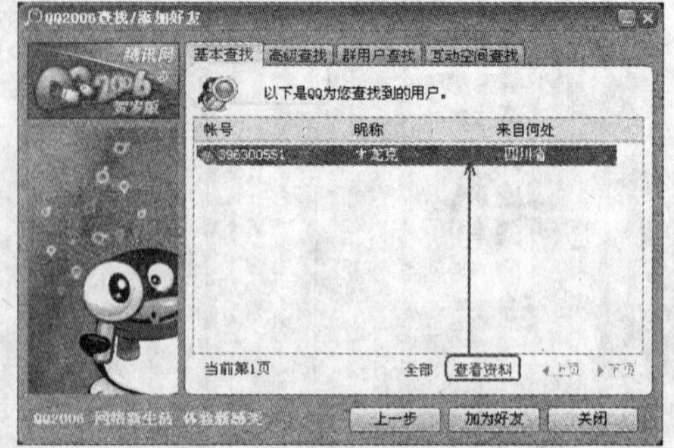

图 9-68 显示符合条件的记录

4）选择其中一条记录，并单击“查看资料”链接，将显示该账号的基本资料，如图 9-69 所示，单击该窗口右上角的“关闭”按钮返回。

5）若单击“加为好友”按钮，则弹出如图 9-70 所示的窗口。如果对方设定了需要通过身份验证才能添加为好友，则需要对方授权才能将对方加为好友，并在空白栏输入请求文字后，单击“发送”按钮，请求对方通过验证。

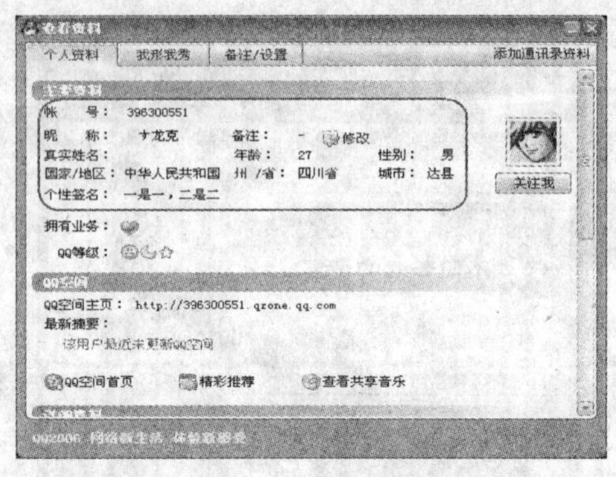

图 9-69 “查看资料”窗口

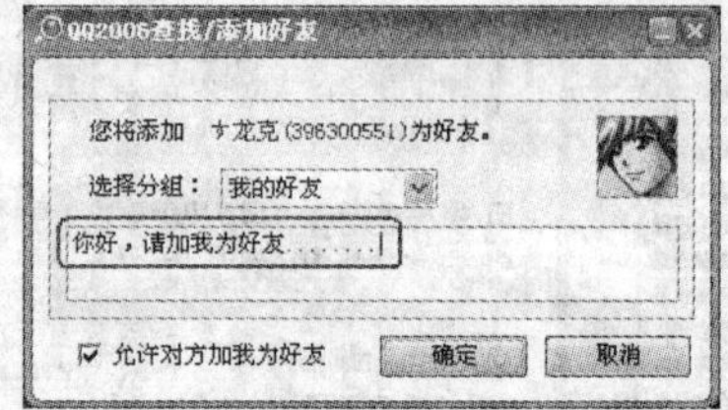

图 9-70 加为好友

6）此时对方将收到提示消息窗口，如图 9-71 所示。如果对方需要将自己加为好友，应选择“接受请求”单选按钮，然后单击“确定”按钮即可。

7）当对方接收了自己的请求后，则自己将收到提示消息窗口，如图 9-72 所示，单击“确定”按钮即可。

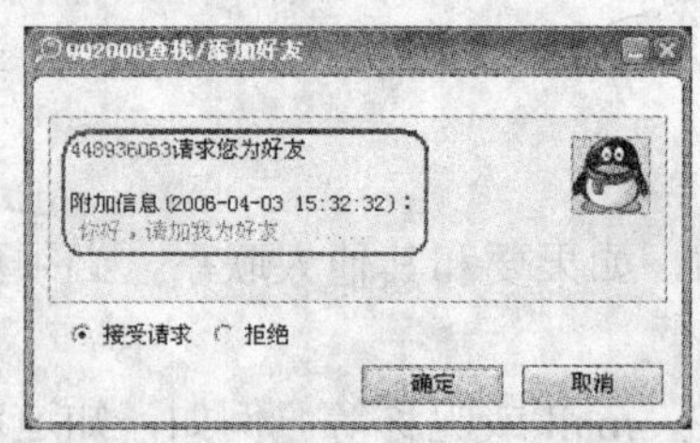

图 9-71 “查看资料”窗口

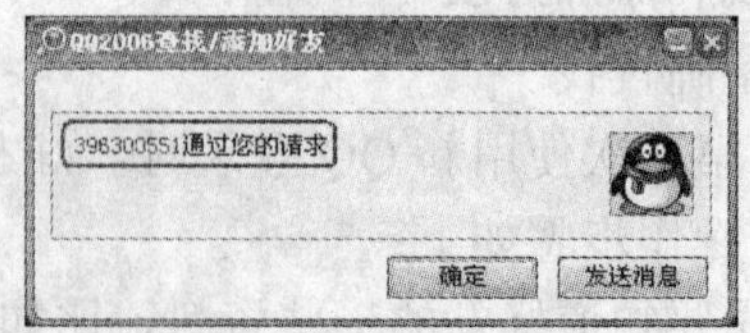

图 9-72 加为好友

提示　是否需要身份验证才能让对方加自己为好友，可以在 QQ 菜单的“个人设置”的“身份验证和状态”中设置，如图 9-73 所示。如果选择“允许任何人把我列为好友”，则对方不需要经过验证就可以将自己加为好友。

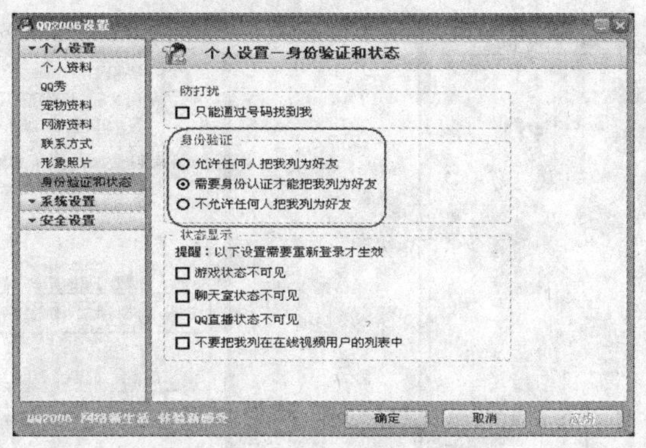

图 9-73　设置“身份验证和状态”

（2）高级查找

用户在查找好友时，可以进行高级查找。在如图 9-67 所示的窗口中，单击“高级查找”标签，将切换至如图 9-74 所示的窗口。在“基本条件”设置区中进行相应的设置后，单击“查找”按钮即可查找到许多符合条件的记录，如图 9-75 所示，单击“上页”和“下页”按钮可以进行翻页。

图 9-74　高级查找

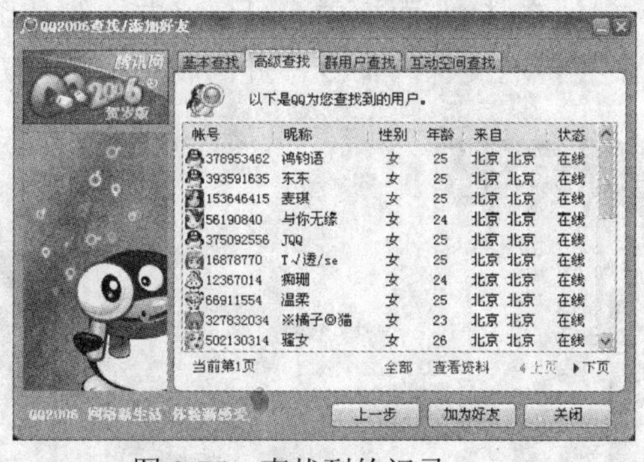

图 9-75　查找到的记录

（3）查找指定的群组

用户可以查找指定的群组，在如图 9-67 所示的窗口中，单击“群用户查找”标签，将切换至如图 9-76 所示的窗口。选择“精确查找”单选项，在文本框中输入群号“747809”，然后单击“查找”按钮，将弹出如图 9-77 所示的窗口。

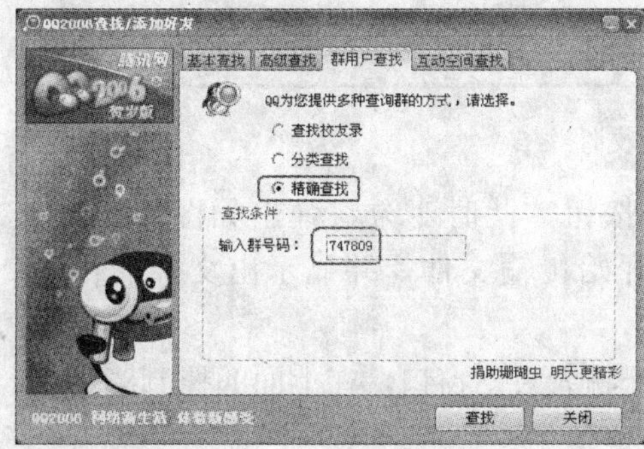

图 9-76　查找指定的群

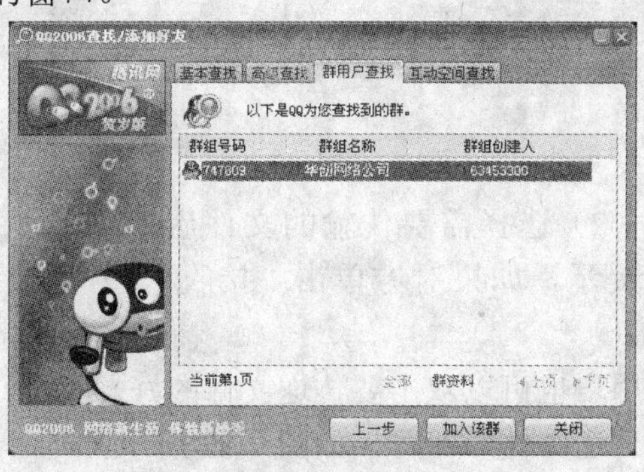

图 9-77　找到的群记录

选择该记录后，单击“群资料”超链接，将弹出如图 9-78 所示的窗口，并显示该群的基本信息。如果单击“加入该群”按钮，则弹出如图 9-79 所示的窗口，输入请求信息后，单击“发送”按钮即可。

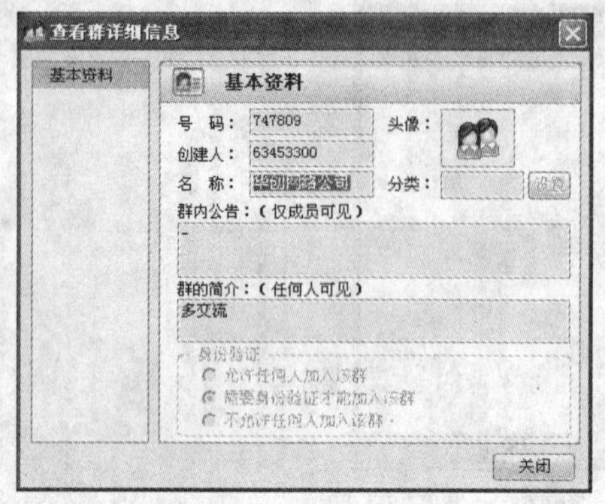

图 9-78 群的基本资料

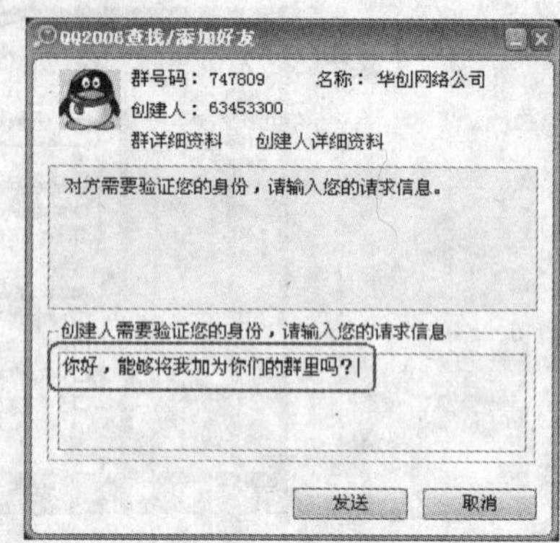

图 9-79 请求加入群

3. 用 QQ 传输/接收文件

此功能可以同好友之间传递任何格式的文件，例如图片、文档、歌曲等（传送文件功能已经实现了断点续传，若传输大文件就不用担心网络断开的情况），其操作步骤如下：

（1）在 QQ 面板中，只要好友在线，用鼠标右键单击其头像，在弹出的菜单中选择“更多 / 传送文件”命令，此时将弹出“打开”对话框，如图 9-80 所示。

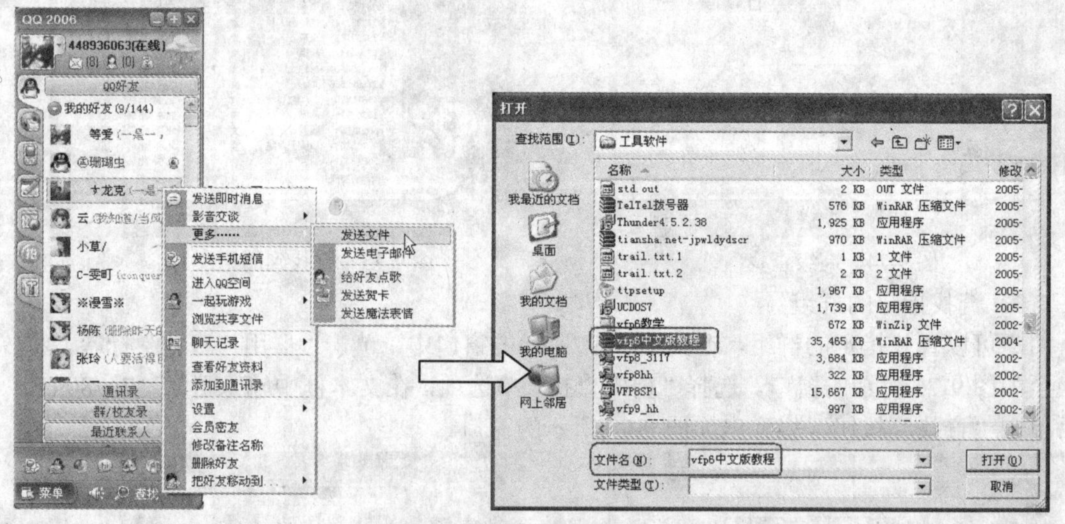

图 9-80 选择传输的文件

（2）选择需要传输的文件后，单击“打开”按钮，此时对方将弹出如图 9-81 所示的提示，如果对方单击“接收”超链接后即可开始传输文件，并显示出文件的传输情况。

用户也可以双击要传送文件的好友头像，将打开聊天对话窗口，在上面的控制菜单选择“传送文件”即可，如图 9-82 所示。

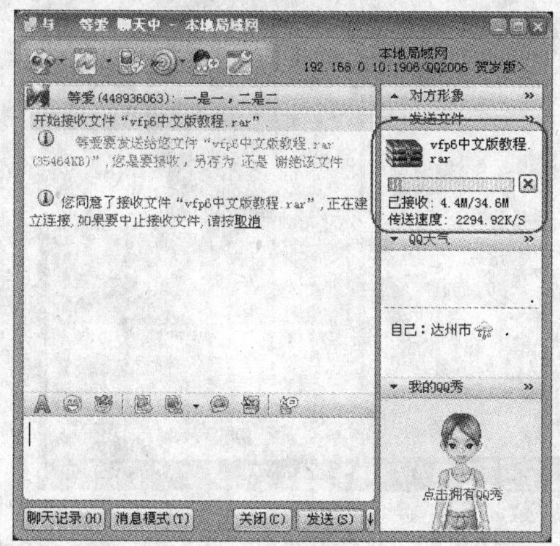

图 9-81　正在传输文件

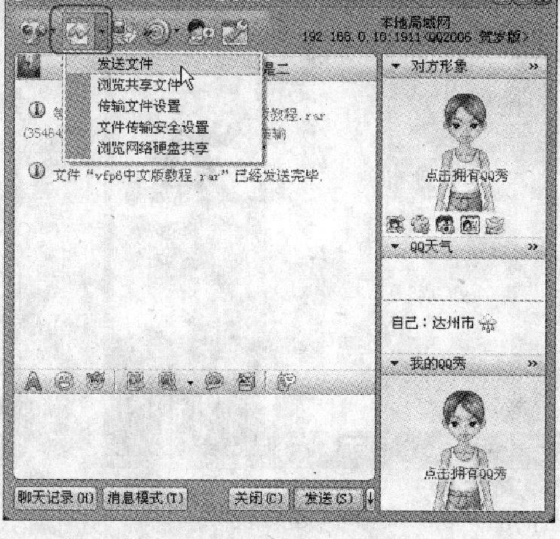

图 9-82　在聊天窗口中传输文件

同样，当其他的好友通过 QQ 向自己发送文件时，首先会收到文件传送请求。如果同意就应单击“接收”超链接，在弹出的窗口中选择保存文件的目录后，文件就开始进行传输，聊天窗口右上角出现传送进程。文件接收完后，QQ 会提示打开文件所在的目录，如图 9-83 所示。

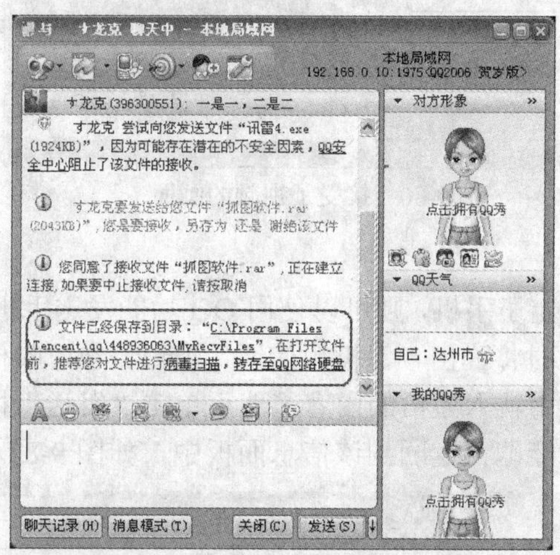

图 9-83　提示文件保存的位置

4．与好友进行语音视频聊天

如果好友有耳机和摄像头，就可以和好友进行语音视频聊天，其操作步骤如下：

（1）选择在线好友的头像（在状态中带有视频状态）并双击，将会弹出聊天窗口，单击左上角的“语音视频聊天”按钮，然后选择“超级视频”或“超级语音”命令，如图 9-84 所示，此时该窗口将转换为如图 9-85 所示的窗口。

（2）当对方单击“接受”链接后，则可同时和对方进行视频聊天，如图 9-86 所示。

（3）如果勾选“语音”复选框，则同时可以和对方进行语音聊天。

提示　如果自己没有摄像头，也可以进行视频聊天，不过对方就只能听到自己的声音，而不能看到自己。

图 9-84　选择“超级视频

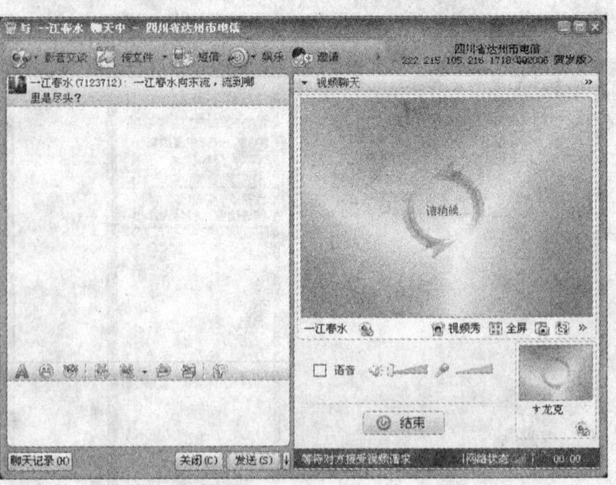

图 9-85　正在等待对方接受

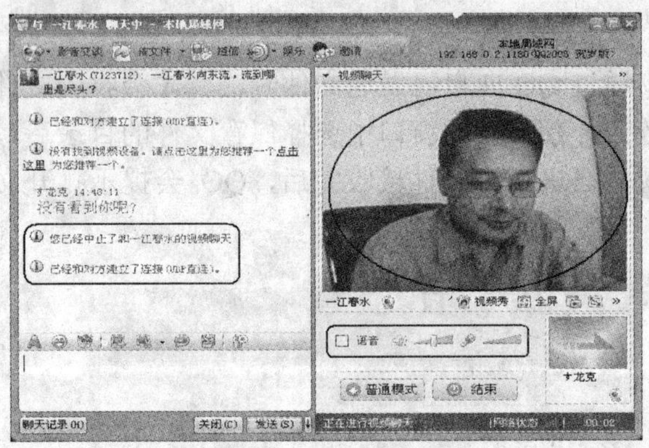

图 9-86　接受了视频的画面

5．发送手机短信

如果自己的 QQ 已经绑定了手机，则可以使用 QQ 功能发送手机短信。在 QQ 面板中，单击左下角的按钮，则此时将弹出“手机短信通”窗口。在“收件人”文本框中输入手机号码，然后在下侧的窗口中输入短信的内容，然后单击“发送”按钮。当对方手机收到该短信后，使用“回复”功能即可返回到该信息面板中，如图 9-87 所示。

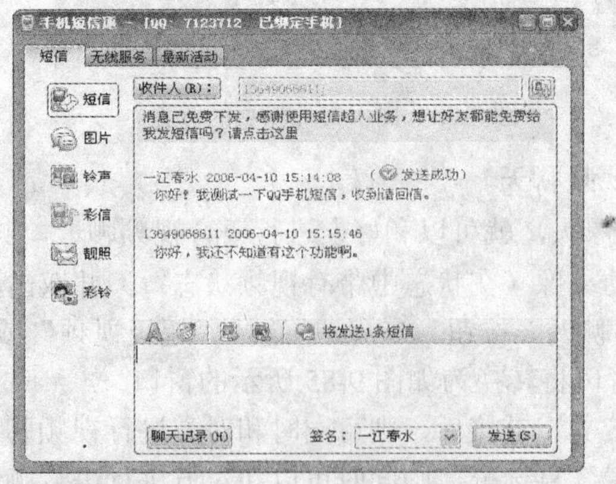

图 9-87　“手机短信通”窗口

在该窗口中，发送的信息有以下几种：

（1）短信。用户根据需要写入短信内容发送给该手机用户。

（2）言语。用户可以选择里面所特有的言语发送给对方。

（3）图片。用户可以根据对方的手机机型发送图片，有彩色、有黑白。

（4）铃声。用户可以根据对方的手机机型发送铃声，有和弦、有单音。

（5）彩信。如果对方的手机支持 GPRS 或者 WAP，还可以从这里挑选超酷的彩信发到手机上，让手机鲜活起来。

（6）靓照。彩信照片。

（7）彩铃。

6．聊天记录、上线通知

如果要查看与好友的聊天记录，应右击好友头像，然后选择“聊天记录”下的“查看聊天记录”命令，则可弹出“信息管理器”窗口，可以查看与对方的聊天记录，如图 9-88 所示。还可以按分组查看 QQ 上与任何网友的对话记录以及系统信息、手机消息。

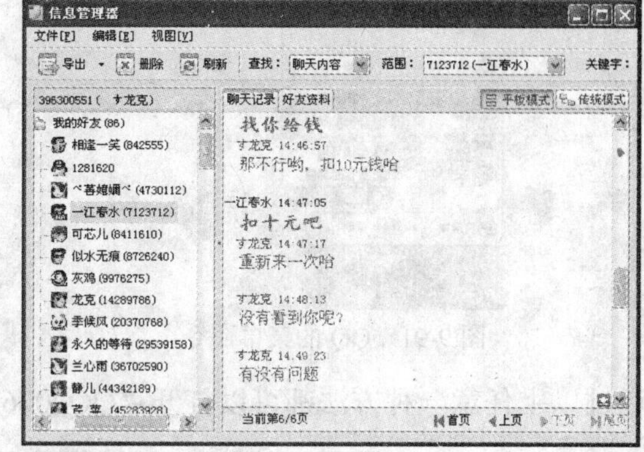

图 9-88　“手机短信通”窗口

提示：用户也可以在“聊天”窗口中单击下方的“聊天记录”按钮，查看聊天记录。

如果用户的 QQ 带有会员功能，可以将聊天记录上传到 QQ 服务器中，这样就可以保存与某个好友的聊天记录。右击好友头像，然后选择“聊天记录”下的“上传聊天记录”命令，则将弹出“上传聊天记录”窗口，如图 9-89 所示。当单击“开始”按钮后即可开始上传聊天记录。

当用户换了一台电脑上网时，可以下载原来保存在服务器的聊天记录到本地进行查看。右击好友头像，然后选择“聊天记录”下的“下载聊天记录”命令，则将弹出“下载聊天记录”窗口，如图 9-90 所示。当单击“下载”按钮后即可开始下载聊天记录。

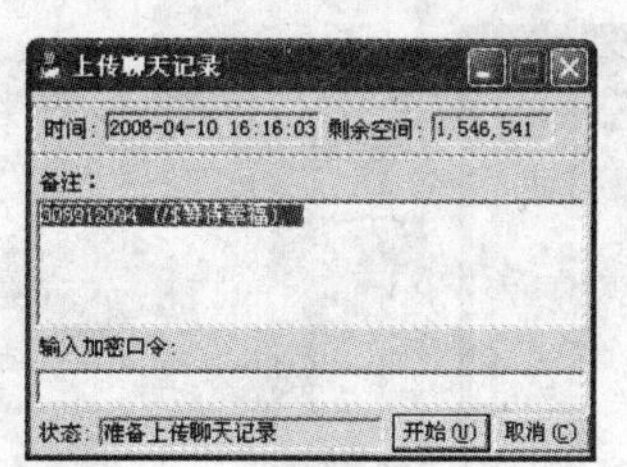

图 9-89　“上传聊天记录”窗口

图 9-90　“下载聊天记录”窗口

9.3.4　腾讯 QQ 的设置

1．QQ 的个人设置

当申请了 QQ 号码后，首先应对 QQ 参数进行设置，只有设置得当，才可以保证在网上的安全和聊天的方便。在腾讯 QQ 面板中，执行“菜单 / 设置”命令，然后选择相应的设置项进行设置，如图 9-91 所示。或者在腾讯 QQ 面板中，单击头像下侧的下箭头，在弹出的菜单中选择“个人设置”命令，如图 9-92 所示。

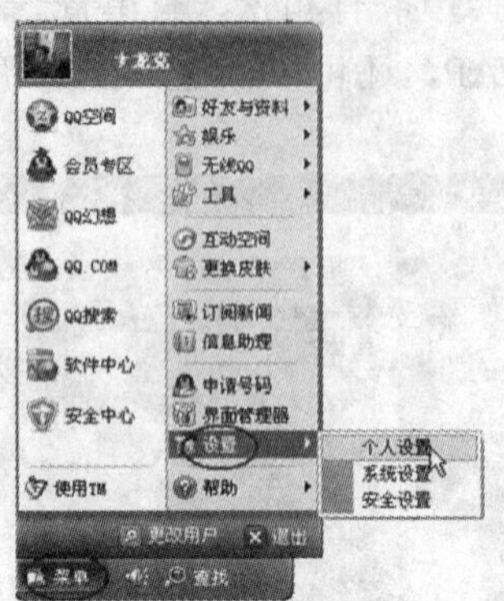

图 9-91 QQ 的菜单命令

图 9-92 选择个人设置

通过以上任意一种方法都可以打开“QQ2006 设置”窗口，如图 9-93 所示。

图 9-93 “个人设置”窗口

在如图 9-93 所示中，选择左侧的“系统设置”项后，即可直接进入“系统设置”窗口，如图 9-94 所示。

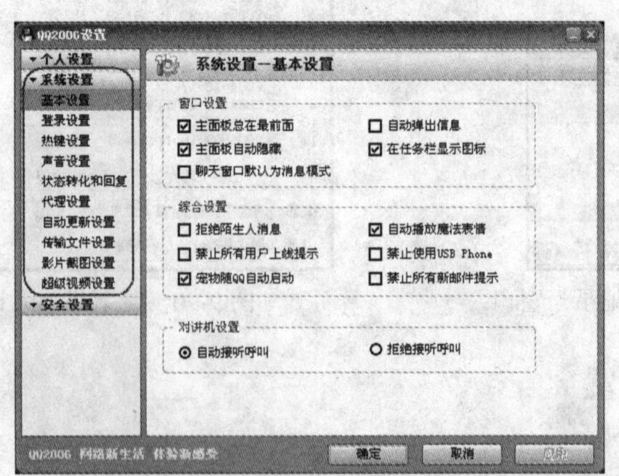

图 9-94 “系统设置”窗口

在如图 9-93 所示中，选择左侧的“安全设置”项后，即可直接进入“安全设置”窗口，如图 9-95 所示。

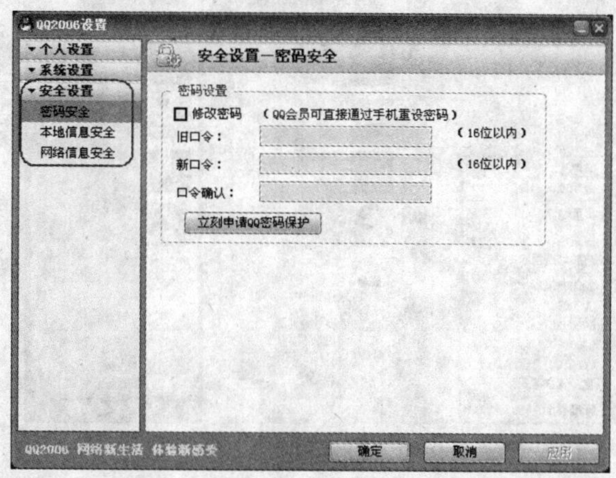

图 9-95　“安全设置”窗口

2. 改变 QQ 的外观

QQ 面板的空白处是联络列表区，使用鼠标右击该空白区域，可弹出相应的菜单，如图 9-96 所示。通过该菜单可以调整联络列表的设置，如大小头像图标的切换、背景和字体的颜色设置，可以增加、删除和修改组别。

图 9-96　改变 QQ 头像大小

3. 改变 QQ 的皮肤

现在很多软件都有 Skin 功能，都可以下载 QQ 的“皮肤”。下载后将整个 ZIP 文件解压，然后全部复制到 QQ 目录下的 skins 目录（一般是 C:\Program Files\Tencent\skins，QQ2004 以后的版本没有了“skins”目录，改为“NewSkins”目录）里即可使用。

在 QQ 面板中，单击 QQ 系统菜单，选择“更换皮肤”菜单项，然后选择不同的皮肤，如图 9-97 所示。

图 9-97 改变 QQ 的皮肤

4. QQ 小企鹅图标

当腾讯 QQ 号码成功登录后，可以看见屏幕右下角 Windows 任务栏出现一个 QQ 小企鹅图标，如图 9-98 所示。这个图标虽小，但在使用 QQ 的时候，却起着重要的作用。

图 9-98 状态栏的 QQ 图标

无论 QQ 处于哪种状态，使用鼠标左键单击屏幕右下方的 QQ 小企鹅图标，就会出现如图 9-99 所示的状态切换菜单，可以根据自己的状态进行相应的设置。

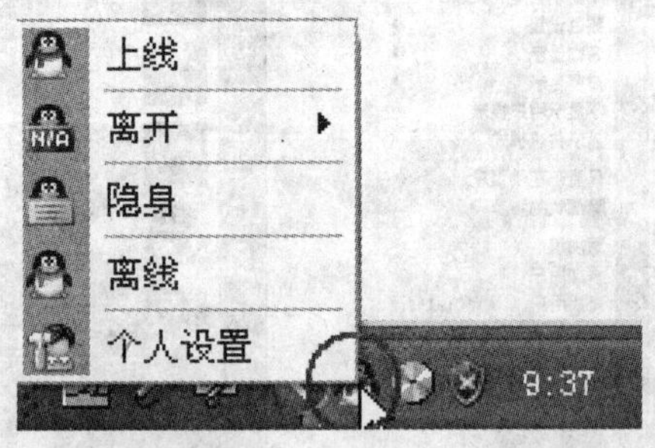

图 9-99 选择 QQ 状态

当选择相应的状态后，其 QQ 小企鹅图标也会有相应的变化，上线呈状态、离开呈状态、隐身呈状态、离线呈状态。

上线：表示登录成功，其 QQ 好友上线时，QQ 会给出提示框。

离开：登录成功，但若有事情暂时离开，QQ 将按自动回复设置功能进行自动回复给自己发消息的好友。

隐身：登录成功，但其好友看不到自己在线，选择这种方式可以防被打扰。

离线：登录没有成功，或者主动切断了 QQ 与服务器的连接。

总之，QQ 的功能很多，技巧也非常多，由于篇幅有限，这里就不再介绍。要想获得更多的知识，可在相关的网站去获得帮助和技巧，如 QQ 论坛“http://bbs.qq.com/”。

【习　题】

1. 填空题

（1）Microsoft Outlook Express 是当前常用的电子邮件收发软件，包括__________、____________和 Windows 通讯簿。

（2）网易 163 的 POP3 服务器地址是__________，SMTP 服务器地址是 smtp.163.com。

（3）Foxmail 是著名的电子邮件客户端软件，提供基于 Internet 标准的电子邮件收发功能，具有强大的________、_________。

（4）腾讯 QQ 是一款基于 Internet 的即时通信（IM）软件。可以和好友进行交流，信息即时发送和接收，____________，功能非常全面。此外 QQ 还具有与手机聊天、BP 机网上寻呼、聊天室、点对点断点续传传输文件、_________、_________、备忘录、网络收藏夹、________等功能。

（5）腾讯 QQ 的网站是__________________。

2. 简答题

（1）怎样设置 OE 邮件收发器的账户？

（2）怎样使用 OE 邮件收发器接收或发送邮件？

（3）在 Foxmail 中，怎样发送附件？

（4）怎样向 Foxmail 中添加邮件地址簿？

（5）怎样使用 QQ 发送文件给对方？

（6）怎样使用 QQ 发送手机短信？

第10章 桌 面 工 具

10.1 梦幻桌面工具

10.1.1 梦幻桌面工具的介绍

梦幻桌面工具具有强大的桌面美化及真人报时软件功能，界面简洁美观，真正图形化操作，支持多用户。桌面时钟可半透明化，不影响视野。其主题颜色、钟表界面、主题声音都可以从支持的网站上下载最新资源。

本软件功能特点：

（1）界面简洁美观，且可以更换主题颜色。

（2）操作简单，即使是一个电脑新手，也能很快上手。

（3）软件支持多用户，也可以利用这一特点，新建一些不同“时间”、“地点”、“心情”的“主题用户”。

（4）不管是主题颜色、钟表界面还是主题声音都可以从支持的网站上下载最新资源。

（5）变幻桌面支持*.gif、*.Jpg、*.Bmp 等图片格式。

（6）变幻桌面图片文件选择方便快捷，播放列表一目了然，真正做到方便明了。

（7）变幻桌面时可以在墙纸图片上添加不同字体颜色的文字或当前日期。

（8）变幻桌面时可以自动隐藏桌面图标。

（9）桌面时钟可以半透明化，不影响视野。

（10）桌面时钟有整点报时和闹钟功能。

（11）窗体透明工具可以将绝大多数程序界面半透明化或者隐形。

（12）带有其他实用的小工具：墙纸图片显示文字、运行当前屏保、隐藏桌面图标和任务栏等。

用户可以在 http://www.wuren.net/soft/FDT/index 下载，然后复制到指定的文件夹，双击相应的执行文件即可启动该工具软件。

在启动该工具软件时，首先要弹出一个登录窗口，如图 10-1 所示。新建一个用户名后，单击“确定”按钮即可启动该工具软件，其界面如图 10-2 所示。

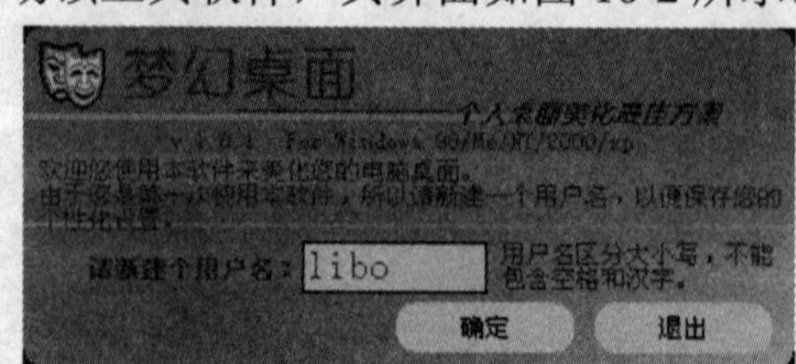

图 10-1 登录界面

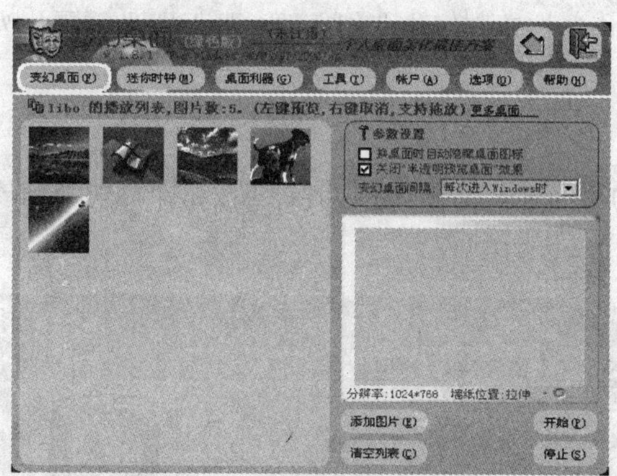

图 10-2　梦幻桌面的主界面

当启动好后，在系统右下角的状态栏中将显示其图标，和其他大多数工具软件一样，右击该图标将弹出其快捷菜单，然后选择相应的命令即可进行操作。

10.1.2　变幻桌面

1. 选择桌面图片

由于默认的图片只有 5 张，如果需要添加其他的图片，首先应单击“添加图片”按钮，将在左侧弹出“添加图片”窗口，如图 10-3 所示。选择指定的文件夹后，在下侧的文件列表窗口中双击即可添加图片，或直接按回车键选择单张图片，或拖动鼠标左键选择两张以上的图片，或单击“添加”按钮直接添加。

图 10-3　选择桌面图片

2. 半透明预览桌面

在播放列表中，单击指定的图片可半透明预览桌面，此时用户可以更直观地预览桌面。单击界面以外的任意位置还原窗体，此功能可在设置选项里关闭。

3. 去除播放列表里的单张或全部图片

在播放列表中，右击指定的图片可去除单张图片，单击“清空列表”按钮去除所有图片。

4. 开始及停止播放

当选择好喜爱的图片后，单击“开始”按钮开始变幻桌面，此时主程序自动关闭以节约系统资源。单击“停止”按钮则停止变幻桌面，且保留当前图片为桌面。

10.1.3 迷你时钟

在如图 10-2 所示的界面中，单击“迷你时钟”按钮即可切换到该选项卡下，如图 10-4 所示。

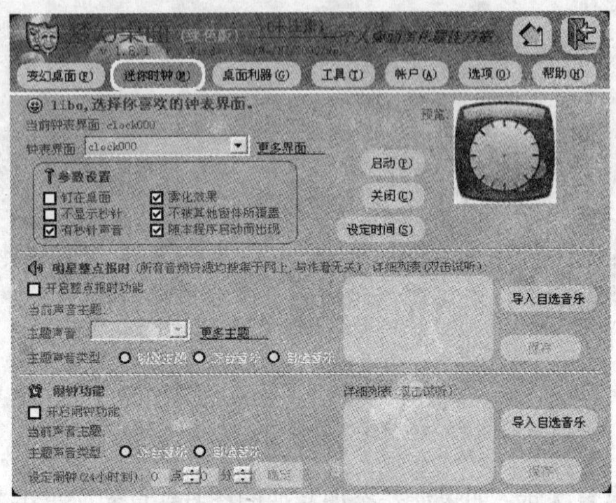

图 10-4 “迷你时钟”界面

1．选择及启动时钟

在如图 10-4 所示的窗口中，在“钟表界面”组合框中选择喜欢的时钟，然后单击“启动”按钮即可启动迷你时钟，并在桌面的指定位置显示时间，如图 10-5 所示。

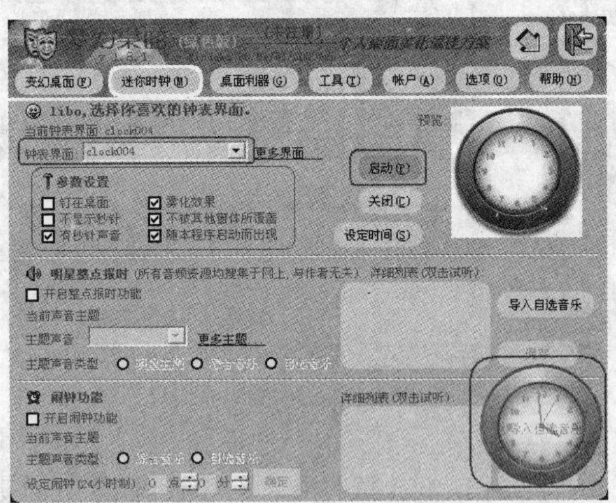

图 10-5 选择时钟界面

2．明星整点报时功能

在如图 10-4 所示的窗口中，勾选“开启整点报时功能”复选框，然后选择“明星主题”单选按钮，此时在右侧的列表中将显示一些声音文件。选择指定的声音文件，单击“保存”按钮即可，如图 10-6 所示。

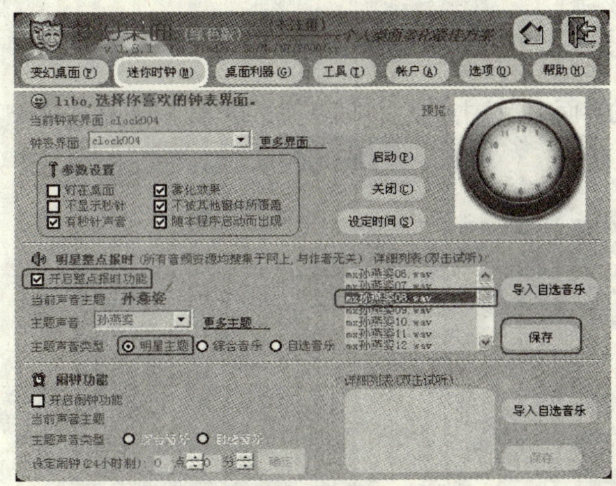

图 10-6　设置整点报时

3．闹钟功能

在如图 10-4 所示的窗口中，勾选“开启闹钟功能”复选框，然后选择“综合音乐”单选按钮，在右侧的列表中将显示一些声音文件。再设置闹钟的时间，然后单击“保存”按钮即可，如图 10-7 所示。

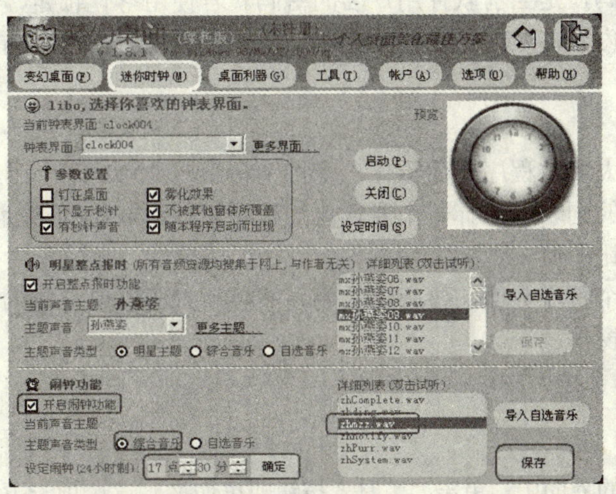

图 10-7　设置闹钟

4．导入自选音乐

若单击“导入自选音乐”按钮，可以将*.wav 文件拷贝至程序目录下的 sound\zx\文件夹中，从而方便选择。

5．其他相关功能选项

可以修改时钟的透明度，可以对是否置顶、是否有秒针声音、是否可以移动等进行设置。这些功能可以在设置选项里进行设置，或者在时钟上单击鼠标右键修改进行修改，如图 10-8 所示。

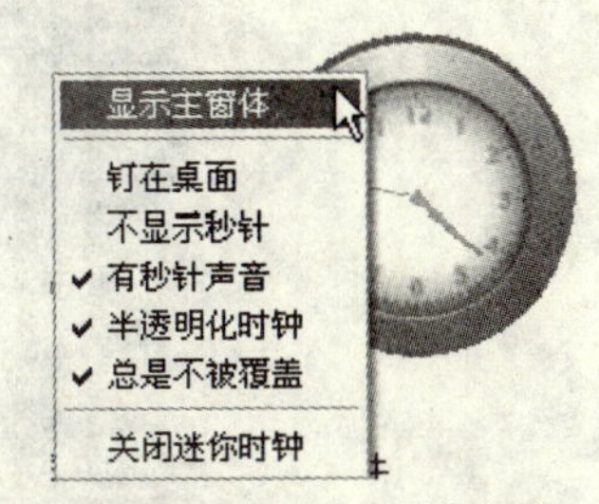

图 10-8　改变时钟选项

10.1.4 桌面利器

在如图 10-7 所示的界面中，单击“桌面利器”按钮即可切换到该选项卡下，如图 10-9 所示。

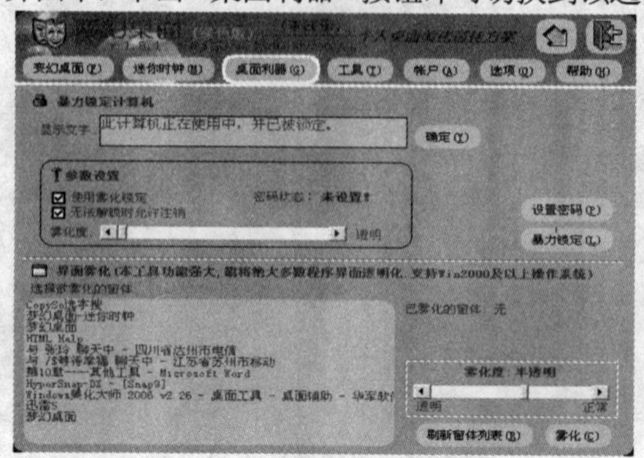

图 10-9 “桌面利器”界面

1．暴力锁定计算机

当在网吧或因无法使用 Windows 的锁定计算机功能时，使用这个工具可以暴力锁定电脑，防止他人登录，从而保护个人的数据安全。

锁定计算机的密码，是当前软件用户名的密码。若使用雾化锁定，则锁定后仍然可以看到屏幕上所显示的内容，其清晰程度由参数雾化度决定。当设置好所有参数后，单击“暴力锁定”按钮即可。

2．界面雾化

此工具可以将绝大多数程序界面雾化，支持 Windows 2000 及以上操作系统。

首先在窗口下侧的列表中选择一个要雾化的程序，拖动右边的滚动条来选择雾化度，然后单击“雾化”按钮即可。

每次只能雾化一个程序界面，要雾化其他程序必须先还原已雾化的窗体。退出本程序时自动还原已雾化的窗体。

10.1.5 桌面工具

在如图 10-9 所示的界面中，单击“工具”按钮即可切换到该选项卡下，如图 10-10 所示。

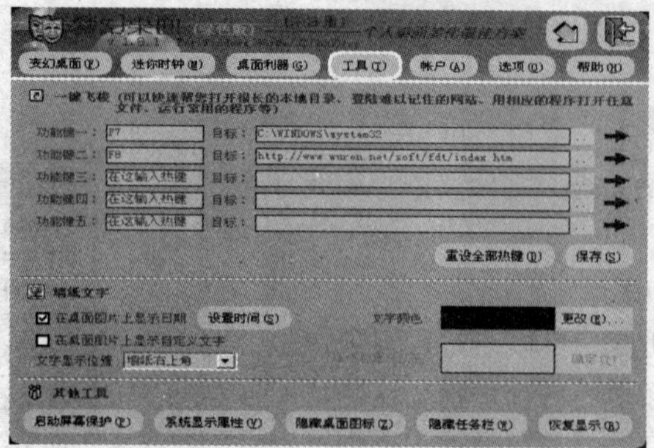

图 10-10 “工具”界面

1. 一键飞梭

可以快速地帮助打开很长的本地目录、登录难以记住的网站、用相应的程序打开任意文件、运行常用的程序等。

首先在按键设置框内设置好热键，然后在右边的目标框内输入要打开的目录或任意文件的路径后，最后单击“保存”按钮即可，如图 10-11 所示。

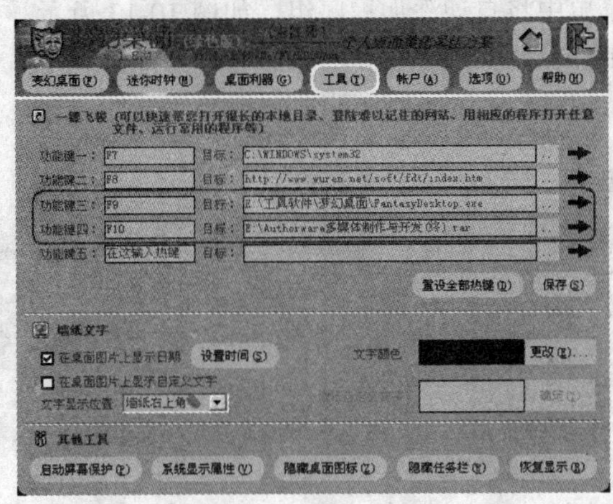

图 10-11　设置快捷键

2. 墙纸文字

此工具可以在不断变换的墙纸图片上显示当天的日期或自定义文字，以方便工作学习，同时可以设置文字的颜色、显示位置等。当需要去掉墙纸上自定义的文字时，只要不输入任何文字，然后单击文本框旁边的“确定”按钮即可，如图 10-12 所示。

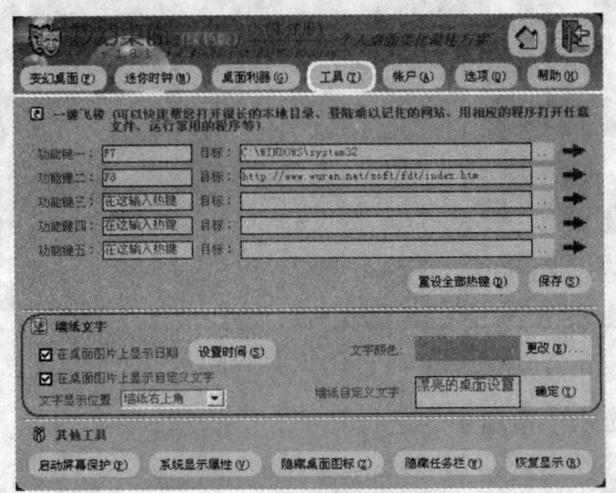

图 10-12　设置墙纸文字

10.2 XP 变脸王

10.2.1 XP 变脸王的介绍

XP 变脸王能让电脑桌面变得绚丽多彩，极富个人魅力，给用户带来与众不同的视觉享受。它拥有比 XP 自身更多更强大的界面定制功能，能彻底改变 Windows XP 界面内的各个元素，实现超炫系统图标、彩色浏览器、动态鼠标指针、动态桌面、个性开机画面、个性化文件夹、可视风格、XP 风格应用程序等，并且还附带了大量的桌面素材，其界面直观，使用方便，还不会影响电脑运行速度，不占用系统资源。

用户可以在 http://www.holersoft.com 下载，然后进行简单的回答即可安装成功。当安装成功之后，在系统的菜单中将自动添加程序组，如图 10-13 所示，并且在系统的桌面上显示其快捷图标，如图 10-14 所示。

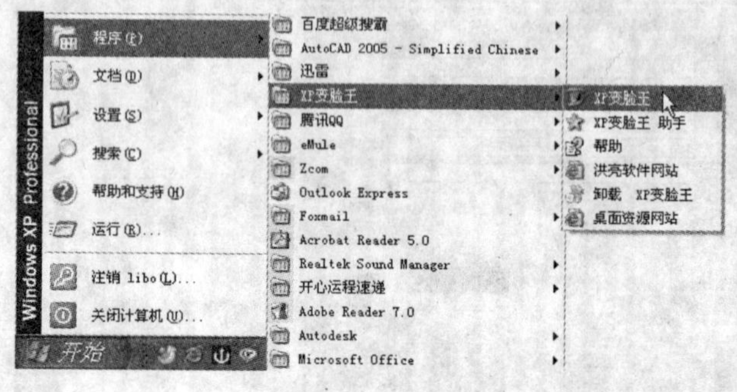

图 10-13 添加的程序组

图 10-14 添加的快捷图标

通过上面两种方法均可启动 XP 变脸王，如图 10-15 所示。

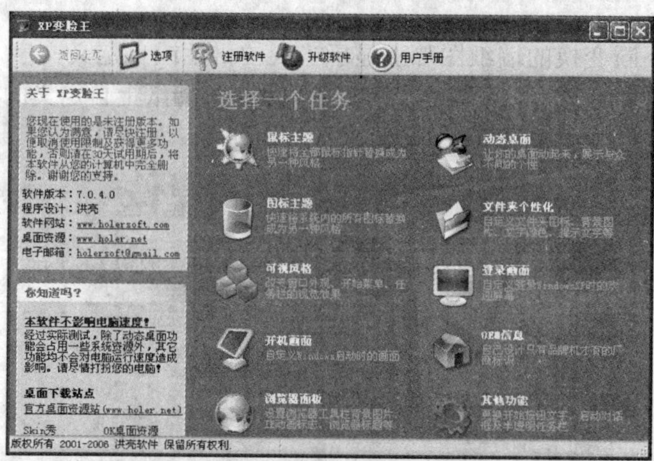

图 10-15 XP 变脸王面板

下面将 XP 变脸王的几个常用主题进行介绍。

10.2.2 图标主题的使用

图标主题就是一组风格统一的桌面图标、开始菜单里的图标、文件夹图标、文件图标、驱动器图标，还有其他一些系统的图标等。图标是 Windows 界面的重要组成元素之一，虽然 Windows XP 提供一些图标修改功能，但只能单独进行修改，不能成套修改，而 XP 变脸王提供了几套图标主题替换方案。

在如图 10-15 所示的面板中，单击“图标主题”超链接按钮，即可打开“图标主题”面板，如图 10-16 所示。

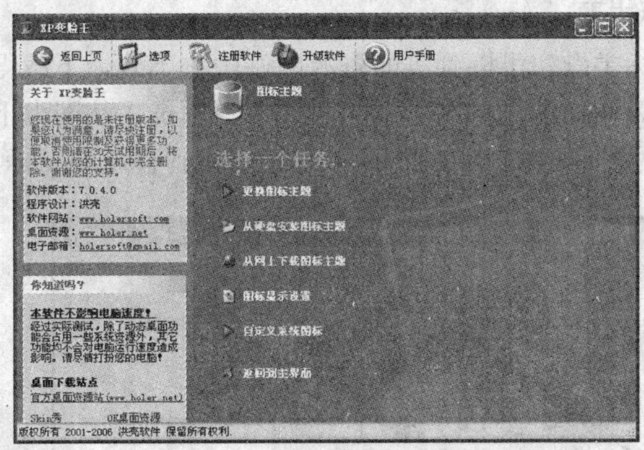

图 10-16 “图标主题”面板

1．更换图标主题

该软件中已经内置了几套图标主题，在如图 10-16 所示的面板中单击“更换图标主题”超链接按钮，即可打开如图 10-17 所示的“图标主题”窗口。在图标列表框中选择指定的图标主题，在右侧的预览区即可看到图标主题的大致效果，然后单击“应用”按钮，则系统图标主题将会改变，如图 10-18 所示。

图 10-17 “图标主题”窗口

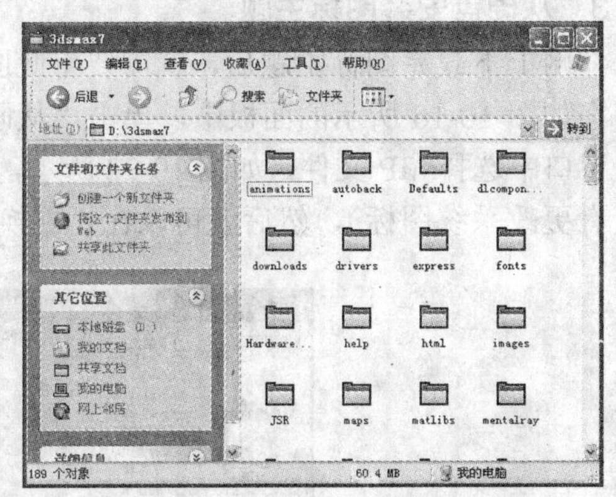

图 10-18 改变后的文件夹窗口

在如图 10-17 所示的窗口中，单击“显示设置”和“高级设置”选项卡，即可进行“图标显示”、“快捷方式图标设置”和“图标缓存”等设置。然后单击“保存”按钮，如图 10-19、10-20 所示。如果需要恢复系统默认的设置，单击“还原”按钮即可。

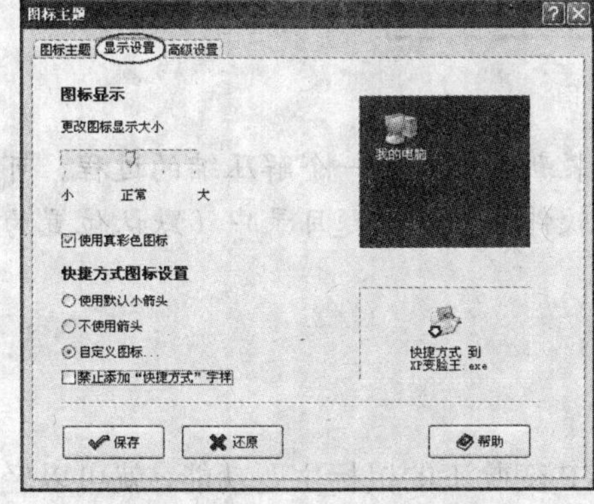

图 10-19 “显示设置”选项卡

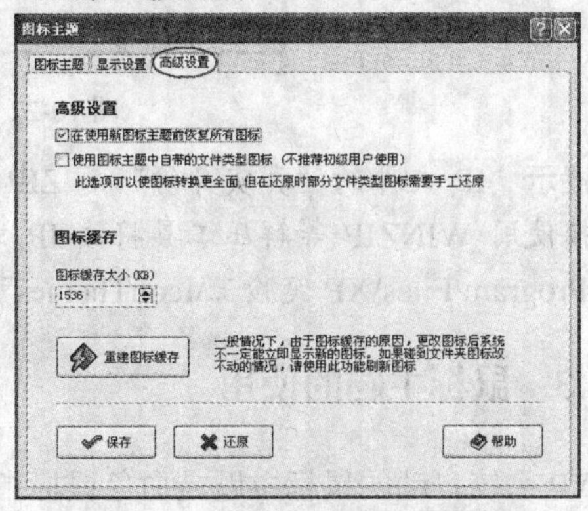

图 10-20 “高级设置”选项卡

2．从网上下载图标主题

如果需要更多的图标主题，可以到桌面资源网站中去下载，下载得到的是一个扩展名为 IP（或 ZIP）的文件。在如图 10-16 所示的面板中，单击“从网上下载图标主题”超链接按钮，将打开相关的网站（如图 10-21 所示），在其中找到喜欢的图标主题进行下载即可。

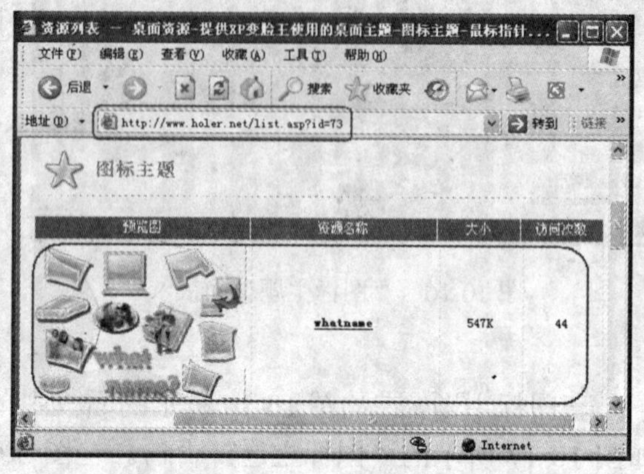

图 10-21 从网上下载图标主题

3．从硬盘安装图标主题

在网上下载完图标主题后，就需要将此图标主题安装到软件中，以便软件能调用此主题。在如图 10-16 所示的面板中，单击“从硬盘安装图标主题”超链接按钮，然后在“打开”窗口中选择*.IP 文件，如图 10-22 所示，从而将该 IP 文件安装到软件目录中去（此时并没有更改系统图标），然后就可以在“更换图标主题”页面发现刚才安装的图标主题。

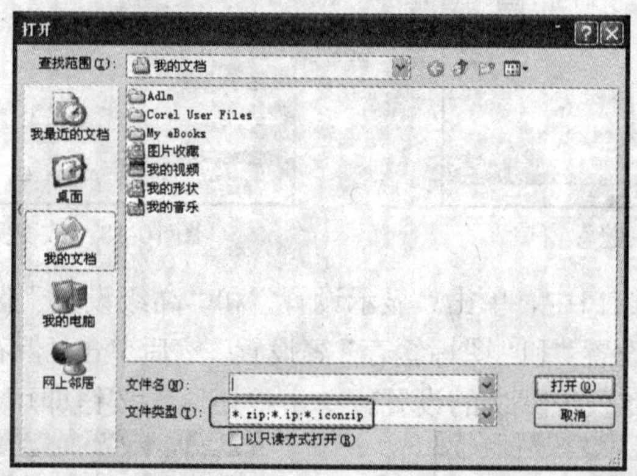

图 10-22 “打开”窗口

提示 IP 文件的“真实身份”是 ZIP 文件，“安装新主题”是一个解压缩的过程。可以直接使用 WINZIP 等解压工具将该 IP 文件解压到软件的图标主题目录中（默认位置为“C:\Program Files\XP 变脸王\IconThemes”）。

10.2.3 鼠标主题的使用

XP 系统自动的鼠标主题是白色鼠标指针，通过 XP 变脸王的鼠标主题功能，就可以轻易更换整套鼠标指针，从而使鼠标指针绚丽多彩。

该软件中已经内置了几套鼠标主题，在如图 10-15 所示的面板中，单击“鼠标主题”超链接按钮，即可打开“鼠标主题”面板。然后单击“更换鼠标指针主题”超链接按钮，即可打开如图 10-23 所示的“鼠标指针主题”窗口。在指针列表框中选择指定的鼠标指针主题，在右侧的预览区即可看到鼠标指针主题的大致效果，最后单击“应用”按钮，则系统鼠标指针将会改变。如果需要恢复系统默认的设置，单击“还原”按钮即可。

同样，可以使用“从网上下载鼠标指针主题”和“从硬盘安装鼠标指针主题”得到更多的鼠标指针主题。

图 10-23　“鼠标指针主题”窗口

10.2.4　可视风格的使用

可视风格（也称视觉效果）是 Windows XP 新增的一个重要功能，可视风格包括窗口样式、按钮样式、开始菜单样式、任务栏样式等。但 Windows XP 只附带了蓝色、橄榄绿、银色 3 种可视风格。有了 XP 变脸王后，就可以随意更换可视风格，甚至可以将 Windows 界面模拟成苹果机 Mac 界面。

该软件中已经内置了几套可视风格，在如图 10-15 所示的面板中，单击“可视风格”超链接按钮，即可打开“可视风格”面板。然后单击“更换可视风格”超链接按钮，即可打开如图 10-24 所示的“可视风格”窗口。在列表框中选择指定的可视风格，在右侧的预览区即可看到可视风格的大致效果，最后单击“应用”按钮，则系统可视风格将会改变，如图 10-25 所示即为改变后的可视风格界面。如果需要恢复系统默认的设置，单击“还原”按钮即可。

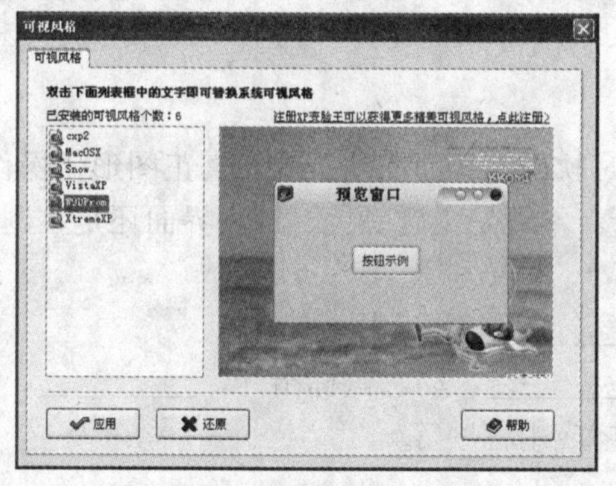

图 10-24　“可视风格”窗口

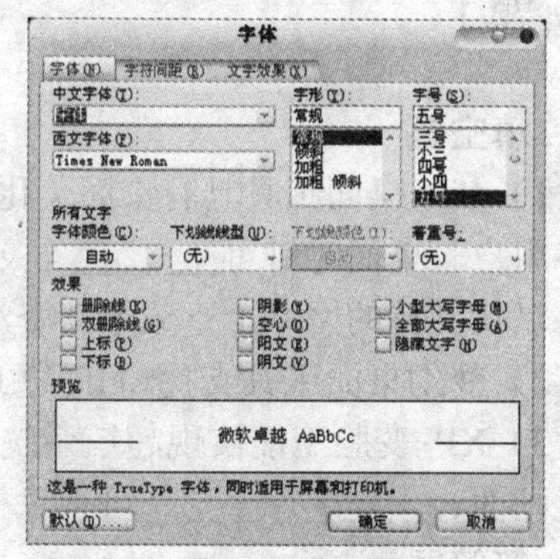

图 10-25　改变风格后的窗口

10.2.5　动态壁纸和桌面的使用

动态壁纸功能可以让桌面壁纸每隔一段时间自动更换，而且在更换过程中还有动态变换的效果，比如百叶窗样式、瀑布样式、雨点样式等。

该软件中已经内置了几套动态壁纸和桌面，在如图 10-15 所示的面板中，单击“动态桌面”超链接按钮，即可打开“动态桌面”面板。然后单击“动态壁纸”和“动态桌面”超链接按钮，即可打开如图 10-26 所示的“动态壁纸”窗口和如图 10-27 所示的“动态桌面”窗口，使用前面相同的方法操作即可。

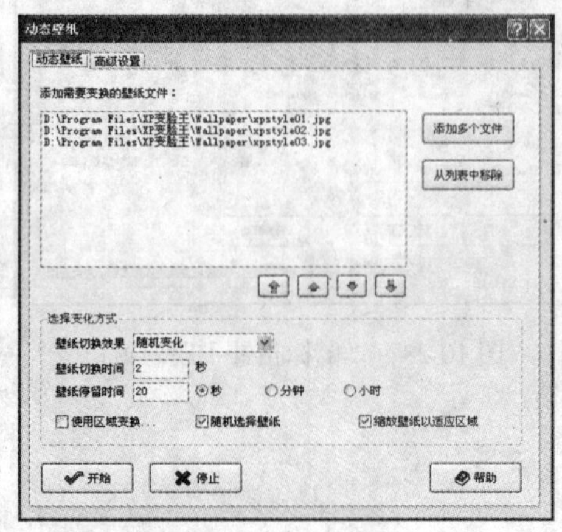

图 10-26 “动态壁纸”窗口

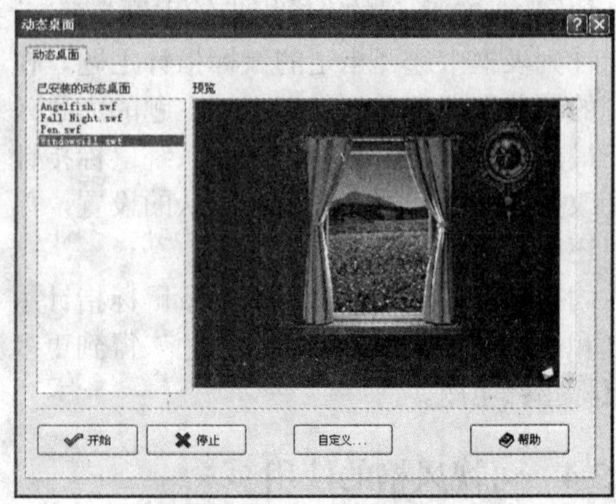

图 10-27 “动态桌面”窗口

其动态壁纸文件，可以是从桌面网站下载的明星图片、风景图片、宠物图片、卡通图片，也可以是自己用扫描仪制作的家人照片、朋友照片，只要最终是*.JPG、*.BMP、*.GIF格式的文件就可以作为壁纸。

如果需要添加动态壁纸，在如图 10-26 所示的窗口中，单击“添加多个文件”按钮将壁纸文件加入列表。

在如图 10-26 所示的窗口中，在“选择变化方式”栏中分别可以设置变换效果、切换时间和停留时间。在“高级设置”选项卡中，可以设置是否显示主页链接、显示/隐藏桌面图标。

由于篇幅的原因，其他设置项这里不再介绍，其操作方法与前面的基本相同。

【习 题】

1．填空题

（1）梦幻桌面工具具有桌面美化及真人报时软件，界面简洁美观，真正图形化操作，支持多用户。桌面时钟可________，不影响视野。不管是主题颜色、钟表界面还是主题声音都可以从支持的网站上下载最新资源。

（2）梦幻桌面工具支持*.gif、*.Jpg 和__________等图片格式。

（3）XP 变脸王能实现超炫系统图标、__________、动态鼠标指针、__________、个性开机画面、____________、可视风格、XP 风格应用程序等。

2．简答题

（1）怎样利用梦幻桌面工具添加桌面上的图片？

（2）怎样利用梦幻桌面工具设置迷你时钟及明星整点报时？

（3）怎样利用梦幻桌面工具暴力锁定计算机？

（4）怎样利用 XP 变脸王设置图标主题？

（5）怎样利用 XP 变脸王改变桌面可视风格？